2013年国家社会科学基金项目"中国与新加坡核心价值观教育比较研究"（编号：13CKS053）

南昌航空大学学术文库

中国与新加坡
核心价值观教育比较研究

A Comparative Study on Core Value Education Between China and Singapore

卢艳兰　著

中国社会科学出版社

图书在版编目（CIP）数据

中国与新加坡核心价值观教育比较研究 / 卢艳兰著 . —北京：中国社会科学出版社，2020.10
ISBN 978 - 7 - 5203 - 6320 - 4

Ⅰ.①中… Ⅱ.①卢… Ⅲ.①人生观—教育—对比研究—中国、新加坡 Ⅳ.①B821

中国版本图书馆 CIP 数据核字（2020）第 064813 号

出 版 人	赵剑英
责任编辑	王 衡
责任校对	朱妍洁
责任印制	王 超

出　　版	中国社会科学出版社
社　　址	北京鼓楼西大街甲 158 号
邮　　编	100720
网　　址	http://www.csspw.cn
发 行 部	010 - 84083685
门 市 部	010 - 84029450
经　　销	新华书店及其他书店
印　　刷	北京明恒达印务有限公司
装　　订	廊坊市广阳区广增装订厂
版　　次	2020 年 10 月第 1 版
印　　次	2020 年 10 月第 1 次印刷
开　　本	710×1000　1/16
印　　张	15.75
插　　页	2
字　　数	243 千字
定　　价	89.00 元

凡购买中国社会科学出版社图书，如有质量问题请与本社营销中心联系调换
电话：010 - 84083683
版权所有　侵权必究

前　　言

　　中国与新加坡都非常重视本国核心价值观教育。两国在核心价值观教育方面，既有共同性，也有差异性。本书通过对中国与新加坡核心价值观教育异同的比较，借鉴新加坡核心价值观教育的有益经验，探寻人类社会核心价值观教育的一般原理和普遍共同规律，以期对我国社会主义核心价值观教育理论研究和实践开展有所借鉴和指导意义。

　　本书研究内容主要围绕六大部分展开。第一部分是引言。主要阐述国内外研究现状、研究意义、研究思路和方法以及对价值、价值观、核心价值观、核心价值观教育等基本概念进行厘定和梳理。第二部分是中国与新加坡核心价值观教育背景的比较。通过分析中国与新加坡核心价值观教育背景的共性和差异性，得出研究结论和启示。第三部分是中国与新加坡核心价值观教育理念的比较。通过分析中国与新加坡核心价值观教育理念的共性和差异性，得出研究结论和启示。第四部分是中国与新加坡核心价值观教育实施的比较。通过分析中国与新加坡核心价值观教育实施的共性和差异性，得出研究结论和启示。第五部分是中国与新加坡核心价值观教育规律的比较。通过分析中国与新加坡核心价值观教育规律的共性和差异性，得出研究结论和启示。第六部分是中国与新加坡核心价值观教育效益的比较。通过分析中国与新加坡核心价值观教育效益的共性和差异性，得出研究结论和启示。

　　本书提出了一些创新性的观点，如提出核心价值观教育应以科学的教育理念为指导，科学的教育理念对核心价值观教育具有引领、整合和总结反思的作用；提出我国社会主义核心价值观教育在制度建设方面，应借鉴新加坡核心价值观教育有益经验,加强社会主义核心价值观教育的制度保障机制建设;提出核心价值观教育是一个由六大规律组成的规律体系,其中,价值需求满足与平衡规律是其基本规律,以人民为中心的价值需求满足与平衡规律是社会主义核心价值观教育的根本规律;提出核心价值观教育应注重教育效益的考量,关注教育效益的实现等。

目 录

引 言 …………………………………………………………… (1)
  一 国内外研究现状述评 ……………………………………… (2)
  二 研究意义 …………………………………………………… (4)
  三 研究思路和研究方法 ……………………………………… (6)
  四 相关基本概念的界定与梳理 ……………………………… (7)

第一章 中国与新加坡核心价值观教育背景的比较 ……………… (17)
  第一节 教育背景的共性 ……………………………………… (17)
    一 维护国家文化和意识形态安全 ………………………… (17)
    二 整合社会多元文化价值观 ……………………………… (22)
    三 保留和传承亚洲传统文化 ……………………………… (28)
  第二节 教育背景的差异性 …………………………………… (32)
    一 两国经济基础及由其决定的社会制度不同 …………… (32)
    二 两国社会现实和发展诉求不同 ………………………… (36)
  第三节 结论和启示 …………………………………………… (40)
    一 核心价值观教育是凝聚民族国家力量的重要举措 …… (40)
    二 核心价值观教育是整合多元文化价值的重要举措 …… (41)
    三 核心价值观形成的基本依据 …………………………… (43)

第二章 中国与新加坡核心价值观教育理念的比较 ……………… (46)
  第一节 教育理念的共性 ……………………………………… (46)

一　和谐教育理念……………………………………………………（47）
　　二　人本教育理念……………………………………………………（55）
第二节　教育理念的差异性………………………………………………（64）
　　一　顶层设计理念不同………………………………………………（64）
　　二　具体操作理念不同………………………………………………（82）
第三节　结论和启示………………………………………………………（87）
　　一　核心价值观教育需要科学的教育理念作指导…………………（87）
　　二　和谐与人本教育理念是两大基本教育理念……………………（89）
　　三　社会主义核心价值观教育要注重教育理念的研究……………（89）

第三章　中国与新加坡核心价值观教育实施的比较……………………（91）
第一节　教育实施的共性…………………………………………………（91）
　　一　学校教育是实施的主渠道………………………………………（91）
　　二　家庭教育是实施的重要基础……………………………………（136）
　　三　社会教育是实施的有益补充……………………………………（142）
第二节　教育实施的差异性………………………………………………（152）
　　一　实施主体的差异性………………………………………………（152）
　　二　具体实施方法的差异性…………………………………………（157）
　　三　实施制度保障机制的差异性……………………………………（161）
第三节　结论和启示………………………………………………………（166）
　　一　以制度建设作保障………………………………………………（167）
　　二　注重日常培育……………………………………………………（169）
　　三　坚持显性教育和隐性教育相结合的原则………………………（170）

第四章　中国与新加坡核心价值观教育规律的比较……………………（173）
第一节　教育规律的共性…………………………………………………（173）
　　一　都遵循与教育对象身心发展相适应的规律……………………（173）
　　二　都遵循价值知识传授规律………………………………………（181）
　　三　都遵循价值认同发力规律………………………………………（187）
　　四　都遵循与社会发展相适应的规律………………………………（190）

第二节 教育规律的差异性 (192)
一 认识和利用规律的理论基础不同 (193)
二 具体规律应用不同 (197)

第三节 结论和启示 (203)
一 核心价值观教育要依规而行 (203)
二 核心价值观教育规律体系 (203)
三 价值需求满足与平衡规律是基本规律 (208)
四 以人民为中心的价值需求满足与平衡规律是根本规律 (215)

第五章 中国与新加坡核心价值观教育效益比较 (218)
第一节 教育效益的共性 (218)
一 个人发展效益 (218)
二 社会发展效益 (223)
三 精神文化发展效益 (227)

第二节 教育效益的差异性 (231)
一 教育效益持久性比较 (232)
二 教育效益深远性比较 (233)

第三节 结论和启示 (236)
一 重视教育效益的实现 (236)
二 把握统一整体效益 (237)
三 认识多元化效益实现的长期过程 (238)

参考文献 (240)

后　记 (244)

引　言

　　1991年1月，新加坡政府正式发表了《共同价值观白皮书》，后经国会充分讨论，将"国家至上，社会优先；家庭为根，社会为本；社会关怀，尊重个人；协商共识，避免冲突；种族和谐，宗教宽容"①作为新加坡核心价值观。从此，新加坡核心价值观教育也不断展开。经过20余年的宣传教育，如今在新加坡，共同价值观不仅深入人心、妇孺皆知，而且得到了新加坡所有宗教和种族社群的广泛认同，乃至成为促进新加坡经济发展和实现社会和谐的强大精神和文化力量。2012年11月8日，胡锦涛总书记在中国共产党第十八次代表大会报告中，指出应加强社会主义核心价值体系建设，大力倡导以"富强、民主、文明、和谐；自由、平等、公正、法治；爱国、敬业、诚信、友善"②为主要内容的社会主义核心价值观。2017年10月18日，习近平总书记在中国共产党第十九次全国代表大会上，继续重申要大力倡导社会主义核心价值观，并指出"社会主义核心价值观是当代中国精神的集中体现，凝结着全体人民共同的价值追求"③。我国的社会主义核心价值观教育也随之不断深入开展。比较中新两国核心价值观教育的异同，借鉴新加坡核心价值观教育的有益经验，寻求人类社会核心价值观教育的共同规律，对加强我国社会主

---

　　①　《五大共同价值观》，《联合早报》1991年1月6日。
　　②　胡锦涛：《坚定不移沿着中国特色社会主义道路前进　为全面建成小康社会而奋斗——在中国共产党第十八次全国代表大会上的报告》，人民出版社2012年版，第32页。
　　③　习近平：《决胜全面建成小康社会　夺取新时代中国特色社会主义伟大胜利——在中国共产党第十九次全国代表大会上的报告》，人民出版社2017年版，第42页。

义核心价值观教育将大有裨益。

一 国内外研究现状述评

近年来,国内外学者开展了许多深入的相关研究,取得了丰富的有建设性的研究成果。这些研究及其成果为本书的研究奠定了坚实的学术基础。综合国内外学者的研究成果,涉及本书的相关研究,主要体现如下:

(一) 国内研究现状述评

早在20世纪90年代,我国学者就开始关注新加坡共同价值观教育,对新加坡共同价值观教育的目的、内容、方法等进行了介绍和分析,并取得了丰富的研究成果。2006年10月,自中国共产党第十六届六中全会首次提出建设社会主义核心价值体系后,学者们开始尝试对中新两国价值观教育进行比较研究。综合国内学者们的研究成果,关于中国与新加坡核心价值观教育的比较研究主要集中在以下两个方面:

1. 从哲学、政治学的角度对中新两国核心价值观内容的比较研究。学者们从确立背景、构成要素、内在特征、目标追求等方面比较了中新两国核心价值观的异同。他们认为中新两国核心价值观虽然存在相通之处,但也有本质差异。如上官酒瑞在《核心价值观:新加坡与中国的比较》一文中,指出新加坡共同价值观与中国社会主义核心价值体系,具有诸多相通之处:都是社会复杂价值结构中多样价值形式的有机组合,都由社会迅速变革时期多重因素推动而确立,都具有尊重差异,包容多样的内在品格,都以社会和谐和秩序稳定为目标追求[①]。陈延斌、周斌在《国外核心价值观的凝练及其启示》一文中,认为新加坡共同价值观是亚洲价值观的代表,我国社会主义核心价值观的建构应向新加坡学习,主动自觉维护国家核心利益,使核心价值观成为维护我国核心利益的价值宣言[②]。

这些研究及其成果,虽然仅是进行价值观的比较,而不是进行价值

[①] 上官酒瑞:《核心价值观:新加坡与中国的比较》,《学术论坛》2008年第9期。
[②] 陈延斌、周斌:《国外核心价值观的凝练及其启示》,《马克思主义研究》2012年第10期。

观教育的比较，但是，这些研究成果为本书研究尤其是价值观内容教育比较研究提供了参考。特别是该类研究成果，是直接对核心价值观的比较，为本书研究提供了更为直接的借鉴。当然，核心价值观比较与核心价值观教育比较，虽然有联系，但不能等同，这方面则为本书研究提供了思维指向。

2. 从教育学、思想政治教育学的角度对新加坡共同价值观教育及对我国的启示研究。学者们从背景、目的、内容、方法、途径等方面介绍了新加坡共同价值观教育实施情况，并在此基础上阐发了对我国核心价值观教育的启示。如王学风在其著作《多元文化社会的学校德育研究——以新加坡为个案》中认为多元文化视野下的新加坡学校德育具有多元统一性、国家意识主导性、传统价值观的创新性以及东西文化融合性等特点，指出共同价值观教育是新加坡学校德育的重要组成部分，充分体现了新加坡学校德育的多元统一性的特点①。龚群在其著作《新加坡公民道德教育研究》中指出以国家主义为核心的共同价值观是新加坡对道德价值的重建，共同价值观教育是新加坡公民道德教育不可或缺的重要组成部分②。

这些研究及其成果，是直接涉及价值观教育的，并根据新加坡共同价值观教育的实施情况思考了我国核心价值观教育的某些问题，这为本书研究提供了一定的研究基础。

（二）国外研究现状述评

在新加坡，一些学者对本国的共同价值观教育也进行了系统深入的研究，取得了丰富的研究成果。如南洋理工大学王永炳教授多年来一直从事新加坡公民与道德教育研究，出版了《公民与道德教育》《挑战与应对——全球化与新加坡社会伦理》等著作，并发表了多篇论文，对共同价值观教育进行了深入的理论探讨；新加坡《联合早报》资深教育记者潘星华通过多年的新闻采访，出版了关于新加坡人文和道德教育方面的

---

① 王学风：《多元文化社会的学校德育研究——以新加坡为个案》，广东人民出版社2005年版。

② 龚群：《新加坡公民道德教育研究》，首都师范大学出版社2007年版。

系列著作,对新加坡共同价值观教育实施情况进行了详细介绍。综观新加坡学者的研究成果,与我国学者的研究相比,新加坡学者更注重从全球化和国际化的视角来研究共同价值观教育,着重分析共同价值观教育面临的挑战,并探讨应对挑战的对策。这些研究及其成果,在研究方法上为本书研究提供了很好的方法论启示和借鉴。主要体现在:一是展示了课题研究要置于全球化的大背景下,以国际化的视野和眼光来进行考察;二是要从问题出发,坚持问题导向,针对问题,提出相应的举措,以提高研究效益。

在欧美等西方国家,也有学者对新加坡核心价值观教育进行研究。如美国著名政治学家塞缪尔·亨廷顿在其著作《文明的冲突与世界秩序的重建》中就特别提到了新加坡的共同价值观,认为这是新加坡政府为了"界定各民族和宗教社会群体共同的、区别于西方的文化认同"所做出的"一个雄心勃勃和有见识的努力"[①]。这些研究及其成果,虽然专门性论述不多,但是它所得出的结论,对本书研究意义的认识、本质性问题的把握等,具有重要的参考意义和借鉴价值。

国内外学者们的研究成果为本书的研究提供了宝贵的资料来源,但仍尚有创新的空间,对一些问题可以进一步细化和深入。本书拟吸收和借鉴学者们优秀的研究成果,并在此基础上力求进行丰富完善,力图有所创新。本书旨在通过比较中新两国核心价值观教育的异同,探寻人类社会核心价值观教育的一般原理和普遍规律。通过探究我国社会主义核心价值观教育的特殊性和规律性,为进一步深化我国社会主义核心价值观教育的政策制定提供一定的理论依据;通过借鉴新加坡共同价值观教育的成功经验,探求进一步拓展加强我国社会主义核心价值观教育的新途径。

二 研究意义

对中国与新加坡核心价值观教育进行比较研究,具有以下意义:

---

① [美]塞缪尔·亨廷顿:《文明的冲突与世界秩序的重建》,周琪等译,新华出版社2010年版,第295页。

（一）理论意义

在前人研究成果的基础上，本书的研究试图回答相关理论问题：中国和新加坡两国在核心价值观教育上有哪些共同点和不同点？人类社会核心价值观教育是否有普遍共同规律可循？新加坡共同价值观教育有哪些成功经验值得我国借鉴？我国应如何加强社会主义核心价值观教育，使其得到国民的高度认同？对类似理论问题的研究和回答，有助于人们从理论上深入理解核心价值观教育；有助于促进理论研究工作者进一步深化这方面的理论研究；有助于教育工作者进一步用相关理论来提高自己的理论水平，并深化这方面的理论教育等。

（二）实践意义

通过借鉴新加坡共同价值观教育的成功经验，为我国从事社会主义核心价值观教育的广大思想政治教育工作者提供一些思路与方法，帮助他们在更广阔的国际视野中，利用国外先进经验开展社会主义核心价值观教育，增强教育的实效性。本书研究所得到的理论成果，可指导有关社会主义核心价值观教育实践；有利于提高思想政治教育工作者进行社会主义核心价值观教育的自觉性和主动性；有利于认识我国当下社会主义核心价值观教育的现状，总结经验，发现问题，改进实践；有利于进一步修订和完善我国社会主义核心价值观教育政策，更好地发挥政策的指引导向功能。

（三）学科意义

本书研究从比较教育学的角度探讨中新两国核心价值观教育的异同，可丰富思想政治教育学科中价值观教育的研究成果；本书的研究涉及马克思主义理论、教育学、政治学、哲学等诸多学科，具有交叉性、渗透性、综合性的特点，可进一步强化思想政治教育学的交叉性和综合性；本书研究从核心价值观教育角度进行比较，这从理论上的研究，方法上的寻觅，实践上的考察等方面，都为思想政治教育比较学的充实、完善和与时俱进提供资源。

三 研究思路和研究方法

（一）研究思路

本书研究始终坚持马克思主义立场，以党的十八大、十九大报告和习近平新时代中国特色社会主义思想为理论指导和政策依据，以我国和新加坡核心价值观教育实践为出发点，以价值、价值观、核心价值观、核心价值观教育等概念分析为逻辑起点，以中新两国核心价值观教育背景、理念、实施、规律和效益等方面比较为逻辑展开过程，以总结和揭示核心价值观教育的一般性规律，借鉴新加坡核心价值观教育的先进经验，探索加强我国社会主义核心价值观教育的新路径等为逻辑结论。贯穿该研究全过程的，是有考察才有比较，有比较才有鉴别，有鉴别才有认识，有认识才有自省，有自省才有进化，有进化才有完善的思维路线。

（二）研究方法

坚持以马克思主义唯物辩证法为根本方法，以比较与分析、理论与逻辑、归纳与演绎、历史与现实为基本方法，主要应用以下具体方法：

1. 实证研究法。笔者曾于2011年3月至9月在新加坡南洋理工大学国立教育学院担任访问学者。在访学期间，通过问卷调查和个案访谈，切身感受了新加坡核心价值观教育，掌握了研究的第一手资料。本书坚持实证研究，对中新两国核心价值观教育实施的基本情况做实证分析。

2. 文献研究法。笔者在新加坡期间，充分利用了新加坡各大学图书馆，收集了大量与研究内容相关的历史文献和资料。本书研究以历史文献为依据，对新加坡核心价值观教育实施情况做客观介绍和分析，力图呈现新加坡核心价值观教育的真实面貌。

3. 比较借鉴法。本书研究的比较方法，主要是比较同异。通过中国和新加坡核心价值观教育共性比较，寻求中国核心价值观教育与新加坡核心价值观教育的共同点，进而寻找人类社会核心价值观教育发展的共同规律；通过差异性比较，探索中国核心价值观教育与新加坡核心价值观教育发展的不同点，进而认识中国核心价值观教育的特殊性，把握其特殊规律。

4. 系统分析法。把执政党组织、企业组织、宗教组织、学校、家庭、新闻媒体、社区组织等主体在核心价值观教育中的地位、功能和作用，放在国家核心价值观教育的大系统中来进行分析研究。

四　相关基本概念的界定与梳理

在对中国与新加坡核心价值观教育比较研究之前，有必要对价值、价值观、核心价值观、核心价值观教育等基本概念做一界定和梳理，这是本书研究的理论前提。

（一）价值

1. 价值概念的界定

价值不仅是经济学、伦理学及美学的概念，而且也是哲学的基本范畴。价值论问题是现代哲学越来越关注的重大问题，以至于诞生了一门新兴分支学科——价值哲学。关于"什么是价值""价值的本质是什么""价值具有哪些特征"等问题一直是中西方哲学界讨论的焦点，针锋相对的论争也推进了人们对"价值"问题的理解。

自从 19 世纪价值哲学诞生以来，关于"什么是价值"这一问题的争论，就从来没有间断过。"价值"可能是现代哲学中争议最多、最激烈的一个词语。如果对中西方理论界关于价值的研究成果进行梳理，我们可以发现，从总体上看，关于什么是价值，主要有以下三种解释路径：

第一，主观说。持这种观点的学者认为价值是与作为主体的人的需要相联系的概念，它与人的兴趣、欲望、情感、意图和选择相关。19 世纪奥地利哲学家 F. 布伦坦诺认为价值来源于人们在判断行为中的肯定与否定的选择和情感行为中的爱与恨的表达。美国现代哲学家 R. B. 培里指出："在讨论价值的定义时，我们将经常地涉及以情感为动力的生活，即本能、欲望、感情、意志和它们的状况行为和态度的体系。"[①] 而这种"以情感为动力的生活"，培里将之称为"兴趣"。在此基础上，他提出了著名的"价值兴趣论"，认为兴趣赋予对象以价值，是价值发生的源泉。"当一种兴趣产生时，无论关于它的知识如何，一种价值即获得其存在。

---

① ［美］培里：《现代哲学倾向》，商务印书馆1962年版，第27页。

当一种价值赖以支撑的兴趣被摧毁或改变，这种价值就不存在了。"①

第二，客观说。持这种观点的学者认为价值是与客体的功能或属性相联系的概念，是不依赖于主体的客观存在。美国学者刘易斯认为，价值是存在的属性，"'价值'这个词如同'颜色'或'形状'这个词一样，是用以表称事物显现的性质的范畴"②。我国学者李剑锋指出："价值就是指实体能够满足主体需要的那些功能和属性。"③

第三，关系说。持这种观点的学者主要从主客体关系的角度来研究价值，认为价值是客体的功能和属性与主体的需要和需求之间一种满足与被满足、肯定或否定的关系。如我国学者李德顺认为价值是指"客体的存在、作用以及它们的变化对于一定主体需要及其发展的某种适合、接近或一致"④；李秀林认为价值是"主体和客体之间的一种特定的关系，即客体以自身属性满足主体需要和主体需要被客体满足的一种效益关系"⑤。也有学者认为价值是主客体之间的一种效用关系，"价值是客体中所存在的对满足主体需要、实现主体欲望、达到主体目的具有效用的属性，是客体对于主体的需要、欲望、目的的效用性，是客体对主体的效用"⑥。

应该说，"关系说"的提出，是对"主观说"和"客观说"的扬弃和超越，标志着学界对价值内涵和本质的认识上升到了一个新的高度。从本质上讲，价值是一种关系范畴，而不是实体范畴，它反映了主体需要与客体属性之间的一种特殊关系。马克思指出："'价值'这个普遍的概念是从人们对待满足他们需要的外界物的关系中产生。"⑦ 一方面，价

---

① Perry, *General Theory of Value*, New York: Longmans, Green and Company, 1926, p.140.
② ［美］刘易斯：《价值和事实》，《当代美国资产阶级哲学资料》第一辑，商务印书馆1978年版，第14页。
③ 李剑锋：《价值：客体主体化后的功能或属性》，载王玉梁主编《价值和价值观》，陕西师范大学出版社1998年版，第163页。
④ 李德顺：《价值论——一种主体性的研究》，中国人民大学出版社1987年版，第13页。
⑤ 李秀林等主编：《辩证唯物主义和历史唯物主义原理》，中国人民大学出版社1990年版，第293页。
⑥ 王海明、孙英：《几个价值难题之我见》，《哲学研究》1992年第10期。
⑦ 中共中央编译局编译：《马克思恩格斯全集》第19卷，人民出版社1963年版，第406页。

值离不开客体，离不开客体的功能或属性。如果客体不具备能够满足主体需要的功能或属性，则价值就无从谈起。因此，客体及其功能或属性是价值关系的前提和客观基础。另一方面，价值离不开主体，离不开主体的主观需要。价值世界是属人的世界，事物与事物之间、客体与客体之间也会构成一定的关系，但一定不是价值关系。主体及其主观需要是价值关系的核心。

从主客体关系的角度，在主客体关系的框架下思考和解释价值是目前学界比较占主流的思维方式和考察路径。至于价值反映的是主体与客体之间的何种关系，则又有不同观点和意见。有的学者持"效益论"，有的学者持"效用论"，而后者占大多数。

"价值是客体对主体的效用"的观点虽然看似反映了价值是主体与客体之间的关系，但有几点不大妥当的地方，值得商榷。第一，"效用论"强调的是客体满足主体需要的属性，这与"客观说"中的"属性论"的观点是如出一辙的，从而违背了从主客体关系角度解释价值的初衷。第二，"效用"是经济学概念，指的是物对人的有用性。用效用来解释价值，不可避免会带有某些功利主义倾向，容易陷入功利主义泥沼。

那么，价值是主体与客体之间的一种什么样的关系呢？有学者尝试从"意义"的角度进行阐释。苏联哲学家卡冈说："我们把价值规定为客体对于主体的意义。"[①] 斯托洛维奇认为："所有研究价值问题的哲学家，不管怎样都通过'意义'的概念确定价值范畴。"[②] 我国学者袁贵仁认为："价值，作为哲学范畴，表示客体对于主体所具有的积极或消极的意义。"[③]

从"意义"的角度来解释"价值"是可取的，"意义"比"效用"更为贴近"价值"的本意。一般而言，我们说某事、某物具有价值，也

[①] ［苏联］莫伊谢依·萨莫伊洛维奇·卡冈：《美学和系统方法》，凌继尧译，中国文联出版公司1985年版，第134页。

[②] ［苏联］斯托洛维奇：《审美价值的本质》，凌继尧译，中国社会科学出版社1984年版，第60页。

[③] 袁贵仁：《价值观的理论与实践：价值观若干问题的思考》，北京师范大学出版社2006年版，第4页。

就是说某事、某物对人具有意义。因此，价值是客体的功能或属性对于主体需要需求的意义，反映的是主客体之间的意义关系。这种意义主要体现为客体对主体需要需求的满足，它可以是物质层面的，也可以是精神层面和审美层面的。

2. 价值的特征

对价值特征的揭示有助于我们进一步深入理解价值概念的内涵。价值作为客体功能或属性对于主体需要的意义，它的根本性特征就是关系性。这种关系性主要表现在：

（1）主体性

主体性是价值关系性的核心标志。凡是价值，都是一种关系式。任何事物有没有价值，有多少价值，都总是要跟人或人所组成的群体、组织、阶层、阶级、民族、社会、国家、区域、国家联盟、国际社会和人类、人类社会发生这样那样的关系。事物一旦离开与人的这些主体之间的关系，就失去了存在的意义，也就没有价值可言了。

价值不是自然生成的，它是主体在认识世界、改造世界的过程中，发挥主观能动性，使客体打上主体意志烙印，从而使客体满足主体需要的结果。因此，"从生成的角度看，价值实质上是人的主体性在客体中的对象化"[1]。人对"成为满足他的需要的资料的外界物……进行估价，赋予它们以价值或使它们具有'价值'属性"[2]。价值并不是事物本身所固有的，价值所表现的是主体的能动性、自主性和创造性。并且价值的世界是一个"属人的世界"，是对人的主体性的肯定，彰显了人的本质力量。正如马克思所言，人类活动"实际创造一个对象世界，改造无机的自然界，这是人作为有意识的美的存在物的自我确证"[3]。

（2）客观性

在承认价值具有主体性的同时，不能否认价值的客观性，主体性与

---

[1] 袁贵仁：《价值观的理论与实践：价值观若干问题的思考》，北京师范大学出版社2006年版，第65页。

[2] 《马克思恩格斯全集》第19卷，人民出版社1963年版，第409页。

[3] 中共中央编译局编译：《马克思1844年经济学哲学手稿》，人民出版社1979年版，第80—81页。

客观性是辩证地统一于价值之中的。价值的客观性主要是指：第一，价值的构成要素是客观的。作为价值主体的人以及人的需要、作为价值客体的事或物以及事、物的功能或属性这些要素都是客观的。作为价值主体的人、作为价值客体的事或物以及功能或属性这些要素的客观性毋庸置疑，人的需要的客观性如何理解呢？因为人作为生命体的存在，受到运动原则和平衡原则的支配。而人的生命体要保持运动和平衡，总要指向相应客体，以使运动持续不断地进行下去，使人的生命体内、体外、体内外保持平衡状态。人的生命存在的运动和平衡的客观性，也就决定了人的需要的客观性。马克思、恩格斯将人的需要概括为生存需要、享受需要和发展需要，需要正是人对其生存、享受和发展的客观条件的依赖和需求。人的需要的客观性源于：首先，需要的对象物是客观的。满足人需要的生存资料、享受资料和发展资料是客观的。其次，人为了满足需要所进行的社会活动是客观的。满足需要的活动不得不受社会条件的制约，并且随着社会实践的发展变化而发展变化。第二，价值作为客体属性与主体需要之间的意义关系，这种关系是客观的。它是一种客观存在，不以人的主观意志为转移。

（3）多样性

由于主体需要和客体属性都具有多样性，因此，价值具有多样性特征。关于主体需要的多样性，马克思、恩格斯认为人的需要有生存需要、享受需要和发展需要，它们是由低层次发展到高层次的。美国"人本心理学之父"马斯洛认为人的基本需要可以分为五个层次，分别为生理需要、安全需要、归属和爱的需要、尊重的需要以及自我实现的需要。一般来讲，需要既有正当、合理需要，也有不正当、不合理需要，既有低层次如生理、物质方面的需要，也有高层次如理想、艺术、审美方面的需要。需要的多样性决定了价值的多样性。另外，客体及客体属性也具有多样性，不同的客体具有不同的价值，即使是同一客体，不同的属性也具有不同的价值。

正是由于价值的存在形式是多种多样的，因此，人们对价值类型的划分就有多种角度、多种表述。如根据价值客体的不同，把价值划分为物的价值、精神文化现象的价值和人的价值等；根据价值主体的不同，把价值划分为个人价值、群体价值、社会价值、人类历史价值等。根据主体对客体的需要内容可以把价值划分为经济价值、政治价值、道德价值、审美价值等。

（4）历史性

由于主体需要、人对客体属性的认识和客体属性本身是不断发展变化的，因此，价值也会不断发展变化，从而具有具体性和历史性。一方面，满足人的主体需要的社会实践活动是不断发展变化的。人的低层次需要满足了，又会产生新的高层次需要。价值随着人的需要的变化而变化。另一方面，人对客体属性的认识是不断发展变化的。随着历史的发展和社会的进步，尤其是科学技术的发展，过去许多未被人们发现的事物及其属性，现在被人们发现并利用了。过去人们认为是无用甚至有害的事物，随着人们认识的加深，有可能转变为对人们有益的东西，因此价值也发生了改变，从负价值转变为正价值。同时，客体属性本身也是不断发展变化的。任何客体性事物，总是处在一定条件、环境、时空之下的客体事物，这些条件、环境、时空是不断发展变化的，从而，其属性也是变化发展的。

（二）价值观

关于什么是价值观，学界也有多种表述。有学者认为价值观是价值观念中一般的基本的观点。也有学者认为价值观本质上是关于价值的基本理论观点，还有学者认为价值观是人们对价值的基本观念和对基本价值的看法[①]。目前关于价值观的定义比较通行的表述是：价值观是关于价值的基本观点和根本看法，是关于价值及其本质、价值评判、价值创造等问题的根本观点。要深入理解价值观概念，有必要对以下两组概念进行辨析：

1. 价值与价值观

价值与价值观这两个概念是有区别的。价值观是指人们以及由人所组成的群体、组织、社会、国家等对价值根本性问题的观点。它有两个明显的特点，即是对价值根本性问题的观点，而不是一般性问题的观点；

[①] 马俊峰：《近年来价值观念研究综述》，《哲学动态》1998年第7期。

对价值根本性问题的稳定观点,而不是经常变更的观点。

另外,价值是客体对于主体的意义,这种意义关系是客观存在的。价值观是人们对这种意义关系的主观认识,是人们对某类事或物"有无价值、有何种价值"的基本观点和根本看法,表明了主体对客体的态度。价值观涉及的是对价值的评价与判断。主观上的价值观如果能够与客观价值关系相符合,那么就是好的、合理的;如果背离了现实价值关系,就是不好的、不合理的价值观。

2. 价值观与价值观念

价值观和价值观念有没有区别?是不是一个概念?很多人认为二者是同一个概念,可以通用。事实上,严格地讲,二者还是有一定的区别,不能等同。

价值观念是关于事物价值的总观点和总看法。我国学者袁贵仁认为:"价值观念可以看作由一个主观念和多层次的次观念所组成的一个同心圆。"[1] "主观念"是价值观念的"硬核",具有抽象性,比较稳定,不易变化。"次观念"是由"主观念"衍生出来的价值观念,它是主观念的"保护带",比较具体,且易于变化。这里的"主观念"就属于价值观范畴,是价值观念的核心和基础。

因此,我们可以这样理解:价值观是价值观念的概括化和抽象化,价值观念是价值观的个性化和具体化。如我国儒学开创者孔子提出的儒家价值观念是以"仁"为核心的包括"天、民、仁、忠、孝、义、礼、诚、敬、智、勇、和、恕、慈、廉、耻、恭、宽、信、敏、惠"[2]在内的价值观念体系。"仁"就是"主观念",是核心价值观,其他的属于"次观念",是具体的价值观念。

(三) 核心价值观

关于应如何界定核心价值观,学界也有不同的看法。有学者从"核心价值观"的字面含义来进行解释,如李德顺指出:"讲到'核心价值

---

[1] 袁贵仁:《价值观的理论与实践:价值观若干问题的思考》,北京师范大学出版社2006年版,第145页。

[2] 左亚文、石海燕:《再论社会主义核心价值观的凝练和深化(上)——核心价值体系与核心价值观》,《理论探讨》2013年第3期。

观',这个概念可能有两种意思:一种是指'核心主体'的价值观;另一种是指一定价值观念体系的核心内容。"①

也有学者从制度层面来解读核心价值观,如侯惠勤认为"核心价值观可以简要地概括为'制度精神'",是国家制度的灵魂,是"国家意识形态的内核"②。韩震也认为"核心价值观所反映的是制度层面的东西"③,因此要将核心价值观与道德价值观严格区分开来。

还有学者从价值观与核心价值观关系的角度来诠释核心价值观。如左亚文、石海燕认为"一个社会存在着三个层次的核心价值观,这就是一般价值观、核心价值体系和核心价值观"④。他们认为,一般价值观是多元、多样和易变的,核心价值体系是从一般价值观中抽象和提炼出来的占主导地位的价值观,核心价值观则是从核心价值体系中进一步抽象和提炼出来的,是最高层次的价值观。

笔者认为,"核心价值观"这一概念一般是应用于"社会"这一宏观大背景下,也就是说,核心价值观一般是针对社会而言的。在一个社会的价值观念体系中,存在着纷繁芜杂、形形色色的多元化多样性的价值观念。不同的价值观念所处的地位、所起的作用是不同的,其中有主导和非主导、主流和非主流、主要和非主要之分。在一个社会价值观念体系中居主导地位、起指导和支配作用的价值观就是核心价值观。它是关于社会核心价值的基本观点和根本看法,是社会核心价值体系的灵魂和精髓,对社会成员价值选择和行为取向起着标尺标杆作用。对于一个社会而言,核心价值观反映的是一个社会最深层次的价值理念,最集中、最鲜明地体现了作为社会主体的价值诉求。核心价值观作为社会价值坐标的原点,作为价值观念的高度浓缩和概括,具有根本性、抽象性、唯一性和不可分割性的特征。

---

① 李德顺:《关于社会主义核心价值观的几个问题》,《上海党史与党建》2007年第7期。
② 侯惠勤:《"普世价值"与核心价值观的反渗透》,《马克思主义研究》2010年第11期。
③ 韩震:《必须区分核心价值观与道德生活价值观——如何凝练社会主义核心价值观之管见》,《中国特色社会主义研究》2012年第3期。
④ 左亚文、石海燕:《再论社会主义核心价值观的凝练和深化(上)——核心价值体系与核心价值观》,《理论探讨》2013年第3期。

核心价值观与一个社会的社会制度有着紧密的联系。二者都是在人类社会实践活动中形成的，制度蕴含着价值理想，体现着价值奋斗目标，内含着价值行为规范。核心价值观是内核和本质，社会制度是其表征和外在存在方式。

（四）核心价值观教育

作为社会中的每一个个体，价值观是千差万别、千变万化的。如何使核心价值观成为社会成员的共同价值观，使之得到社会成员的认同，并促使他们自觉自愿地将之内化整合为个人价值观，是值得我们好好思考的一大问题。

价值观作为社会意识的一部分，它首先来源于社会存在，是对社会存在的反映。也就是说，人的价值观念的形成，是依赖于后天的社会环境、社会条件和人自身的实践活动的。"个人价值观念的形成是一个复杂的过程，它以各种方式进行。可以是有意的，也可以是无意的；可以是正式的，也可以是非正式的；可以是直接的，也可以是间接的。"[①] 这些方式可以是法律法规、社会舆论和教育，也可以是文化传统、风俗习惯和社会心理。在这些方式中，教育具有举足轻重的重要作用。无论是家庭教育还是学校教育抑或社会教育，在人的价值观形成过程中都占据着重要的地位。

所谓核心价值观教育，是指一个国家、社会、民族或一个政党等各种各级组织，用本国、本社会、本民族、本政党的核心价值观作用于人们的思想，特别是人们的价值观，并在这种核心价值观与人们思想的相互作用中，使人们的思想逐渐朝着国家、社会、政党的核心价值观方向变化发展，使其日益顺应、认同、接受、确信这一核心价值观，并逐渐内化为自己的核心价值观，以此作为自己评判事物价值的准绳，指导自己的价值活动，处理各种价值关系的一种教化培育活动及其状态。或者从主导价值观的角度，可以这样定义核心价值观教育：所谓核心价值观教育，是指一个国家、社会、民族或一个政党等各种各级组织，用本社

---

① 袁贵仁：《价值观的理论与实践：价值观若干问题的思考》，北京师范大学出版社2006年版，第132页。

会主导核心价值观作用于人们的思想，特别是价值观，并在社会主流价值观与人们的思想特别是价值思想相互作用中，使人们的思想特别是价值思想逐渐朝着社会主导核心价值观方向变化发展，使其日益顺应、认同、接受、确信社会主导核心价值观，并逐渐内化为自己的核心价值观，以此作为自己评判事物价值的准绳，指导自己的价值活动，处理各种价值关系的一种教化培育活动及其状态。我们在本书中讨论的核心价值观教育，正是从主导价值观的角度去理解的。

我们在界定核心价值观教育这一概念时，出于以下考虑：第一，概念的来源。它是来源于社会价值活动，这是该概念产生的基础和本源。第二，核心价值观教育的本质。核心价值观教育，是一种教育，但不是一般知识性的教育，而是价值思想互动性教育，并突出思想沟通、思想交流、思想互促、思想感化等。第三，核心价值观教育是一种全息性的价值思想互动过程，它时时处处事事会受到各种价值思想的影响，因而人们对主流价值观的确认过程，会呈现出顺应、认同、接受、确信、内化、外化的全过程。实际上任何事物的本质都体现在事物发生变化的过程之中的。

第 一 章

中国与新加坡核心价值观教育背景的比较

核心价值观教育，作为上层建筑的一部分，由社会经济基础所决定，并受社会政治、文化、社会发展状况等多因素制约。研究中国与新加坡核心价值观教育实施的背景，并将二者做一比较，有助于我们在更为广阔的视野和宏观的视域中了解核心价值观教育提出的缘起，在历史和现实的观照中把握核心价值观教育的发展脉络。

第一节 教育背景的共性

新加坡核心价值观教育的提出是在20世纪90年代，中国核心价值观教育的提出则在21世纪初。虽然相隔三十余年，但两国在核心价值观教育背景上仍然存在一些共同之处。基于维护国家文化和意识形态安全，整合社会多元文化价值观，保留和传承亚洲传统文化的需要，新加坡和中国相继提出了本国的核心价值观教育，使国家在思想和文化建设上迈进了一大步，上了一个新台阶。

一 维护国家文化和意识形态安全

一个国家政府层面的核心价值观的提出，既有现实的国内背景，也有深刻的国际背景。核心价值观奠定了一个社会的主导价值，表明了一个国家在文化和意识形态方面的立场和态度。"核心价值观之争，就是思想主导权之争。"[①] 在当今国际社会,核心价值观之争,文化软实力和意识形态领域的竞争已成为国家间新的竞争点和争夺点。为了维护本国文化和意识形态安全,中新两国都适时提出了表明本国价值立场的"核心价值观"。

(一) 新加坡回应西方国家的人权外交

新加坡核心价值观教育的提出有一个很重要的国际背景,那就是回应西方国家的人权外交。人权外交是第二次世界大战后以美国为首的西方国家普遍使用的外交战略。20 世纪 80 年代,以美国为首的西方主要发达国家,向以发展中国家为主的其他国家推行人权外交,将"人权"作为向这些国家提供经济、军事等援助的条件,希望通过人权外交,将其纳入西方社会"民主政治"轨道,使全球"西方化"和"民主化"。在新加坡与西方国家人权外交的冲突中,美国是其主要对手。虽然新加坡对美国有所倚重,尤其是在安全和经济方面。但是新加坡人民行动党在民主、人权、执政理念等核心问题和价值观念上,与美国还是大不相同,有时甚至是大相径庭。

新加坡是一个以华人为主的亚洲社会,在文化传统上深受儒家价值观的影响。儒家价值观中,国家利益和社会利益优先于个人利益的观念,与西方社会个人利益至上的观念相比显得有点格格不入。在国家利益、社会利益、个人利益孰重孰轻、何者优先的问题上,1978 年新加坡与美国发生了第一次小范围的交锋。交锋的焦点是关于新加坡的一项法律。1978 年 1 月,美国助理国务卿德里安(Patricia Derain)前往新加坡与李光耀会面,会面的主要目的是促请李光耀废除新加坡将政治犯未经审讯就加以拘留的法律。李光耀对此坚决拒绝,说这是基于维护新加坡国内安全的需要。事隔 20 年后,当时在场的美国驻新加坡大使霍尔德里奇(John Holdridge)在其回忆录中记录了当年谈话场景,他指出李光耀和德里安价值立场截然不同,李光耀是"一名儒家思想的忠实信徒","多年来连同支持者致力于向新加坡的年轻一代灌输儒家价值观",而德里安是"美国南方民权运动的宿将","她的理想是为体现美国宪法固有的'人类权利'

[①] 侯惠勤:《"普世价值"与核心价值观的反渗透》,《马克思主义研究》2010 年第 11 期。

而进行斗争"①，两人在两小时的会见中，大部分时间都是各抒己见，没有交集。事情的结果是双方各自保留意见，没有做进一步深入的争辩。

如果说1978年德里安和李光耀的会晤首次显露了新加坡和美国在人权问题和价值观方面的分歧的话，那么接下来发生的两国媒体纠纷和亨德里克森事件则使人权冲突不断升级。

首先是媒体纠纷。在对待媒体新闻自由的问题上，新加坡政府采取的是"负责任的新闻自由"的媒体管理模式，要求媒体要做一个负责任的媒体，不仅要对事实负责任，还要对国家政局负责任、对种族与宗教和谐负责任。李光耀指出："根据新加坡的经验，多种族和多宗教混合的局面，易生变化，因此美国的'舆论市场'概念，不但不能产生和谐的见解，达到兼听则明的效果，相反的却时常会导致暴乱和流血。"② 外国媒体依据"新闻自由"而发表的一些歪曲事实、诽谤新加坡政府和有损新加坡国际形象的报道使新加坡政府不得不做出回应和管制。

1986年10月，美国《时代》周刊刊登了一篇文章，内容是新加坡一名反对党议员被控私自变卖资产，诈骗债权人，并提供伪证，结果被新加坡法庭判决有罪。看到这篇文章后，李光耀的新闻秘书去信，指出报道中有三处不符合事实的地方，并要求《时代》周刊刊登人民行动党政府的答复信。不料对方不但以新闻自由为由予以拒绝，还提供了另外两个版本与原答复信严重不符的答复内容。于是，新加坡政府把《时代》周刊在新加坡的销量，从18000本减到了9000本，最后限制在2000本。直到《时代》周刊把答复信原原本本地刊登出来，新加坡政府才取消限制令。1994年10月，新加坡国立大学高级讲师、美国经济学家克里斯托弗·林格在美国《国际先驱论坛报》刊登了《笼罩亚洲部分地区的烟雾遮掩了深刻的忧虑》一文，指出新加坡是一个"恐怖的国家"，充满"政治罪恶和违法政治"。林格后来被新加坡法院立案调查，被课以重罚，单独羁押，之后林格向新加坡国立大学递交了辞呈，迅速离开了新加坡。

---

① 魏炜：《李光耀时代的新加坡外交研究（1965—1990）》，中国社会科学出版社2007年版，第290页。

② 《联合早报》编：《李光耀四十年政论选》，新加坡报业控股华文报集团1993年版，第550页。

《国际先驱论坛报》也被新加坡高等法院以诽谤罪处以重罚,要求支付巨额赔款。美国国务院宣布"对新加坡当局恐吓林格的做法感到失望",并取消了新加坡贸易特惠国待遇。

其次是 1988 年亨德里克森事件。梅森·亨德里克森是美国驻新加坡大使馆的政治参赞。新加坡政府经过调查后认为亨德里克森涉嫌干预新加坡议会选举,宣称其在新加坡组织了一个庞大的亲美自由派反对新加坡当局,并鼓动新加坡律师、"反政府人士"常国基、萧添寿参加大选,其中萧添寿与另两名美国国务院官员有联系。1988 年 5 月 7 日,新加坡政府正式向美国政府提出抗议照会,指出美国外交官的行为是试图"左右新加坡政局的活动",是干涉新加坡内政,要求美国召回亨德里克森,并予以惩戒。美国政府对于新加坡的抗议断然否认,并在三天后报复性地驱逐了一名新加坡驻美外交官。亨德里克森事件被认为是"新美建交以来最大的一次外交冲突"①,新加坡通过这一事件向国际社会表明了其作为一个拥有主权的独立国家,"主权至上""主权高于人权"的立场和观点以及坚持政治独立、反对他国干涉内政的决心和勇气。

综上所述,为了抵制西方国家尤其是美国的人权外交,新加坡提出共同价值观,以此表明新加坡在价值观和文化方面区别于西方国家的立场,以及坚定捍卫国家主权的决心。李光耀深深懂得在国际上保持新加坡自主和独立的重要性,他说新加坡如果不能保持独立性,那就会成为西方国家"可怜的仿制品",新加坡也就会成为"一个无所适从的国家",就"丧失了与西方社会的区别,而正是这些区别使我们能够在国际上保持自我"②。美国著名的国际问题专家塞缪尔·亨廷顿高度赞赏了新加坡提出共同价值观的这一做法,认为这一举动是"新加坡要界定各民族和宗教社会群体共同的、区别于西方的文化认同,这是一个雄心勃勃的和

---

① 魏炜:《李光耀时代的新加坡外交研究(1965—1990)》,中国社会科学出版社 2007 年版,第 293 页。

② Government of Singapore, *Shared Values* (Singapore: Cmd. No. 1 of 1991, 2 January 1991), pp. 2–10.

有见识的努力"①。

(二) 中国回应西方"普世价值观"

冷战结束后的国际社会，意识形态领域的冲突有了新变化，国与国之间的冲突更多地表现为文化和价值观的冲突。因为伴随着华约的解散，特别是苏联的解体，标志着冷战结束的同时，美国已然成为世界上唯一的超级大国。这一状态的出现，为以美国为首的西方发达国家标榜西方价值观，把"西方价值观"推而广之为"普世价值观"，对外输出"西方价值观"等，提供了"口实"和"说辞"，使他们更为重视和突出以西方文化和价值观为武器，继续对进步的民族和国家的人民进行腐蚀和演变。同时随着冷战的结束，世界格局朝向多极化发展，并在此进程中出现"一超多强"的状态。这种格局的出现，以美国为首的西方发达国家则更需要利用其文化和价值观来作为与向往进步的民族和国家做斗争的武器，特别是与"多强"中的进步民族与国家做斗争的武器。因而，文化和价值观的冲突也就突显出来了。

在这场文化和价值观的冲突中，西方国家一直不遗余力地向非西方国家和全世界输出"西方价值观"，并将"西方价值观"推而广之，认为"西方价值观"就是"普世价值观"，它代表了人类进步所趋，是全世界向往进步的民族和国家都应接受和遵循的"价值观、信仰、方向、实践和体制"②，是放之四海而皆准的普遍真理。

1990年，德国神学家孔汉思出版了《全球责任》一书，书中提出了通过宗教对话建立世界普遍伦理的构想。西方一些学者将"普世伦理"扩充为"普世价值"。2008年全球金融危机爆发以来，资本主义各国尤其是美国在检讨和反思其存在这种或那种的缺陷时，却唯独没有反思资本主义制度和资本主义价值观。

西方"普世价值观"的提出对我国思想界也产生了巨大影响，一些学者也纷纷撰文支持和散播"普世价值观"，这可以视为西方"普世价值

---

① [美]塞缪尔·亨廷顿：《文明的冲突与世界秩序的重建》，周琪等译，新华出版社2010年版，第295页。

② [美]塞缪尔·亨廷顿：《文明的冲突与世界秩序的重建》，周琪等译，新华出版社2010年版，第35页。

观"在我国的延伸。这些学者极力宣扬和鼓吹资本主义"普世价值观",毫不掩饰地用"普世价值"来否定中国特色社会主义制度和道路,从而否定中国特色社会主义的基本实践和基本经验。如有学者撰文写道:"以自由、理性、个人权利为核心的'启蒙价值'成为推动人类社会从传统走向现代的精神力量,成为现代性社会的价值基础。当代'普世价值'就是'启蒙价值'经过人们几百年的认识和实践演化而成的。"① 文章极力推崇"普世价值",认为是人间正道,中国应秉承普世价值,开创中国道路。

的确,"普世价值"和"中国道路"之争是现阶段中国意识形态领域尤其是价值观领域争鸣的焦点。我国学者侯惠勤一针见血地指出:"'普世价值'之争表明,核心价值观上的渗透与反渗透,既是当前意识形态冲突的动向,也是我们借以判断当前意识形态态势的重要依据。"他进而指出,核心价值观之争,既是道德制高点之争,也是制度建构之争,还是思想主导权之争。②

为了回应西方"普世价值观",争取国际话语权,我国适时提出了要建设"社会主义核心价值体系"和大力倡导"社会主义核心价值观"。社会主义核心价值观的提出,向世界清晰传递了处在新时期的中国共产党人决定"举什么旗""走什么路"的问题,展示了中国共产党人坚定不移走中国特色社会主义道路的信心,它既是中国在参与全球外交事务中为自己的政策与行为确立合法性、合理性的"道义"依据所必需,也是抗衡西方"普世价值观"和长期霸占国际话语权,形成中国价值观应有影响力、提升中国国际话语权和国际形象的必要之举。

二 整合社会多元文化价值观

从国内背景来看,中国和新加坡都是一个有着多元民族(或种族)、多元文化的国家。"多元性"是两国共同的特征。为了处理好这种"多元性",整合社会多元文化价值观,两国政府根据各自国情,提出了核心价

---

① 秦晓:《秉承普世价值 开创中国道路》,凤凰网财经讯息 2010 年 8 月 2 日。
② 侯惠勤:《"普世价值"与核心价值观的反渗透》,《马克思主义研究》2010 年第 11 期。

值观。

（一）新加坡用"共同价值观"取代"儒家价值观"

新加坡"共同价值观"的提出是新加坡政府经过长期酝酿、反复论证和深思熟虑的结果。"共同价值观"在一定程度上是新加坡政府基于增进华族和非华族之间的共识，减少宗教分歧和摩擦的目的而提出的。

1. 儒家价值观的提出背景

在"共同价值观"提出之前，在新加坡社会占主流的价值观念是儒家价值观。其原因有二：

第一，新加坡社会是一个以华人为主体的社会，华人对儒家价值观在新加坡的传播做了巨大贡献。

华人是新加坡第一大种族，占新加坡总人口的76.8%（2008年数据），对新加坡社会有着决定性的影响。其中大部分华人祖先来自中国的广东和福建，还有一些华人来自马六甲和槟榔屿以及马来群岛的其他地区。早期的华人移民大多是为了谋生而来到新加坡的底层民众，他们出身贫寒，以务农为主，文化水平低，并没有接受过系统的儒家文化教育。但是几千年的文化积淀使他们深受儒家文化的熏陶和感染，儒家文化"道在日常伦理中"的"实用理性"的特点早已将文化渗透到他们的日常生活和习俗礼仪之中，他们将华人勤劳、节俭、善良、尊老的美德带到了南洋，对新加坡经济发展做出了巨大贡献，帮助新加坡渡过了1959—1969年的经济难关。也正因为此，李光耀认为："新加坡成功的一个最强有力的因素，就是50—70年代那一代人的文化价值观。由于他们的成长背景，他们肯为家庭和社会牺牲。他们也有勤劳俭朴和履行义务的美德。这些文化价值观帮助新加坡成功。"[1]

随着华人知识群体逐渐移居新加坡，他们通过设立学堂，创办报刊，建立孔教会等文化团体的形式来传播儒家文化价值观。1849年，新加坡建立了第一间华校——崇文阁，当时学校所用的教材就是儒家经典——《四书》《五经》。建校宗旨从《崇文阁碑文》可略见一斑，是要"宏正

---

[1] 《联合早报》编：《李光耀40年政论选》，新加坡报业控股华文报集团1993年版，第418页。

道、宪章文武""读孔孟之书""化固陋为风雅",使新加坡成为一个有高度精神文明的礼仪之邦①。在崇文阁之后,萃英书院、养正书屋等华校相继出现。1881年,《叻报》出版发行,这是新加坡第一份华人报纸。随后又有《天南新报》《日新报》等。1890年以后,一些华人文化社团相继成立,如图南社、会贤社、丽泽社、会吟社、中华孔教会等,这些文化团体为儒家思想的传播做了大量有益的工作。

第二,李光耀政府对儒家价值观的大力推崇。

出身于华人家庭的李光耀,自小就受到儒家价值观的熏陶,他曾在多种场合毫不掩饰地谈及儒家价值观对自己成长和成功的影响。他认为良好的家庭教育对他一生产生了重要影响,儒家价值观对塑造个人健康人格发挥了重要作用。在华人大家庭里,做了错事会"尝到藤条的滋味","须对长辈有礼","须守规矩","这些对一个人童年的成长过程,具有潜移默化的影响。在你成长的过程中,这些夜以继日灌输进你脑海中的价值观就会慢慢萌芽②。"

除此之外,李光耀还认为儒家价值观促进了新加坡经济起飞,为新加坡经济的迅速增长提供了重要的文化和价值观支撑。儒家价值观中"社会第一、个人第二"的观念使新加坡人愿意为社会和国家牺牲,帮助国家渡过一次又一次的难关。李光耀举例说,在经历了10年接近两位数字的经济增长后,在1985年,新加坡经历了自独立后最严重的经济衰退,出现了1.6%的负增长。在这一情况下,政府向工会和工人们进行劝说,新加坡如果不能恢复它在国际上的竞争力,就不能避免裁员,也不能实现持续的经济增长。政府号召工会和工人接受减薪和节制工资两年。工人接受了做出牺牲的号召。仅仅过了两年,1987年新加坡国民生产总值就实现了9%的增长率。李光耀认为是占工人大多数的华人的勤奋、节俭、惊人的耐力、灵敏的品格以及把社会置于个人至上,具有奉献和牺牲精神的儒家价值观促成了新加坡经济腾飞和发展③。

---

① 龚群:《新加坡公民道德教育研究》,首都师范大学出版社2007年版,第14页。
② 《联合早报》编:《李光耀40年政论选》,新加坡报业控股华文报集团1993年版,第103页。
③ 吕元礼:《新加坡为什么能》(下卷),江西人民出版社2007年版,第76页。

2. "共同价值观"取代"儒家价值观"

1978年,当时的教育部长吴庆瑞博士发表《教育报告书》,指出学校的道德教育做得不够。1979年,人民行动党政府委派当时的文化部长王鼎昌,成立一个"道德教育委员会",对新加坡学校道德教育问题进行全面调查研究。次年6月,《1979年道德教育报告书》发表,对中小学道德教育提出改革方案。1982年,吴庆瑞博士提出道德教育必须辅以宗教教育,才能训练出具有正确道德观念的学生。于是,他在1月16日宣布中学三年级和四年级设立六种宗教课(佛学、伊斯兰教义、世界宗教、圣经、印度教义和锡克教义),作为道德教育的必修课,取代原来的《公民与时事》课程。同年2月3日,吴庆瑞博士根据李光耀总理的建议,在宗教课之外,再加一门儒家伦理。中三、中四学生从中任选一门修读,而且都是会考科目。因此,"新加坡的儒家伦理课是在宗教课进入学校的背景下开设的,这意味着新加坡政府是把儒家伦理看成与其他宗教并重的课程"[①]。

人民行动党政府采取了多项措施确保儒家伦理课能够顺利和有效的开展。首先是专门成立了儒家教育和东方哲学研究所,研究儒家教育问题;随后成立了"儒家伦理委员会",聘请新加坡国内外知名新儒学学者担任委员会顾问或委员,并组织召开了多次有国际影响力的国际儒学会议;更为值得一提的是,新加坡教育部组织国内外知名儒学专家编写和出版了中学《儒家伦理》教材,供全国各华校教学使用。《儒家伦理》教材的编写在新加坡乃至世界儒学教育史上都有标杆性的意义。新加坡本土学者、研究新加坡道德教育问题的专家王永炳先生指出:"新加坡是世界上第一个把儒家伦理编撰成课本在学校里当成道德科目来教学的国家。经过十年(1982—1992)的努力,儒家伦理教学无论在教材还是教学法上都有了改进,修读以英文编写的教材的学生也逐渐增加,打破只用华文传授儒家伦理的局限性。根据刘蕙霞博士所说:'儒家伦理科推行最盛

[①] 龚群:《新加坡公民与道德教育研究》,首都师范大学出版社2007年版,第33页。

的时期，每年有接近1万5000人进修。'"①

然而，新加坡是一个有着多元种族、多元宗教和文化信仰的国家。这种多元性所带来的直接后果，便是不同种族、宗教信仰以及文化间的敏感性。多元性问题处理得好，它可以成为推动社会和谐发展的动力；处理得不好，则会给社会带来动荡，甚至陷入混乱和瓦解。

新加坡政府对儒家伦理课的高度重视以及对儒家价值观的大力甚至过度的推崇，引起了其他种族的焦虑和担心。加之六种宗教课程进校园，一方面干扰了学校正常的教学秩序，另一方面容易造成种族和宗教分歧和冲突，而这对新加坡这一小国来讲，显然是非常不利的。李光耀也逐步意识到："我们无法消除各不同种族集团之间的文化和宗教差别。可是，我们却必须创立足够的共同价值观以及一个单一的国家观念。"② 这说明人民行动党政府在执政过程中开始意识到处理"多元性"这一问题的重要性了，也意味着人民行动党政府执政理念越来越趋于理性、实际和成熟。正如王永炳教授所言："如果仔细观察新加坡，就会发现，从政府到民间，从官员到百姓，无不都在小心翼翼地对待这个'多元性'问题。这几乎是新加坡的一条'生命线'。可以说，这是新加坡最大的特殊性。"③

1988年10月，新加坡第一副总理吴作栋提出，以类似于马来西亚"国家原则"④和印度尼西亚"建国五则"⑤的方式，以新加坡各族的核心价值观为基础，制定国家共同价值观，并成立了专门负责制定共同价值观的机构——由李显龙担任局长的国家意识局，发起新加坡大众参与

---

① ［新加坡］王永炳：《公民与道德教育——世纪之交的伦理话题》，莱佛士书社2000年版，第57页。
② 《联合早报》编：《李光耀40年政论选》，新加坡报业控股华文报集团1993年版，第550页。
③ ［新加坡］王永炳：《公民与道德教育——世纪之交的伦理话题》，莱佛士书社2000年版，第57页。
④ 马来西亚的"国家原则"，共有五条，具体内容为：信奉上苍、忠于君国、维护宪法、尊崇法治、培养德行。——笔者注
⑤ 印度尼西亚的"建国五则"，是印度尼西亚五项密不可分的治国原则，即神道主义、人道主义、民族主义、民主主义和社会公正。——笔者注

共同价值观制定的大讨论。1990年2月，新加坡政府发表《共同价值观白皮书》，提出了各族人民都能接受的"共同价值观"，并围绕"共同价值观"设计了一套新的公民与道德教育教材，取代了原华校使用的《儒家伦理》教材。1991年1月15日，新加坡国会正式通过了政府提出的"共同价值观"。1992年，新加坡政府宣布停止所有的宗教课程，由于儒家伦理课是与宗教课程同时进入的，儒家伦理课也随之被告停。

（二）中国用社会主义核心价值观引领社会思潮，凝聚社会共识

当代中国，改革开放的不断深入和纵深发展，使得社会的经济成分、分配方式、社会组织形式、社会利益以及人们就业方式、生活方式等都发生了重大而深刻的变化。这些变化必然会反映到人们的思想意识中来，从而形成各种社会思潮。在这些社会思潮中，既有正确、积极、进步、向上的社会思潮，也有错误、落后、消极、保守的社会思潮。社会思潮来源于人们的社会实践，同时又会反作用于人们的社会实践，影响人们的社会生活。正确、积极、进步、向上的社会思潮会激励人们奋发向上，用积极乐观的态度参与社会主义建设，而错误、落后、消极、保守的社会思潮则会导致人们辨不清前进方向，不思进取、消极颓废。尤其是错误的社会思潮无论是对个人还是对社会都有不容忽视的负面作用。如当前出现的资产阶级自由化思潮、历史虚无主义思潮、愚昧迷信思潮、拜金主义思潮、享乐主义思潮、个人主义思潮、民族分裂主义思潮、极左思潮等，从极大程度上混淆了人们的是非观念，败坏了社会风气，产生了极坏的社会影响。

另外，西方国家发起的经济全球化浪潮给我国带来的不仅是经济领域的重大变革，同时也给我国思想文化领域带来了巨大冲击。在东方文化和西方文化、传统文化和现代文化的冲击碰撞中，传统的价值观念受到挑战。何为对、何为错，何为是、何为非，人们似乎缺乏一种很明确的道德和价值判断标准，在纷繁芜杂、形形色色的文化价值观面前不知应做出何种选择，因此容易陷入困惑和迷茫，觉得无所适从。

针对目前出现的纷繁芜杂、良莠不齐的社会思潮以及人们在思想价值观念上的混乱情况，亟须提出一种核心价值观来帮助人们解决思想困惑，引导人们走出误区，在社会形成正确的价值导向和良好的道德风

尚。正是在这样的情况下，社会主义核心价值观被适时提出，作为主流的价值观念来引领社会思潮，它给人们提供了一种基本的价值导向和判断标准，让人们在纷繁芜杂的社会思潮中能够坚持正确的原则立场和方向。

三　保留和传承亚洲传统文化

当今世界，经济全球化以势不可当的趋势席卷全球，世界上每一个主权国家都无一例外地被卷入这场全球化大潮中。目前的经济全球化从本质上看仍然是以西方发达资本主义国家为主导的经济全球化。在经济全球化中，西方文化借助商品、科技、传媒资讯等工具或手段向东方国家进行渗透和侵蚀。在面临西方文化全球化浪潮的情况下，东方国家是拒绝西化，固守传统文化价值观，还是全盘吸收，抑或对西方文化进行本土化的改良，是摆在他们面前的一个艰难抉择。中国与新加坡同属亚洲社会，且都有相似的儒家文化渊源，在西方化和本土化的抉择中，两国不约而同地选择了固守本土化，抑制西方化不良影响的价值观重塑路径。正如一位观察家所说："西方的价值观遭到不同方式的反对，但在其他地方都没有像在马来西亚、印度尼西亚、新加坡、中国和日本那样坚决。"①

（一）新加坡"留住文化的根"

新加坡自建国后，经济取得了飞速的发展，在短短几十年内迅速跻身于世界发达国家之列。关于新加坡成功的原因，李光耀指出是新加坡父一辈"肯为家庭和社会牺牲"的价值观和"勤劳简朴和履行义务的美德"②。

但是到了80年代，对于新加坡年轻一代来讲，他们物质生活条件优越，备受父母宠爱，父辈建国创业的艰辛对他们来说既陌生又遥远。现代科技和资讯的发达，使新加坡年轻一代的价值观与父辈相比，发生了

---

① Graham E. Fuller, "The Appeal of Iran", *National Interest*, Fall 1994, p. 95.
② 《联合早报》编：《李光耀40年政论选》，新加坡报业控股华文报集团1993年版，第418页。

很大变化。王永炳教授曾经用"5C"来总结概括当代新加坡年轻人的价值观。他指出:"一般年轻人已经以'5C'(5C,是5个英文单词的开头字母:即Car 汽车、Cash 现金、Condominium 共管公寓、Credit Card 信用卡、Club 俱乐部会员证——笔者注)来衡量个人的成就,以品格情操作为个人的成就的人是少有的现象。"① 安逸的环境使新加坡年轻人滋生了自私、怕苦、贪图享受、好逸恶劳的毛病。在各种文化价值观前,他们表现出了迷茫困惑、不知所从。

针对这种情况,新加坡领导人和教育界人士都深感担忧。如果伴随经济高速发展的是人民道德水准的下降和优秀传统文化的丧失,那么这样的发展又有什么意义呢?因此,他们认为必须对西方一些消极颓废文化持警惕态度,要尽可能地保留新加坡优秀传统文化这一支柱,"没有这个支柱,社会将可能崩溃"②。

当记者问李光耀"谈到新加坡未来十年的问题,现在有一些人认为,年轻的一代在比较舒服的环境长大,比较缺乏危机感,他们的价值观也不一样。您怎么看待这个问题"的时候,李光耀回答道:"这不单单是新加坡面对的问题,经济成长较快的国家都有这种情形。……下一代的观念改变了。从电视上,以及通过跟游客接触,他们跟外面的世界接触的机会更多。他们本身也会有机会去旅行,看看其他国家的人民怎么生活。我们怎样去调整、调节这方面的变化,将是确定我们须保护和维持哪些旧价值观的重要因素之一。假使我们放弃所有的旧价值观,去接受新的消费生活方式,我们将会变成一个根基大大削弱的社会。"③ 因此,李光耀说:"新加坡人,必须高瞻远瞩,能够看到不止是他们今生所取得的成就。他们的子孙的前途,即使不是更重要的话,也应该同样重要。"④ 这

---

① [新加坡]王永炳:《挑战与应对——全球化与新加坡社会伦理》,友联书局2005年版,第81页。
② [新加坡]余长年:《一个关于价值观的辩论》,《联合早报》1990年7月26日。
③ 《联合早报》编:《李光耀40年政论选》,新加坡报业控股华文报集团1993年版,第100—101页。
④ 《联合早报》编:《李光耀40年政论选》,新加坡报业控股华文报集团1993年版,第410页。

里所谓的高瞻远瞩,就是指在经济发展的同时,加强社会精神文明的建设,也就是不断提高国民的道德水准。在这个意义上,李光耀一再强调伦理道德和确立正确价值观的重要性。他说:"我无法预见像新加坡这样的小国最终会成怎样的社会,但如果我们不给年轻的一代灌输一些基本的价值观,我们将会变成不一样的国民,而新加坡的表现也会变得不一样。"①"伦理道德水准若低落,我国就会日渐走下坡。新加坡是否能维持稳定和保持优势,问题不在经济发展方面,而是在于社会的道德结构。"②

1988年10月,当李显龙接任国家意识局领导工作,制定国家共同价值观时,他称,这项建设面临的主要障碍是西方化,西方化虽然给新加坡带来了举世瞩目的经济成就,但也腐蚀了传统的文化价值观,他说:"新加坡的问题是,如何一方面实现现代都市化,但又不会变得找不到根基……我们的问题是要留住我们的根,保留我们的文化认同。"③

1989年1月,黄金辉总统在议会开场演讲中指出,270万新加坡人对来自西方的外部文化影响是极为开放的,这使得他们"与国外的新思想、新技术有着密切的接触",但也使他们向"外国的生活方式和价值观"开放。他指出:"以往支撑我们发展的传统的亚洲道德、责任和社会观念,正让位于较为西方化的、个人主义的和自我中心的生活观"。他认为有必要确立新加坡各民族和宗教团体所共有的核心价值观,"它们应体现作为一个新加坡人的最基本点"④。

为了保留和传承新加坡的传统文化价值观,抵御西方一些消极文化的影响,化解年轻一代价值观危机,新加坡政府认为必须在社会上尤其是年轻人中大力倡导共同价值观,这是关系到新加坡未来兴衰存亡的大事。正如政府向国会提交的《共同价值观白皮书》中指出的,如果新加

---

① [新加坡]王永炳:《挑战与应对——全球化与新加坡社会伦理》,友联书局2005年版,第83页。
② [新加坡]李光耀:《伦理道德水准若低落,我国就会日渐走下坡》,《联合早报》1994年8月14日。
③ Lee Hsian Long, "The National Identity—A Direction and Identity for Singapore", 11 January 1989, Speeches, XIII, 1 (January-February 1989), p. 29.
④ [美]塞缪尔·亨廷顿:《文明的冲突与世界秩序的重建》,周琪等译,新华出版社2010年版,第294页。

坡的这一代人民不引导在不同环境下成长的下一代,就无从知道他们最终将会接受哪一种价值观念;他们可能会不可避免地失去方向或放弃促使新加坡成功的原有价值观。"问题并不是我们要下一代具备什么样的价值观念,而是哪一种传统和文化仍然适应他们,以及哪一些价值观念有助于他们取得繁荣和与本区域邻国和平共处。"①

(二) 中国增强文化自觉和自信,弘扬优秀传统文化

与新加坡类似,在当代中国,传统文化也遭遇到了现代化的危机。如何继承中国博大精深的优秀传统文化,并将之发扬光大,是摆在中国共产党人面前的新课题。

胡锦涛总书记在党的十八大报告中,提出了建设社会主义文化强国的战略目标,他指出:"文化是民族的血脉,是人民的精神家园。"在这一战略目标下,胡锦涛总书记提出了四条举措,第一条就是加强社会主义核心价值体系建设②。由此可以看出,社会主义核心价值观是在"大力推进社会主义文化强国建设""提高国家文化软实力"以及"实现中华民族伟大复兴"等具体语境中提出来的。因为价值观是文化的核心和深层次的表现,所以,要实现文化强国,必须有一套区别于西方的,根植于中国优秀民族文化的,具有中国特色、中国气派和中国形象的文化价值观。只有对本民族的优秀传统文化做到自觉和自信,才能真正实现中华民族的伟大复兴。

社会主义核心价值观汲取了中华民族优秀文化成果。中华民族优秀文化成果为社会主义核心价值观提供了深厚的历史文化土壤和历史底蕴。优秀传统文化是社会主义核心价值观的重要源泉,社会主义先进文化的基础,是建设中华民族共同精神家园的力量支撑。中国自古以来就有对"富强""文明"国家的追求,就有对"平等""公正"社会的向往,就提倡"爱国、敬业、诚信、友善"的道德。社会主义核心价值观是对中华民族优秀传统文化的继承、超越和升华,它赋予了中华优秀传统文化

---

① 吕元礼:《新加坡为什么能》(下卷),江西人民出版社2007年版,第90页。
② 胡锦涛:《坚定不移沿着中国特色社会主义道路前进 为全面建成小康社会而奋斗——在中国共产党第十八次全国代表大会上的报告》,人民出版社2012年版,第30—31页。

"时代感"和当代价值,是中国精神的集中体现。

第二节 教育背景的差异性

尽管中国与新加坡核心价值观教育背景具有相同之处,但不可否认的是,由于两国在社会经济基础、社会政治制度、意识形态、文化发展状况等方面存在较大差异,因此,中国与新加坡核心价值观教育背景也存在差异性。

一 两国经济基础及由其决定的社会制度不同

教育作为精神的上层建筑的一部分,是由经济基础所决定的。核心价值观教育作为意识形态教育的核心,在社会发展过程中起着引领和凝聚作用,这种作用归根到底是由社会生产方式决定的。因此,从辩证唯物主义的观点来看,经济基础及由其决定的社会制度是核心价值观教育实施的最本源的基础和最深层次的背景。由于中新两国在经济基础和社会制度方面存在显著不同,这在客观上促成了两国核心价值观教育的本质差异。

(一)新加坡具有浓厚实用理性色彩的民主社会主义制度

将新加坡建设成为一个民主社会主义国家,是李光耀领导的人民行动党在建国之初所确立的政治目标和理想,民主社会主义可以说是指导人民行动党行为准则的意识形态。在新加坡独立建国之后的1966年,为了让国民忠诚于新的共和国,当时的外交部长拉惹勒南编制了一份"新加坡誓词",后经内阁讨论通过,成为新加坡学校集会和国庆典礼都要宣读的"信约":"我们,新加坡的公民们,宣誓我们将作为一个统一的民族,不分种族、语言或宗教,共同建设一个建立在正义和平等基础上的民主社会,为我们的国家寻得幸福、繁荣和进步。"[①]

对于要建立一个什么样的国家,李光耀说:"这个国家必须是一个平等的国家,不能因为你是属于少数种族,你就必须是一个特权人物。也没有

[①] [英]康斯坦丝·玛丽·藤布尔:《新加坡史》,欧阳敏译,东方出版中心2013年版,第410页。

一个人可以因为他是属于多数种族，就比属于少数种族的人占优势，因为两者都是行不通的。"① 他曾这样描述他心目中的理想社会："身为一个具有中华文化背景的亚洲人，我的价值观是政府必须廉洁高效，能够保护人民，让每一个人都有机会在一个稳定和有秩序的社会里取得进步，并且能够在这样一个社会里过美好的生活，培养孩子，使他们取得更好的表现。"②

从李光耀对"理想社会"的描述中，我们可以看出他心目中的理想社会是一个"以人为中心"的民本社会。在这个社会中，人民安居乐业，和谐相处，生活富裕，精神充足。诚然如此，自 1959 年开始实现自治的新加坡，经过短短几十年的发展，到 20 世纪 80 年代末 90 年代初，已然由一个贪腐盛行、环境脏乱差的港口岛屿迅速发展成为经济繁荣、社会稳定、环境优美的现代化国家。新加坡仅仅用了一代人的时间便由第三世界晋升到了第一世界，成为亚洲四小龙之一。

但是，人民行动党并不死守教条，从实用出发，懂得变通是该党执政的特色。正如李光耀所说："人民行动党和其他发展中国家的社会主义政府不同的一个特点，就是人民行动党完全没有死守教条理论或教条政策。"当记者问及新加坡各种政策背后的哲学时，李光耀说："你可以说这是务实或实际，但是它行得通。对于任何理论或建议，我只问同一件事，就是行不行得通？我们是要解决问题，我不在乎理论漂不漂亮、优雅不优雅。如果没有用，就换别的来做。"③

新加坡的这种实用主义哲学既是受到儒家实用理性哲学影响的结果，也是新加坡在独立建国后在夹缝中求生存的生存哲学的折射。信奉儒家哲学的李光耀说："儒教并不是一种宗教，而是一套实际和理性的原则，目的是维护世俗人生的秩序和进展。"④ 儒家"道在日常伦理中"的处世

---

① 《联合早报》编：《李光耀 40 年政论选》，新加坡报业控股华文报集团 1993 年版，第 435 页。
② 《联合早报》编：《李光耀 40 年政论选》，新加坡报业控股华文报集团 1993 年版，第 566 页。
③ 吕元礼：《新加坡为什么能》（上卷），江西人民出版社 2007 年版，第 11 页。
④ 《联合早报》编：《李光耀 40 年政论选》，新加坡报业控股华文报集团 1993 年版，第 408 页。

哲学以及对一些问题存而不论的人生态度深深影响了华人出身的李光耀。另外，新加坡作为一个没有任何天然资源的小国，现实的残酷和深深的危机感也迫使新加坡领导人不得不采取更加务实的国家方针和政策。李光耀说："在目前新加坡这样的政治环境里，除非你和你的政党有一套完整的政治理论，使人们完全信服它符合当地的民情与国情，否则，你无法立足。"在"这个非常动荡不安、瞬息万变的东南亚区域，面对来自各方面的政治压力、种族压力、经济压力，甚至军事压力"，只有"确保大家的永久生存"，才能"满足选民的政治要求"①。

受这种具有浓厚实用理性色彩的民主社会主义思想的影响，人民行动党政府强调不能一味照搬西方民主模式和移植西方自由、民主、平等、人权等价值观，而应结合新加坡实际，培育适合本国发展的核心价值观。如对于西方的议会民主制度，李光耀坚持认为民主制度的实行是需要一些先决条件的，其中很重要的一个条件就是国民的民主素养。只有国民的民主素养达到一定程度，民主才可能行得通。他说："许多推行民主政体的亚洲国家不时得实行紧急统治或军法统治。即使在北爱尔兰，情形也是这样。要使民主能够运作，不会有时被中止，有关国家的人民就必须培养一种文化习俗。在这种文化里，竞争的集团能够自行通过互相让步而不是暴力，协调彼此的歧见或冲突。……不过，要做到这一点，人民必须达到相当高的教育和经济发展水平，社会的中产阶级人数必须相当多，这样，他们在生活上才不必为了基本的生存而挣扎。"② 在他看来，对于亚洲国家来说，稳定比民主更为重要，因此他提出了"好政府比民主人权重要"的著名论断。他说："在新加坡，英国人给我们留下了他们的议会政府结构。我们的问题一直是如何维持稳定。因为这个具有不同种族、语言和宗教的新社会中存有一人一票的不稳定因素。我们不得不把政治稳定当作首要任务。随着我们的教育和经济进展到更高的水平，我们在决策方面也扩大了人民的参与。但是，任何一个新加坡领袖，都

---

① 《联合早报》编：《李光耀40年政论选》，新加坡报业控股华文报集团1993年版，第434—435页。

② 《联合早报》编：《李光耀40年政论选》，新加坡报业控股华文报集团1993年版，第552页。

不能太过重视政治理论而忽略了稳定和有规律进展的实际需要。对于这一点，我相信我所讲的，即使不能代表现在所有的亚洲国家，也可以代表大多数的亚洲国家。"①

对于西方的人权观念，李光耀也给予了反驳。他认为西方的个人权利至上的人权观瓦解了社会的道德结构，不利于社会的团结和稳定。他指出："新加坡是否能维持稳定和保持优势，问题不在经济发展方面，而是在于社会的道德结构。例如西方社会（尤其是英美社会）的家庭价值观正在逐渐瓦解，人们也不再重视家庭的义务，取而代之的是'个人至上'的享乐主义，于是出现了嗜毒、滥交、不结婚、婚姻破裂和单亲母亲等现象。这造成许多孩子在没有照顾和栽培的情况下长大。"因此，他强调新加坡应继承儒家文化传统，充分发挥家庭的功能，确立"家庭为根、社会为本"的价值观。

（二）中国特色社会主义制度

中国的社会主义核心价值观是与中国特色社会主义制度紧密联系在一起的。社会主义核心价值观反映了中国特色社会主义制度的"制度精神"，揭示了中国特色社会主义制度所蕴含的价值理想和价值规范，它是中国特色社会主义制度的"灵魂"。

"富强、民主、文明、和谐"作为国家层面的价值追求，它揭示了中国特色社会主义制度在国家层面要达到一个什么样的目标。"富强"是我们的经济制度要达到的目标，"民主"是我们的政治制度要达到的目标，"文明"是我们的文化制度要达到的目标，"和谐"是我们的社会制度要达到的目标。我们的经济、政治、文化、社会体制改革的目的就是要实现"富强、民主、文明、和谐"，这是人民的心声，是中国共产党在国家层面的价值追求。

"自由、平等、公正、法治"作为社会层面的价值追求，体现了中国特色社会主义制度在社会层面要达到一个什么样的目标。我们的法治建设和社会主义法律体系的建立和完善，其最终目的就是要达到"自由、

---

① 《联合早报》编：《李光耀40年政论选》，新加坡报业控股华文报集团1993年版，第554页。

平等、公正、法治",使人民生活在充满公平正义的社会环境之中,让人民有幸福感和获得感。

"爱国、敬业、诚信、友善"作为个人层面的价值追求,体现了中国特色社会主义制度在个人层面要达到一个什么样的目标。制度设计既要关乎国家社会,又要彰显人文情怀。健康向上的个人价值观对社会有着积极的促进作用。中国特色社会主义制度要引导人们"爱国、敬业、诚信、友善",作为社会中的"个人",既要关心热爱国家,又要服务社会,要有良好的精神风貌和高尚的道德情操。

要做到对中国特色社会主义制度的制度自信,当务之急是要引导人们对中国特色社会主义制度产生价值认同,使人们从内心深处真正认同中国特色社会主义道路和中国特色社会主义制度,坚信中国特色社会主义制度能为国家富强、社会安定、人民幸福提供可靠和有力的保障。因此,价值观教育势在必行。

二 两国社会现实和发展诉求不同

不同的时代背景和社会现实,产生不同的发展诉求。两国基于各自的国情,提出了本国的核心价值观教育。

(一) 新加坡:"一个民族,一个国家,一个新加坡"的发展诉求

新加坡核心价值观教育的提出是在 20 世纪 90 年代。自 1965 年新加坡建国以来,经过 25 年的迅速发展,到了 1990 年,新加坡已经成为一个经济繁荣、社会稳定、环境优美的现代化城市国家。1990 年 8 月,新加坡举办了隆重的庆祝建国 25 周年庆典,在庆典中一个口号响彻全国,那就是"一个民族,一个国家,一个新加坡"。

之所以打出这个口号,这是因为新加坡领导人认为,新加坡现阶段最紧迫的任务是让全国人民团结起来。只有让大家团结起来,打破种族樊篱和宗教隔阂,新加坡在未来才会有更好的发展。而目前的情况是虽然已建国 25 年,但是新加坡的华人、马来人、印度人仍然各自为政,从心里还没有真正认同这个新生的国家,没有从"我是一个华人(印度人或马来人)"转变为"我是一个新加坡人"。对许多马来人而言,经济的发展完全破坏了他们传统的生活方式,而语言及教育方面的问题仍然困

扰着在人口中占多数地位的华人①。

　　李光耀也深刻认识到建立一个民族、一个国家的重要性和紧迫性。他说:"新马的环境和其他东南亚国家不同。我们没有统一的民族,我们的人民讲四种不同的语言,造成许多困难问题。当前我们的任务是,推行共同的语言,培养共同的感情。""在这一方面,我们一定要取得成功。如果我们培养一个不分彼此的民族的工作失败了,我们的前途将非常黯淡和不堪设想。所以,无论走向国家效忠和民族统一的道路怎样困难,怎样缓慢,我们都必须继续勇往直前。我想这是我们每一个人所要完成的任务。教育界的任务和政界的任务是一致的。教育界在培养一个统一的民族,政界也是在培养一个统一的民族。"②

　　李光耀曾这样描述他心目中的"新加坡人":"新加坡人是一个出身、成长或居住在新加坡的人,他愿意维持现在这样一个多元种族的、宽宏大量、乐于助人、向前看的社会,并时刻准备为之献出自己的生命。"③他进一步阐述道:"东方和西方的精华,必须有利地融汇在新加坡人身上。儒家的伦理观念、马来人的传统、兴都人的精神气质,必须同西方追根究底的科学调查方法、客观寻求真理的推理方法结合在一起。"④ 具体来说,"新加坡人"要具有以下品质:国家意识、正确价值观、有理想、有道德修养、明辨是非、能抗拒西方颓废思潮和腐朽精神生活的好公民⑤。

　　而要培育统一的国家意识,塑造未来的"新加坡人",实施核心价值观教育是其重要途径之一。正如李光耀所言:"我们是汇合了来自中国、印度以及马来世界不同地域的移民,我们必须传授给我们年轻的一代以

---

　　① [英]康斯坦斯·玛丽·藤布尔:《新加坡史》,欧阳敏译,东方出版中心2013年版,第472页。
　　② 《联合早报》编:《李光耀40年政论选》,新加坡报业控股华文报集团1993年版,第367页。
　　③ [英]阿里克斯·乔西:《李光耀》,上海人民出版社1976年版,第368页。
　　④ 《联合早报》编:《李光耀40年政论选》,新加坡报业控股华文报集团1993年版《联合早报》编:《李光耀40年政论选》,新加坡报业控股华文报集团1993年版,第391页。
　　⑤ 王端荪主编:《比较思想政治教育学》,高等教育出版社2001年版,第253页。

共同的基本行为准则、社会价值观以及道德教条。这些准则、价值观以及教条将能塑造完整的未来新加坡人。"①"我们无法消除各不同种族集团之间的文化和宗教差别。可是，我们却必须创立足够的共同价值观以及一个单一的国家观念。"②

1997年5月，时任副总理李显龙向全国360多所学校的22000多名教师发表讲话，指出要在全国大中小学开展国民教育计划，培育国家意识和核心价值观。李显龙指出，国民教育的目的是让从小学到大学的各阶段学生都能够在求学期间受到潜移默化的教育，以便在10年到15年的时间实现所有学生都能够认识新加坡、认同新加坡的目标。在正规课程方面，小学、中学、初院、工艺教育学院、理工学院以及大学的国民教育计划将有不同的重点。其中，小学的策略是教导小学生爱护新加坡，中学的策略是教导中学生认识新加坡，工艺学院以上的策略是教导学生领导新加坡。在非正规课程方面，各级学校要通过安排学生参观各个政府机构和经济设施、参与各种社区服务以及庆祝全民防卫日（2月15日）、种族和谐日（7月21日）、国庆日（8月9日）和没有固定日期的国际友谊日四大历史事迹纪念日活动的方式，来传递国民教育。

新加坡国民教育主要传递六大核心价值观：新加坡是我们的祖国，我们生活的地方；我们必须维系种族和宗教的和谐；我们必须任人唯贤，避免营私舞弊；我们必须自力更生；我们必须靠自己的力量捍卫新加坡；我们对未来充满自信。它有四大目标：培养国家认同，以新加坡为豪；灌输核心价值，保持繁荣进步；加强历史知识，了解建国进程；强调国家局限，了解未来挑战。它有四个重点：使每一个新加坡人都以身为新加坡人而自豪；使每一个新加坡人都知道新加坡的历史；使每一个新加坡人都认识新加坡有特殊的国情；每一个新加坡人都对国家的未来深具信心。即使国家面临险峻考验，国人也不轻易当"逃兵"，而是做个临危

---

① 《联合早报》编：《李光耀40年政论选》，新加坡报业控股华文报集团1993年版，第391页。

② 《联合早报》编：《李光耀40年政论选》，新加坡报业控股华文报集团1993年版，第550页。

不惧的"守将"。① 而这些核心价值观和目标与新加坡核心价值观是相通的,是一脉相承的。

(二) 中国:"构建和谐社会""建设和谐文化"的发展诉求

与新加坡不同,新中国成立初期我们并没有开展类似于新加坡的疾风骤雨式大规模的国家认同教育,人民对中国共产党执政地位和社会主义新国家的认同是党长期领导人民斗争以及平时注重思想宣传和教育积累的结果。中国共产党自1921年成立以来,带领人民走过了血雨腥风的严酷革命战争时期,取得了革命战争的伟大胜利,建立了社会主义新国家。人民翻身得解放,成为国家的主人。新中国成立后,中国共产党带领人民进行社会主义改造和现代化建设,人民得到实惠,生活水平稳步提高。因此,中国人民对中国共产党和社会主义新国家的认同,是在党领导人民从事新民主主义革命和社会主义建设的过程中,随着人民政治地位和经济地位发生了翻天覆地的变化后自发形成的,"没有共产党就没有新中国"成为人们的普遍共识。

随着社会主义建设的逐步开展和改革开放的逐步推进,经济体制的深刻变革,社会结构的深刻变动,带来了利益格局的深刻调整,从而导致多种利益主体并存的局面。不同的利益主体在思想观念和价值选择上出现了多元化的文化特征。另外,西方文化思潮借助经济全球化的浪潮纷至沓来,加剧了思想和价值观念多元化的发展。到底什么是社会主义的价值观?西方所推崇的"自由、民主、平等"等价值理念是普世价值吗?社会主义价值观与资本主义价值观有无本质区别?如何看待目前出现的贫富差距和社会不公正现象?人们在诸如此类问题上出现了迷茫和困惑,迫切需要党和国家从正面加以疏通和引导,以帮助人们驱散迷雾,看清形势,坚定走社会主义道路的信心。

正是在这样的时代背景下,2006年10月8—11日,中国共产党召开了第十六届中央委员会第六次全体会议,会议审议通过了《中共中央关于构建社会主义和谐社会若干重大问题的决定》(以下简称《决

---

① [新加坡]王永炳:《挑战与应对——全球化与新加坡社会伦理》,友联书局2005年版,第32页。

定》），提出了构建社会主义和谐社会的战略目标。《决定》指出，社会和谐是中国特色社会主义的本质属性，是国家富强、民族振兴、人民幸福的重要保证。会议第一次提出了建设社会主义核心价值体系的科学论断，指出"建设和谐文化，是构建社会主义和谐社会的重要任务。社会主义核心价值体系是建设和谐文化的根本"。社会主义核心价值体系的建立能够"引领社会思潮，尊重差异、包容多样、最大限度地形成社会思想共识"[①]。

综上所述，我国社会主义核心价值观是在社会主义建设达到一定阶段，社会出现了一些不和谐的矛盾和问题的背景下提出的，与新加坡在建国初期为了培育国民对国家的认同而提出核心价值观是有所不同的。

第三节 结论和启示

通过以上对中国与新加坡核心价值观教育背景的比较，我们可以得出以下结论：

一 核心价值观教育是凝聚民族国家力量的重要举措

无论是对于新加坡而言，还是对于中国而言，核心价值观教育无疑发挥着凝聚民族国家力量，促进国家团结的重要作用。新加坡共同价值观教育的提出，在国际上是为了反对西方国家的"人权外交"，在国内是为了塑造"完整的新加坡人"，其主要意图就在于通过维护国家意识形态安全、培育国民的新加坡人意识，从而达到增强国家凝聚力，促进国家团结的目的。我国社会主义核心价值观教育的提出，在国际上是为了反驳西方的"普世价值论"，在国内是为了用主流价值观引导多元价值观，其主要目的也是维护国家意识形态安全，凝聚民族国家力量，促进社会团结和谐。

文化、价值观与国家发展、社会进步之间存在何种关系，近年来成

---

① 《中共中央关于构建社会主义和谐社会若干重大问题的决定》（2006年10月11日中国共产党第十六届中央委员会第六次全体会议通过）。

为理论界研究的热点。总体来看，主要存在两种倾向，一种观点是认为文化和价值观促进了国家发展和社会进步，另一种观点则对此持怀疑态度。前一种观点继承了亚历克西斯·德·托克维尔和马克思·韦伯的观点，托克维尔认为民主的文化和价值观成就了美国的辉煌，马克思·韦伯认为清教徒们的新教精神促进了美国经济和社会的发展；持怀疑和反对意见的则认为促进社会发展和进步的主要是经济因素，文化和价值观在某种程度上甚至阻碍了经济和社会的发展。"许多经济学家认为不言而喻的是，相应的经济政策只要得到有效的实施，就会产生同样的效果，而不论文化如何。"①

根据马克思主义经济基础决定上层建筑、上层建筑反过来作用于经济基础的原理，文化和价值观作为社会精神的上层建筑，它对社会的作用是两方面的。代表先进生产力的先进文化能促进社会发展，代表落后生产力的文化则会阻碍社会发展。因此，倡导先进积极的文化价值观是政府的职责，这也是新加坡和中国两国政府不遗余力积极推动核心价值观的主要缘由。哈佛大学教授劳伦斯·哈里森说："文化价值观和态度可以阻碍进步，也可以促进进步，可是它们的作用一直大体上受到政府和发展机构的忽视。我相信，将改变价值观和态度的因素纳入发展政策、安排和规划，是一种有意义的办法，会确保在今后50年中世界不再经历多数穷国和不幸民族群体过去50年来所陷于其中的贫困和非正义。"② 可以说，新加坡和中国在"将改变价值观和态度的因素纳入发展政策、安排和规划"的问题上走在了前列。

二 核心价值观教育是整合多元文化价值的重要举措

冷战结束后，人类进入了一个"多级和多文明的世界"（塞缪尔·亨廷顿语），多元化成为现代社会的显著特征。亨廷顿在《文明的冲突与世界秩序的重建》一书中将世界文明划分为西方文明、中华文明、日本文

---

① ［美］塞缪尔·亨廷顿、劳伦斯·哈里森主编：《文化的重要作用——价值观如何影响人类进步》，程克雄译，新华出版社2010年版，第33页。
② ［美］塞缪尔·亨廷顿、劳伦斯·哈里森主编：《文化的重要作用——价值观如何影响人类进步》，程克雄译，新华出版社2010年版，第43页。

明、印度文明、伊斯兰文明、东正教文明、拉美文明以及有可能存在的非洲文明,每种文明又有各自相对独立的价值观念或价值体系。这些价值观念或价值体系伴随着经济全球化浪潮在国与国之间传播或渗透,使各国文化也出现多元化特征。如何看待外来"入侵文化",正确处理好本土文化和外来文化之间的关系,成为各国政治领导人和知识界精英所必须考虑的重要问题。

由于经济全球化主要是以西方国家为主导的,因此对于非西方国家而言,所面临的主要问题则是如何处理好西方文化与本土文化之间的关系。纵观历史,非西方国家主要采取了三种态度以作为对此问题的回应:"拒绝现代化和西方化;接受两者;接受前者,拒绝后者。"① 在经济全球化的今天,采取完全排斥、拒绝西方文化的态度是几乎不可能的,完全接受、不加以任何批判的态度也是不可取的,唯有取其精华、弃其糟粕,吸收其优秀文明成果,扬弃其不合理成分才是科学合理的态度。在多文化的社会里,接受多样性,寻求文化共识,在全社会树立能得到大多数人普遍认同的核心价值观,应是一条有益于社会发展的建设性道路。

新加坡和中国作为亚洲国家,在对待西方文化和本土文化的关系上,都选择了坚守本土文化并对西方文化进行具有批判性的扬弃的态度,对于社会存在的多元文化价值观,也都选择了通过树立核心价值观寻求文化共识,建立文化认同的路径。例如新加坡的核心价值观就是在博采新加坡各种民族价值观念共同精华的基础上提出来的,它做到了异中求同,达到了多元的统一。由于历史和文化的原因,新加坡各种族在价值观念上形成了各自不同的特点,但也有相通之处。如儒家文化和马来文化都以促进个人和社会的和谐为终极目标,都提倡宽容、正义、仁慈等美德,都秉承群体意识超越个人意识的价值观,这与西方文化中强调个人权利与自由的文化是相异的。新加坡政府通过鉴别和选择,将各种族文化价值观之间的互斥性降至最低,求同存异,最终形成能为新加坡所有宗教和种族社群所广泛接受的"共同价值观"。中国的社会主义核心价值观也

---

① [美]塞缪尔·亨廷顿:《文明的冲突与世界秩序的重建》,周琪等译,新华出版社2010年版,第51页。

是在继承了中华文化优秀传统，吸收了西方文明优秀成果，并对各阶层文化价值观的合理成分进行异中求同的基础上形成的。"富强、民主、文明、和谐"是人类社会追求的终极目标，"自由、平等、公正、法治"是人们的美好向往，"爱国、敬业、诚信、友善"是各行业各阶层都必须共同遵守的道德行为规范。

对于核心价值观教育的社会作用，美国学者邓德拉德说："价值观重要，在于它们如何引导社会行动。它们起这种作用的方式，是让人们理解周围世界现状，让人们知道为什么要在其中采取有意义的行动；指引人们的注意力评估过程（例如判断我们应当照料的是什么？）；给人们的行动提供社会认可的理由，可以按照大家共有的价值观向自己和旁人证明行动是有理的；还给人们提供一种社会认同的依据——例如，相信我自己是有精神价值的人，而不认同这些价值观的人则不是。"[①] 也就是说，核心价值观教育能"给人们的行动提供社会认可的理由"，从而"引导社会行动"。

三 核心价值观形成的基本依据

通过考察和比较中新两国核心价值观教育形成的背景，我们可以归纳出核心价值观形成的基本依据和一般规律，对人们加强这方面的教育，有助于帮助人们更加深入地理解核心价值观。总的来说，核心价值观形成的基本依据有以下三个方面：

第一，经济基础及由其决定的社会制度。核心价值观作为社会主流意识形态，属于思想的上层建筑，它是由社会的经济基础决定的。一方面，对于不同国家和社会而言，社会的经济基础不同，社会制度也就不同，核心价值观自然也会有所不同。另一方面，对于同一国家而言，核心价值观也会随着社会经济基础的变化而发生变化，当社会经济基础发生根本性变革时，核心价值观也会随之产生根本性变革。也就是说，核心价值观不是静态的，而是一个动态的概念，是"国家历史发展中动态

---

① ［美］塞缪尔·亨廷顿、劳伦斯·哈里森主编：《文化的重要作用——价值观如何影响人类进步》，程克雄译，新华出版社2010年版，第196页。

性建构的价值理念"①。

第二，国家历史文化影响。每个国家的核心价值观都带有明显的国家民族文化特征，深深地打上了民族文化的烙印，这说明国家历史文化对核心价值观的影响是深远的，它是核心价值观形成的另一重要依据。在影响核心价值观形成的国家历史文化因素中，国家的传统文化和宗教文化是其中最主要的两大因素。

国家的传统文化是核心价值观形成的重要文化渊源。在亚洲一些深受儒家文化传统影响的国家，如中国、新加坡、日本、韩国等，它们的核心价值观就带有明显的儒家文化特征。这些国家对传统的儒家文化进行了批判性地继承和改造，使儒家文化在现代社会中继续发挥作用。儒家文化中的一些价值观与现代社会不仅不是格格不入的，反而在一定程度上能够帮助人们克服现代社会的顽疾，引导人们走出物质主义的泥沼，从而寻求社会的和谐。"儒学事例表明，一些'亚洲价值观'，例如同情心、分配上的公正、义务感、礼仪、公心、群体取向等，也是可普遍适用的现代价值观。"② 著名新儒学学者杜维明在谈到儒家伦理对新加坡的贡献时指出，"儒家个人的伦理，它注重自我约束，超越自我中心，积极参与集体的福利、教育、个人的进步、工作伦理和共同的努力。所有这些价值，对于新加坡的成功是至关重要的"③。因此他建议新加坡在构建共同价值观时，应充分挖掘新加坡业已存在的"大大小小的各种传统的资源"，这是"文化认同的需要，体现于对我们的根的寻求，对我们的原始联系的理解，对我们自己的文化、语言、种族，甚至是我们的国土的理解……尽管它深深地扎根在传统之中，它却不仅仅是传统主义的"④。

一国的宗教文化对该国核心价值观的形成也具有深刻的影响，特别

---

① 陈延斌、周斌：《国外核心价值观的凝练及其启示》，《马克思主义研究》2012年第10期。
② [美]塞缪尔·亨廷顿、劳伦斯·哈里森主编：《文化的重要作用——价值观如何影响人类进步》，程克雄译，新华出版社2010年版，第321页。
③ 杜维明：《新加坡的挑战：新儒家伦理与企业精神》，高专诚译，生活·读书·新知三联书店2013年版，第126页。
④ 杜维明：《新加坡的挑战：新儒家伦理与企业精神》，高专诚译，生活·读书·新知三联书店2013年版，第150页。

是在一些政治与宗教关系密切的国家，宗教教义是该国凝练核心价值观的重要依据。例如在东南亚一些宗教色彩比较浓厚的国家，其核心价值观就带有明显的宗教文化特征。马来西亚是一个多宗教并存的国家，其国教是伊斯兰教，其他的宗教有佛教、道教、基督教、天主教、印度教、锡克教等。1970年，马来西亚在确立"国家原则"时，就把"信奉上苍"作为首要的一条，写进了"国家原则"。作为亚洲另一个穆斯林人口居多的国家——印度尼西亚，将"神道主义"与"人道主义、民族主义、民主主义和社会公正"一起作为国家的"建国五则"。在西方一些国家，宗教文化在其核心价值观形成的过程中也发挥了重要作用。马克斯·韦伯在《新教伦理与资本主义精神》一书中探讨了基督教新教伦理与资本主义兴起之间存在的密切联系。韦伯认为清教徒们崇尚理性、强调个人主义、注重个体价值和尊严的思想是美国文化的源头，对美国个人主义价值观的形成产生了重要影响。

第三，社会现实及发展诉求。核心价值观不是凭空产生的，而是深深扎根于社会现实土壤之中，是为了解决社会现实矛盾尤其是文化价值观方面的矛盾而产生的。特别是人类进入经济全球化的今天，多元性已成为当代社会的显著特征。在多元文化和价值观面前，社会是要整合为一个统一的团结的有机整体，还是要成为一个亨廷顿眼中的"无所适从的分裂的国家"，是一些国家尤其是非西方国家在现代化进程中所面临的一个重要问题。对于新加坡努力构建"共同价值观"的做法，亨廷顿是大加赞赏，认为是"一个雄心勃勃和有见识的努力"，但他也同时指出，新加坡的共同价值观是建立在新加坡的社会现实基础上的，是"亚洲价值观"，它与"西方、特别是美国的价值观声明"是不一样的[①]。

---

① [美] 塞缪尔·亨廷顿：《文明的冲突与世界秩序的重建》，周琪等译，新华出版社2010年版，第295页。

第二章

中国与新加坡核心价值观教育理念的比较

教育理念是教育行为背后的教育价值目标和追求,教育理念不同,教育行为也就有千差万别。先进的教育理念,能够为教育行为提供持久的内在动力,能够保证教育行为"不仅不致走偏方向,而且还会减少由于方向相背而产生的'内耗'"[1]。而非科学甚至错误的教育理念则会将教育引上歪路和邪路。核心价值观教育作为一种教育行为,同样需要教育理念的指引。中国与新加坡在核心价值观教育理念上既存在共性,也存在着差异。比较两国在核心价值观教育理念方面的异同,探寻适用于现代社会的核心价值观教育的科学教育理念,能够帮助我们更好地把握社会主义核心价值观教育的本质和规律,有效科学地整合教育资源,使社会主义核心价值观教育沿着正确方向前进。

第一节 教育理念的共性

从共性的角度来看,中国与新加坡核心价值观教育都秉承了和谐教育理念和人本教育理念。

---

[1] 王逢贤:《学校管理与教育理念的选择——兼议"尊重的教育"理念》,《东北师范大学学报》2001年第5期。

一　和谐教育理念

和谐，既是人类社会孜孜以求的价值目标，也是教育发展的目的所在。在人类教育史上，和谐教育理念古已有之。在西方最早可以追溯到古希腊时期，在中国，最早可以追溯到春秋战国时期。在现代国家，和谐教育理念也为许多国家所推崇。

（一）"和谐"是新加坡立国之本

对于新加坡这样一个有着丰富多元性和多样性的国家而言，"和谐"是新加坡的立国之本。"和谐"的理念体现在新加坡国家政府决策和社会生活的方方面面。在教育理念上，和谐教育理念是新加坡的重要教育理念。

1. 核心价值观教育与经济发展相协调

1991年，为了迎接21世纪挑战，继续保持新加坡在国际社会中的领先地位，新加坡政府制定了《新加坡：新的起点》跨世纪发展战略。这一发展战略描绘了新加坡从20世纪最后10年到21世纪前30年的宏伟蓝图，规划了新加坡在21世纪的发展前景和未来，同时对国家经济发展做出了重要的战略部署，可以视为新加坡面对21世纪的"宣言书"。

在《新加坡：新的起点》中，新加坡政府确定的新加坡经济发展的远景目标是到2020年，人均国民生产总值达到荷兰水平；到2030年，人均国民生产总值将达到美国的水平，成为一个充分发达的国家。为实现这一远景目标，新加坡政府制定了经济发展策略和措施，将"全面提高教育素质"作为发展的重要措施与其他经济措施置于同等地位，不难看出这个"以人才立国"的东南亚小国对教育的重视程度。

为配合国家的经济发展目标，发挥教育为经济服务的实用功能，1993年2月，新加坡教育部重新修订并颁布了《新加坡教育法》，提出教育的宗旨是"充分发挥每一个学生的潜力、培养每一个学生的健康的道德价值观，使学生具备雄厚的基本技能基础以适应飞速发展的世界的需求"。《新加坡教育法》对教育目标作了如下详细规定：

（1）使学生具备活跃的和具有探索精神的思维方法，使他们具备能够理性地思考和提出问题、讨论问题和争论问题并具备解决问题的能力。

（2）使学生具备能够准确、流利地在听、说、读、写等方面使用英语的能力，同时还要具备依个人能力所能够达到的某种程度地使用母语的能力，但最低标准必须达到能够说、读和理解较简单的文字材料的水平。

（3）向学生传授数学、科学和技术的基本知识，使学生能够掌握飞速变化的世界所需要的基本技能。

（4）使学生成长为情感稳定、身体健康的成人以适应现实生活的需要。

（5）使学生了解国家是如何富强以及如何保持其生活水平的，同时还要重视国家在国防、工业和商业方面的重要作用。

（6）帮助学生了解我们生活的世界和国家相互依存的关系。

（7）向学生传授人类在艺术、科学、宗教和争取更为公正的社会秩序过程中所取得的成就和成果。

（8）鼓励和激励学生的发展。不利的社会和环境条件会给学生的学习能力造成不好的影响，因此，要尽可能地为他们创造更好的学习条件①。

新加坡前教育部长尚达曼曾说过："新加坡是一个没有天然资源的小国，人是它唯一的、最珍贵的、最赖以为生的资源。在知识型经济时代尤其然。"② 李光耀也指出："我们应该牢记着，人才资源是可以补救天然资源的缺乏。"③ 因此，重视教育和人力资源开发，强调发挥教育的经济功能，是新加坡经济能够取得长足发展的重要原因。在"教育要为经济发展服务"的指导思想下，新加坡核心价值观教育也非常强调经济服务的功能，它与经济发展、企业管理和企业文化相结合，着重培养新加坡人能够适应全球经济发展、足以应付未来挑战的国家意识、企业精神和伦理观念。

---

① 王学风：《新加坡基础教育》，广东教育出版社2003年版，第26—27页。
② ［新加坡］潘星华：《新加坡教育人文荟萃》，新加坡诺文文化事业私人有限公司2008年版，第10页。
③ 《联合早报》编：《李光耀40年政论选》，新加坡报业控股华文报集团1993年版，第126页。

2. 核心价值观教育与社会发展相协调

李光耀在描述新加坡21世纪前景时，指出新加坡将不仅是"全球性现代化大都市""本区域的工艺大都会"，还将是"本区域的文化与康乐中心"。他说："到了21世纪，我们将会达到先进国家的生活水平……但是，经济成功并不一定会带来高素质的生活。我们必须认真努力，才能确保我们在追求物质生活的当儿，不会忽略了提高生活的素质。到目前为止，我们还算做得不错。我国人民有86%住在设计美观而舒适的新镇。我们的环境优美怡人，到处一片青翠，康乐设施应有尽有。我们将把更多的资源用来扩大人民的文化与精神视野。我国的交通与通信网络将会高度发达——良好的道路、完善的地铁系统、一流的国际机场、世界级的海港设施以及连接世界各个角落的通信联系。新加坡将成为一个全球性现代化大都市，越来越多外国人在这里从事商业活动。我们应该成为本区域的工艺大都会。但更重要的是，我们也应该成为本区域的文化与康乐中心。"①

他还说："新加坡人，必须高瞻远瞩，能够看到不止是他们今生所取得的成就。他们的子孙的前途，即使不是更重要的话，也应该同样重要。"② 这里所谓的高瞻远瞩，是指在经济发展的同时，加强社会精神文化与文明的建设，也就是要不断提高国民的道德水准。在这个意义上，李光耀一再强调伦理道德和确立正确价值观的重要性。他说："我无法预见像新加坡这样的小国最终会成怎样的社会，但如果我们不给年轻的一代灌输一些基本的价值观，我们将会变成不一样的国民，而新加坡的表现也会变得不一样。"③ 新加坡核心价值观教育，传播了新加坡的"基本的价值观"，是促进社会发展的强有力的精神文化力量，始终坚持着与社会发展相促进相协调的教育理念。

---

① 《联合早报》编：《李光耀40年政论选》，新加坡报业控股华文报集团1993年版，第220—221页。

② 《联合早报》编：《李光耀40年政论选》，新加坡报业控股华文报集团1993年版，第402页。

③ [新加坡]王永炳：《挑战与应对——全球化与新加坡社会伦理》，友联书局2005年版，第83页。

3. 核心价值观教育与文化发展相协调

新加坡核心价值观教育在传承和发展新加坡优秀传统文化、抵御西方不良价值观侵蚀以及整合社会多元文化价值观等方面发挥了重要作用。它是新加坡文化建设的重要组成部分，始终秉承着与文化发展相协调的教育理念。

玛丽恩·布拉沃·贝辛说："如果你让任何一个住在新加坡的当地人或是外国人用几个词来描述新加坡，'多元文化'一定是每个人都会提到的词语。"[1] 的确如此，多元性是新加坡文化的主要特征。新加坡的四大族群（华人、马来人、印度人、欧亚人）都有着自己的文化传承、民族特性和价值观念，在语言、饮食、宗教文化等方面保持有自己的民族特色。在核心价值观提出之后，如何处理核心价值观的一元性、主导性与种族宗教文化的多元性、多样性问题，成为摆在新加坡领导人面前一个十分重要又亟待解决的问题。

事实上，新加坡政府在提出核心价值观时，就充分注意、尊重和吸收了国内各大宗教的教诲以及各族群的传统文化价值观，核心价值观是在博采各种族价值观念共同精华的基础上产生的，它是"一种求同存异的结果"[2]。首先，新加坡核心价值观吸取了各种族价值观的精华。儒家文化注重和谐，强调秩序，主张国家、社会高于个人的思想，马来文化注重团结，倡导正义、仁慈、宽恕等美德，印度文化强调家族观念、国家意识，倡导宽容、忍让、吃苦耐劳的美德以及欧亚文化强调个人权利、尊重人权的思想都被核心价值观所接纳、包容，在核心价值观这个"大熔炉"里，获得了新生，以新的形式和面貌影响和塑造着"新加坡人"。这些"新加坡人"他们不是华人，不是马来人，也不是印度人、欧亚人，而是有着统一的国家民族意识的"新加坡人"。其次，新加坡四大族群的文化存在相通之处，这是求同存异的基础。如马来文化与儒家文化，两种文化都以追求个人和社会的和谐为终极目标，强调家族和社会的整体

---

[1] ［新加坡］玛丽恩·布拉沃·贝辛：《文化震撼之旅：新加坡》，赵菁译，旅游教育出版社2008年版，第28页。

[2] 吕元礼：《新加坡为什么能》（下卷），江西人民出版社2007年版，第94页。

利益，这与西方更多强调个人权利和自由的观念大相径庭。马来人有着很强的家庭和家族观念，并且热衷于社会捐献。伊斯兰教法规定，凡有合法收入的穆斯林，须抽取家庭年度纯收入的 2.5% 用于赈济穷人或需要帮助的人。这一形式被称为缴纳"天课"（Zapata）。新加坡的马来人，有两种形式的天课，一种是在开斋节布施，另一种是税捐。"前者是在每年斋月时向每个穆斯林征收的捐税，后者则是按一个穆斯林的财产多少征收的 2.5% 的天课，其征收的最低标准依据一个人拥有的个人资产。天课的缴纳每年一次，时间由个人和企业自定。"① 另外，两种文化都注重现世生活，主张应采取积极进取的生活态度，并且都倡导正义、仁慈、宽恕的美德。对于四大族群文化，新加坡政府通过反复斟酌、鉴别和选择，使各个族群价值观之间的互斥性降至最低，求同存异，最终才形成了能为新加坡所有宗教和种族社群广泛接受的"具有现代精神特质和多元种族的伦理观念相协调"② 的核心价值观。

虽然，核心价值观的"一元性"是以"多元性"为基础的，但是，新加坡政府也强调，"一元性"并不能取代"多元性"，共同价值观不等于儒家价值观或其他任何一种宗教价值观，不同种族和不同信仰的人民可以通过根据本族文化特点和宗教教义去丰富和实践共同价值观。《共同价值观白皮书》强调政府从未有意图通过制定共同价值观来把儒家思想强加在新加坡人身上。

由此可见，新加坡的核心价值观教育与文化发展是互相促进，互为补充的。二者相辅相成，带来了新加坡文化的繁荣与和谐。

（二）"和谐"是中国社会孜孜以求的目标

"和谐"思想在中国源远流长，早在春秋战国时期，人们就从自然界万物生长的规律中发现了"和"，并将之引申和应用于人类社会。据《国语·郑语》记载，周幽王八年，郑恒公与太史伯谈论"兴衰之故"和"死生之道"时，首次提出"和实生物"的著名论断。太史伯说："夫和

---

① ［新加坡］玛丽恩·布拉沃·贝辛：《文化震撼之旅：新加坡》，赵菁译，旅游教育出版社 2008 年版，第 36 页。
② 王学风：《多元文化社会的学校德育研究——以新加坡为个案》，广东人民出版社 2005 年版，第 107 页。

实生物,同则不继。以他平他谓之和,故能丰长而物归之。若以同裨同,尽乃弃矣。故先王以土与金、木、水、火杂,以成万物。"①"和"是不同事物间矛盾的协调与均衡,是自然的法则。"和"可以用来指导生产,"能丰长而物归之",也可以用来治理国家,君主若能倾听顺逆之言,则国家"和乐如一"。"和"的思想提出之后,无论是先秦子学、两汉经学还是宋明礼学,都结合时代要求进行了新的阐释和发挥,使其历久弥新,熠熠生辉。"和"成为中国哲学的核心范畴和重要思想内核,也成为中国人处理人与人之间关系、人与社会关系以及人与自然关系的基本价值理念和行动法则。自中国共产党提出"构建社会主义和谐社会"以来,"和"的思想从哲学范畴上升到了国家意识形态,成为中国社会追求的价值目标。在核心价值观教育方面,与新加坡类似,中国也体现了和谐教育的理念,核心价值观教育与经济发展、政治发展及文化发展互相促进,相互影响,和谐共生,共同构成了大气磅礴的教育景观。

1. 核心价值观教育与经济发展相协调

2013年12月,中共中央办公厅印发了《关于培育和践行社会主义核心价值观的意见》,这份文件可以视为新一届中央政府关于如何开展核心价值观教育的指导性文件。文件强调要"把培育和践行社会主义核心价值观落实到经济发展实践和社会治理中",对于如何将其落实到经济发展实践中,提出了三点具体要求:第一,重大经济政策和经济行为要遵循社会主义核心价值观要求。第二,具体经济政策的制定也应遵循社会主义核心价值观要求,注重"经济效益和社会效益的统一"。第三,建立政策评估和纠偏机制,"防止出现具体政策措施与社会主义核心价值观相背离的现象"②。文件从经济与教育互动的理论高度对于市场经济条件下经济政策和经济行为如何符合和体现社会主义核心价值观做了部署和要求,体现了社会主义核心价值观教育与经济发展相互促进、共同发展的价值理念。

马克思主义认为,教育作为上层建筑的一部分,是由经济基础决定

---

① 《国语》,陈桐生译注,中华书局2013年版,卷十六。
② 《关于培育和践行社会主义核心价值观的意见》,《人民日报》2013年12月24日。

的，同时对经济又具有能动的反作用。这种能动的反作用主要体现在教育可以改变劳动力的性质和形态，提高劳动者的素质，从而促进经济的增长。改革开放以来，中国经济取得了快速发展，社会生产力得到了极大提高，这为社会主义核心价值观教育的实施提供了坚实的物质基础和有力保障。但另外，我们也应看到，市场经济的弱点和局限性、弱肉强食的市场法则也正在逐渐侵蚀着人们传统的文化价值观，"金钱至上""利益至上"、享乐主义、个人主义思想盛行。加强社会主义核心价值观教育，有利于帮助人们树立正确的经济价值观，使经济行为沿着正确的轨道运行，实现社会经济资源的有效整合，从而促进经济的增长。

2. 核心价值观教育与政治发展相协调

与新加坡有所不同，中国的核心价值观教育从本质上讲是执政党的政治价值观教育，它是与中国的政治发展紧密联系的，因此，核心价值观教育坚持了与政治发展相协调的理念。

中国社会主义核心价值观具有鲜明的中国特色社会主义特征。首先，社会主义核心价值观具有鲜明的社会主义特征。无论是国家层面的价值目标，还是社会层面的价值目标，都体现了社会主义的原则。马克思主义认为，共同富裕是社会主义的本质特征，是社会主义区别于资本主义和以往社会的根本所在。因此，中国共产党将"富强"置于核心价值观之首，以突出其特殊地位。自由、平等、公平正义是社会主义的又一重要特征。马克思、恩格斯认为，"真正的自由和真正的平等只有在共产主义制度下才可能实现；而这样的制度是正义所要求的"[①]。只有在生产资料公有制的基础之上，才能消除异化、消灭剥削等人类一切不公平、不公正的现象，才能实现真正的自由和平等，实现人的全面自由发展。其次，社会主义核心价值观具有鲜明的中国特色。社会主义核心价值观是马克思主义核心价值观的中国形态，是中国回应西方"普世价值观"的有力驳击，是中国声音和话语的表达，是建设中国特色社会主义的一种文化自信和自觉。

社会主义核心价值观教育是社会主义意识形态教育，具有鲜明的政

---

① 中共中央编译局编译：《马克思恩格斯全集》第 1 卷，人民出版社 1956 年版，第 582 页。

治色彩,它与我国的社会主义政治发展相协调,对于帮助人们理解我们党和国家的建设目标和价值追求有着重要意义。

3. 核心价值观教育与文化发展相协调

中国是一个有着五千年文明史和源远流长璀璨文化的文明大国。在遭受了近代一百多年的屈辱和西方现代化的冲击之后,这个文明古国如何在 21 世纪继续向世界展示自己的文化魅力,使国人重新拥有一种文化自信、文化自觉和文化自强,重振文化大国的雄风,建设"社会主义文化强国",是当代中国文化发展的主要方向和任务。

为建设"社会主义文化强国",中国共产党提出要发挥社会主义核心价值观的引领作用,以社会主义核心价值观引领社会思潮,凝聚社会共识。社会主义核心价值观教育的大力开展,向世界输出了中国的文化价值观,清晰地表明了中国的文化态度和立场,是争夺国际话语权和提升国家形象的有益尝试。正如有学者指出,"中国要在世界民族之林中生存发展,不可能没有自己对这个世界运行、人类社会如何生活、人类群体之间关系如何相处等的一系列自己的观点和想法,不可能只以别人确定的标准为标准,以别人制定的价值准则为准则"[1]。价值观成为当今世界国与国之间交流竞争的一种重要的"软实力"工具。一些西方国家打着"普世价值"的幌子,穿着"民主和平"的外衣,向发展中国家兜售他们的文化价值观,企图将这些发展中国家纳入他们的发展轨道。社会主义核心价值观的提出,是对西方"普世价值观"的有力回击,表明了中国要与西方"普世价值"划清界限,不唯西方是从,坚定走中国特色发展道路的信心和决心。

4. 核心价值观教育与法治建设相协调

社会主义核心价值观教育与法治建设,二者是相互补充,相互促进,相辅相成的。"社会主义核心价值观是法治建设的灵魂"[2],社会主义核心

---

[1] 陈正良等:《论中国核心价值观凝练构建与提升国家国际话语权》,《宁波大学学报》(人文科学版) 2013 年第 3 期。

[2] 中共中央办公厅、国务院办公厅联合印发《关于进一步把社会主义核心价值观融入法治建设的指导意见》,中央文明网,2016 年 12 月 26 日,http://www.wenming.cn/xj_pd/yw/201612/t20161226_3966189.shtml。

价值观教育为法治建设提供价值观指导和价值引领，法治建设为社会主义核心价值观教育提供制度保障。社会主义核心价值观教育是"以德治国"，法治建设是"依法治国"，因此，社会主义核心价值观教育与法治建设相协调，突显了我国"以德治国"与"依法治国"相结合的治国理念。

为促进社会主义核心价值观教育与法治建设相协调，推动社会主义核心价值观由"软性要求"向"刚性要求"的转变，增强社会主义核心价值观教育的效果，中共中央多次强调要将社会主义核心价值观纳入法治建设轨道，融入法治建设进程，如提出"要把社会主义核心价值观贯彻到依法治国、依法执政、依法行政实践中，落实到立法、执法、司法、普法和依法治理各个方面"[1]。2018年5月7日，中共中央印发了《社会主义核心价值观融入法治建设立法修法规划》强调，要推动社会主义核心价值观与社会主义法律体系的全面融入。《规划》指出"要以习近平新时代中国特色社会主义思想为指导"，"着力把社会主义核心价值观融入法律法规的立改废释全过程"，"力争经过5到10年时间，推动社会主义核心价值观全面融入中国特色社会主义法律体系"[2]。2018年新修订的宪法将社会主义核心价值观纳入其中，以最高法文件形式赋予了社会主义核心价值观的法律地位。

二 人本教育理念

人本教育理念是现代教育倡导的基本教育理念之一。以人为本，强调人的主体地位，尊重人、关心人，是人本教育理念的核心思想。价值观教育是改造人思想的教育，尤其要注重人本教育理念的应用。中国是人本教育思想的发源地之一，自孔子始就非常注重以人为本的教育理念。新加坡是将人本教育理念贯彻得比较好的国家之一，注重以文化人，强调育人为本是新加坡核心价值观教育的一大特色。

---

[1] 《关于培育和践行社会主义核心价值观的意见》，《人民日报》2013年12月24日。
[2] 中共中央印发《社会主义核心价值观融入法治建设立法修法规划》，新华网，2018年5月7日，http://www.xinhuanet.com/politics/2018-05/07/c_1122796215.htm。

(一)"以文化人、育人为本"的新加坡人本教育理念

1. 以文化人，注重人文素质教育

新加坡的核心价值观教育是放在人文素质教育的大框架下提出并实施的。为了迎接21世纪，在20世纪90年代，新加坡政府特地成立了"21世纪委员会"，高瞻远瞩、集思广益地探讨研究新加坡在21世纪的远景架构，并提呈了报告书至国会，最终获得通过。该报告书指出21世纪新加坡的目标是建立一个"以人为中心"的社会，在这个社会中，人人各展所长，互相敬重，以照顾社会为己任。

在"以人为中心"的社会目标的指引下，新加坡越来越重视学生的全面发展，采取的是科技素质教育与人文素质教育并举的教育方针。新加坡教育的目标是用生活技能武装青少年，使他们成为有良好道德价值观、负责任的成年人，忠诚的新加坡公民。学校的教育过程力图开发儿童的最佳才能，帮助他们实现其潜能的最大化。

1998年，当时的教育部长张志贤在瑞士达沃斯举行的世界经济论坛年会上发表演讲，明确指出新加坡的教育目标是培养年轻人掌握足以应付未来挑战的应变能力和思维，并促使他们成为负责任的公民。在未来的公民教育发展方向的问题上，他说在21世纪，那些能够教育人民掌握不断学习的能力，使他们能迅速适应新变化的国家将能脱颖而出。因此新加坡应把重点转移到培养学生的创意思考能力上来。他指出，必须改变教学方式，不应过度累积课本知识。尽管21世纪的前景难测，但他深信只要下一代拥有必要的技能和正确的思想，并在重视价值观的教育中培养对社会和国家的认同感，他们将能从容和信心十足地面对未来。张志贤说，我们必须创造一个全新的学校环境，以鼓励学生和教师都有怀疑精神，都能追根究底和一起学习。而要达到这个目标，学校作为学习机构的概念就必须重新确定，教师作为知识灌输者的角色也必须加以检讨。他在会上介绍新加坡教育制度的宗旨时说，我们的教育目标是培养年轻人掌握足以应付未来挑战的应变能力和思维，并促使他们成为负责任的公民。因此，我们必须从掌握科技、培养创造力、激发学生掌握学习能力等三方面着手，以促使他们为自己终身不断学习的过程打好基础，以更快地对科技的变化做出反应，并充分利用因此而出现的机会。此外，

他也指出培养年轻人成为负责任的公民是很重要的，如果我们无法达到这个目标，一切的教育努力都将是白费的。他说，我们必须通过道德教育，把优良的价值观灌输给下一代，使他们成为能对社会做出贡献的正直公民，并具有强烈的归属感，愿意在国家面临困难的时刻，留下来保卫国家[①]。

1998 年，新加坡教育部发表了《理想的教育成果》教育纲领，勾勒出 21 世纪的教育理念与前景，为新加坡的教育制度立下评估框架，其中清楚明了地列出了国家期望每个新加坡人所应具备的品质。在《理想的教育成果》中，提出了所有中学毕业后的学生及大专生所应具备的品质：1. 品德高尚，深厚的文化素养，尊重差异，对国对家对社群尽责。2. 笃守多元种族及精英原则，深明国家的局限又能寻找契机。3. 优雅社会的使者。4. 勤奋向上，敬业乐群，重视他人的贡献。5. 能思考，能分析，对未来有信心，有勇气及坚定的信念面对逆境。6. 懂得追求、分析、运用知识。7. 具备革新知识，不断追求进步，终身不歇学习，有魄力。8. 放眼世界，扎根祖国[②]。

在新世纪，新加坡教育部提出要培养全方位的学生，让他们兼备"硬知识"和"软技能"，做个有自信、积极学习和贡献的好公民。新加坡教育部长黄永宏指出，在新加坡建国初期的艰难形势下，当年亟须解决的是如何在最短的时间内，提高人民的整体教育水平以支持经济发展。效率，是当时最重要的考虑因素，而集体化是最重要的，因此有了全国统一的课程内容、统一的考试、统一的师资训练等。学生和家长也很自然地重视考试成绩，大家的终极目标就是考进最好的学校、上最好的大学、修最吃香的课程，成绩是唯一的学习推动力。经过 50 年，国家已经进入另一个阶段，社会的本质也已经改变，学生的学习习惯不再和以前一样。因此，教育部在建构未来的教育时，必须考虑全球大环境，以及新崛起的国际势力对下一代的影响。

黄永宏说："我们有优良的教育系统，但对下一代来说，这套系统能

[①] 张志贤：《我国必须改变教学方式》，《联合早报》1998 年 2 月 4 日。
[②] 王学风：《新加坡高校德育简介》，《高校理论战线》2005 年第 6 期。

否面对 10 年、20 年后的未来世界，这套系统是否还能创造最大的效益，帮助每一个学生发挥最大的潜质，让他们梦想成真，在生活中取得成功？"因此，他认为要让每一个学生发挥所长，关键是要打造一个更开放和具有包容性的教育体系。教育部要提倡以"学生为本"的理念。以"学生为本"，是要培养全方位的学生，让他们兼备硬知识和软技能，做个有自信、积极学习和贡献的好公民。他说："高识字率和计算能力已不足够，虽然这两方面的优势仍然重要，但中国、印度、越南的学生也具备这些条件。只要你和跨国公司或有意到国外发展的本地企业领袖交谈，就会知道他们眼中的'增值'，是指有分析能力、沟通力、领导力、高瞻远瞩以及有创业才能的人。这些都是软技能。"①

同时，对于应培养学生具备什么样的"软技能"，新加坡教育部也做出了明确指示，提出了应培养学生八大核心技能及价值观，即人格发展、自我管理技巧、社交与合作技巧、读写及计算技巧、沟通技巧、资讯技能、知识应用技巧以及思考技巧与创意。通过这些技能与价值观的教育，以期使学生身心获得平衡与全面的发展②。其中，"人格发展""自我管理技巧""社交与合作技巧""沟通技巧""思考技巧与创意"我们可以认为是新加坡教育部对学生人文素质教育所要达到目标的具体要求。

正是在这样的背景下，新加坡教育部将核心价值观教育作为人文素质教育的重要组成部分在学校进行大力推广，目的在于培养学生正确的价值观和实用的"软技能"。

2. 以学生为本，价值为导向

在新加坡教育界，从 20 世纪 90 年代末开始，一场教育革命正悄然发生，从强调"整齐划一"正慢慢向"注重个性"转变。2012 年 12 月，国际知名咨询公司麦肯锡（McKinsey）公布了一份探讨全球 20 个教育体制如何持续进步的报告。报告指出，新加坡教育体制目前正处于从"优

---

① ［新加坡］陈能端、王珏琪：《访教育部长黄永宏　打造以"学生为本"多元走道　培养软技能　为学生增值》，《联合早报》2010 年 4 月 21 日。

② ［新加坡］王永炳：《挑战与应对——全球化与新加坡社会伦理》，友联书局 2005 年版，第 47 页。

良"步向"卓越"的阶段。从1997年至今,新加坡教育已逐步摆脱一体化模式,而更注重发展和培养学生的个别才能[①]。如果对新加坡教育历史进行梳理,我们可以发现新加坡教育体制的发展经过了四个阶段:

第一阶段(1959—1978年):生存驱动的教育(Survival-Driven Education)。1959年新加坡实现自治,政府继承了一个多元教育体制,学校里使用着四种不同的教学语言,即英语、华语、马来语及泰米尔语,讲授的课程内容也千差万别。为了统一标准,新加坡教育部把所有学校置于国家的体系内,建立起了统一的教育体系。所有学校上共同的课程,同时允许保留各自不同的教学语言。这一阶段的教育主要是应对民族统一和经济生存的迫切需求,故称为"生存驱动的教育"。

第二阶段(1979—1996年):效率驱动的教育(Efficiency-Driven Education)。1979年是新加坡教育史上的一个分水岭。1978年,在当时的副总理兼国防部长吴庆瑞博士(Dr Goth King Sweet)的领导下,新加坡成立了一个委员会,对新加坡的教育进行评估。委员会后来发表了著名的《教育报告书》,在报告书中提出了新加坡教育面临的严峻问题,如双语教育的低效率、读写能力的低水平、教育的浪费——高辍学率、学校间水平的差距大、教师士气低落、教育部的低效率和低领导力等。报告书在新加坡教育界引发了一场运动,其目标之一就是减少教育的浪费,提高教育体系的效率。其中包括引入教育分流制度,使课程改革适应不同能力的学生的需要,并且强调对学生进行道德和价值观教育,对中小学道德教育提出改革方案,强调社会责任与效忠国家的教育目标。这一事件可视为"效率驱动的教育"阶段的开始。

第三阶段(1997—2010年):能力驱动的教育(Ability-Driven Education)。从20世纪90年代中期起,新加坡对学校毕业生的期望不仅是识字、会算,还要有信息技术的能力。此外,新加坡还期望他们有创造力和创新力,不惧怕风险,是有自学能力的终身学习者,能够与人合作,忠于并服务于新加坡。从1997年起,在第九届国会开幕式上,教育部部

---

① [新加坡]陈能端:《麦肯锡探讨全球20个教育体制报告 我国教育体制从"优良"迈入"卓越"》,《联合早报》2010年12月1日。

长在给总统讲话的《教育附录》中宣布，教育部要进行全面的教育体制改革，范围包括从学前教育到高等教育的整个教育①。

1997年6月，当时的总理吴作栋先生在第七届国际思维大会上发表了题为"塑造我们的未来：思维型学校，学习型国家"的演讲，号召把新加坡建成"思维型学校、学习型国家"，吁请国民成为"好学习国民"，大力提倡终身学习精神，由此引领了一场新的教育改革运动。新的教育改革欲寻求一种以能力为驱动的体系，替代效率驱动的教育。新体系中，教师努力认可并发展学生们所具有的不同范围的才智和能力，创造一种学习环境，使所有学生能够最大化地发展其才能。

新加坡前教育部长尚达曼说："小国最大的危险，是用同一个模式塑造太多看起来一样的年轻人……我们需要有不同才干、不同看法、不同作风的人。"② "衡量教育制度成功与否，最终要看我们的学生是否有能力应付世界的挑战，是否具备了做好公民的素质，是否具备雇主所需要的技能和素质。"③ 因此，他在任期间废除了在新加坡已实行了18年颇受人诟病的小学分流制度，对"人才"重新加以定义，给有特殊才能的学生提供了受教育的机会，而没有将他们排除在教育体制之外。

新加坡教育部长黄永宏也强调要提倡"以学生为本"的教育理念，打造一个更开放和具有包容性的教育体系。他说："创造一个成功的教育体系并不容易，要对一个已经成功的系统进行大胆的改革更困难。我们是为子孙提供教育，大家都有共同的利益。如果我们能够为每个学生创造学习的空间，让每个人尽可能地发挥潜质，这对新加坡的长远发展是有益的。"④

第四阶段（2011年至今）：价值为导向的教育（Value-Driven Educa-

---

① ［新加坡］何和鉴：《新加坡教育：强调学习质量 强调学习选择性——国民教育状况报告》（2006年），林立译，新加坡教师联合会文件2006年版，第11—16页。
② ［新加坡］潘星华：《新加坡教育人文荟萃》，新加坡诺文文化事业私人有限公司2008年版，第29页。
③ ［新加坡］潘星华：《新加坡教育人文荟萃》，新加坡诺文文化事业私人有限公司2008年版，第30页。
④ ［新加坡］陈能端、王珏琪：《访教育部长黄永宏 打造以"学生为本"多元走道 培养软技能 为学生增值》，《联合早报》2010年4月21日。

tion）。2011年9月22日，新加坡教育部长王瑞杰在教育部每年都举办的工作蓝图大会上，发表了关于教育变革的演说。他指出，面对世界严峻的经济竞争形势，新加坡教育未来将"以学生为本、价值为导向"为发展重点。他认为新加坡的教育导向一直随着时代和国家社会发展与时俱进，从"生存导向"到"效率导向"，再到"能力导向"，新加坡的教育适应了社会要求和变化，为经济和社会发展注入了新鲜活力，也使新加坡的教育水平达到世界前列。自2011年始，新加坡教育将本着"以学生为本，价值为导向"的理念，来武装新一代，让他们迎接未来。王瑞杰部长对要培养的"价值"也进行了诠释。他指出，所谓"价值"，包括"自我价值""道义价值"和"公民职责价值"。"自我价值"给予学生自信心和自我意识，培养他们坚忍不拔的意志力；"道义价值"培养学生在多元种族、多元文化的社会，尊重、负责、关怀和赏识他人；"公民职责价值"则培养学生成为坚强、有毅力、有知识、有见闻，国家有难，能奋起捍卫祖国的好公民[①]。

新加坡核心价值观教育顺应了新加坡教育界以人为本的教育潮流，在教育目标上，在致力于培养学生国家和社会需要的价值观和道德品质的同时，不忘从学生实际情况出发，尊重学生个人的秉性和兴趣，挖掘学生的潜能，帮助学生达到自己所能达到的高峰。在教育方法上，不是采取整齐划一、一刀切的教育方法，而是根据学生实际情况，因材施教。

（二）"以人为本、以生为本"的中国人本教育理念

人本教育理念在中国由来已久。中国"至圣先师"孔子就主张对不同的教育对象应施以不同的教育方式，一个典型的例子就是对学生子路和冉有同一个问题"闻斯行诸"的不同回答。孔子对子路的回答是"有父兄在，如之何其闻斯行之？"而对冉有的回答却是"闻斯行之"。问其原因，孔子解释道："求也退，故进之。由也兼人，故退之。"[②] 子路性格勇敢爽直但偏于鲁莽，因此孔子告诫他不要勇猛过头否则有生命危险。

[①] ［新加坡］潘星华、陈能端、林诗慧：《我国教育将以价值为导向》，《联合早报》2011年9月23日。

[②] 《论语》，张燕婴译注，中华书局2007年版，第162—163页。

冉有性格优柔寡断，因此，孔子鼓励他大胆行事，不要犹豫退缩。

在当代中国，人本教育理念已逐渐深入人心，获得教育界的普遍认可和广泛认同，成为主流的教育价值观。社会主义核心价值观教育也概莫能外。在《关于培育和践行社会主义核心价值观的意见》中，强调培育和践行社会主义核心价值观的原则时，首要的一条就是"坚持以人为本，尊重群众主体地位，关注人们利益诉求和价值愿望，促进人的全面发展"[①]。

1. 尊重群众主体地位

在社会主义核心价值观教育的过程中，虽然受众是人民群众，但人民群众并不是消极被动的被改造对象或客体，而是积极主动的、有思想有智慧的主体。马克思主义认为，人民群众中蕴藏着丰富的智慧和伟大的创造力，他们既是历史的创造者，又是历史的推动者。在历史发展进程中发挥了巨大的不容忽视的作用。因此，应将宣传教育与群众的自我教育紧密结合起来，尊重群众的首创精神，相信群众，依靠群众，充分发挥人民群众的主体作用，只有这样，才能发挥教育的最优功能，达到教育的目的。

首先，社会主义核心价值观教育注重与群众间的平等互动。与传统的思想政治教育不同，在现代思想政治教育中，教育者与受教育者是平等的主体，他们在教育过程中是双向互动的关系。在现代社会中，人民群众虽然是受教育者，但他们普遍具有较强的独立和自主意识，尤其是年轻一代，他们比较注重个性和自我价值的实现，对问题有自己的思考和见解。特别是网络社会的发展，使得他们在获得知识方面与教育者处于同一个平台。他们一般不会盲目迷信教育者的权威，不会唯教育者是从，而会自己去判断、比较教育者的教育内容。因此，社会主义核心价值观教育强调教育者与受教育者之间，通过平等的对话、沟通与交流，运用民主讨论、疏通引导等方法来进行教育和宣传，而不是单向地硬塞和灌输。

其次，社会主义核心价值观教育注重发现和挖掘群众中的先进典

---

① 《关于培育和践行社会主义核心价值观的意见》，《人民日报》2013年12月24日。

型，发挥榜样的辐射和示范作用。江泽民在谈到如何加强群众宣传工作时指出："人民群众中蕴藏着丰富而实际的教育资源，要注意引导群众自己教育自己。对群众在实践中形成和表现出来的好思想、好品格，对基层工作创造的新鲜经验和好的做法，要及时总结推广。"① 自社会主义核心价值观教育实施以来，全国各地树立了一批践行社会主义核心价值观典型人物，榜样的力量是无穷的，这些先进典型来自人民大众，容易获得人民群众的认可，激起人们思想情感的共鸣，从而能够有效调动和发挥人们的积极性和创造性，在社会上形成学先进、赶超先进的良好风气。

最后，社会主义核心价值观教育注重引导群众自教自律。"自教与他教、自律与他律是衡量受教育者是主体存在还是工具存在的根本标志，受教育者主体性发展的落脚点是从教育走向自我教育，从他律走向自律。"② 社会主义核心价值观教育的目的不是仅仅将24字核心价值观灌输进群众头脑里，而是要引导群众自己主动、自觉去学习社会主义核心价值观和中国特色社会主义理论，并将之运用于生产生活实践，使之成为指导自己行动的指南。当群众切切实实感受到社会主义核心价值体系是与他们的切身利益休戚相关的理论体系，是真正为国家谋发展、为人民谋利益的理论时，群众就会对其产生价值认同，这时理论学习对他们来说不再是外在的强迫与约束，而是发自内心的自觉接受和认同。

2. 关注人们利益诉求和价值愿望

理论不是空中楼阁，不是镜中月、水中花，而是应该实实在在能反映人民群众的需求，满足人民群众的需要，维护人民群众的根本利益。只有以人民为中心，以满足人民群众的现实需求为出发点，以维护和实现群众根本利益为依归，这种理论才会受到群众的欢迎，群众也才会真心实意地学习和接受它。社会主义核心价值观要想深入人心，为广大人民群众所接受，得到人民群众的真心认同，就要回答群众关心的问题，关注民生，了解群众的现实需要，维护并实现人民群众的根本利益。只

---

① 《江泽民文选》第3卷，人民出版社2006年版，第95页。
② 张耀灿、郑永廷等：《现代思想政治教育学》，人民出版社2006年版，第278页。

有做到了这点，才能让群众觉得社会主义核心价值体系理论是为他们谋利益的理论，才会自觉地学习并接受它。

在新民主主义革命时期，中国共产党就是从农民生存的根本问题——土地问题入手，解决了广大中国农民的土地所有权问题，才赢得了农民的信任、爱戴和支持，走出了一条农村包围城市、武装夺取政权的革命道路，毛泽东思想在人民群众尤其是广大农民头脑中才得以生根发芽，得到广泛传播。党的十一届三中全会后，中国的改革开放也是从老百姓最关心的土地问题入手，在农村实行土地联产承包责任制，打破了平均主义和大锅饭，充分调动了广大人民群众的生产劳动积极性，因此赢得了人民群众的拥护和支持，邓小平理论开始被人民群众所注意和了解，并逐渐深入人心。正如邓小平所指出："社会主义经济政策对不对，归根到底要看生产力是否发展，人民收入是否增加。这是压倒一切的标准。空讲社会主义不行，人民不相信。"[①]

当前，民生问题是涉及老百姓切身利益的重要问题，也是老百姓最期盼解决的问题。民生问题解决得好不好，直接关系到民心向背，关系到社会主义核心价值观和中国特色社会主义理论体系能否被广大人民群众所信服和接受。因此，要培育和践行社会主义核心价值观，必须要关注民生，把解决民生问题作为人民群众对理论认同的基础。只有让人民群众真真正正得到实惠，使他们觉得生活在社会主义制度下是幸福愉快的，他们才会从心底里真心接受和真正认同社会主义核心价值观。

第二节 教育理念的差异性

除了共性，中国与新加坡核心价值观教育理念的差异性还是很明显的，主要体现在：

一 顶层设计理念不同

从顶层设计理念来看，新加坡核心价值观教育是一种国家意识教育，

[①] 《邓小平文选》第 2 卷，人民出版社 1994 年版，第 314 页。

中国核心价值观教育是马克思主义意识形态教育。前者重在在全社会培养共同的国家意识和价值观念,后者重在在全社会树立社会主义的共同理想,确立对中国特色社会主义制度和道路的信心。

(一)新加坡核心价值观教育是国家意识教育

从核心价值观教育的目的和内容来看,新加坡核心价值观教育都不是执政党人民行动党的政治价值观教育,而是一种国家意识教育。尽管共同价值观在一定程度上是执政党政治价值观的反映,但是它与人民行动党的政治价值观是两个概念,不能相互混淆,相提并论。

1. 新加坡核心价值观教育的目的是培养新加坡人统一的国家意识

新加坡核心价值观教育是为了响应"一个民族,一个国家,一个新加坡"的口号而开展的培养新加坡人统一的国家意识,塑造新加坡人国民性格的教育。在新加坡,爱国主义被称为"国家意识"。具体来说,"国家意识是行为主体的个人与国家之间发生情感上的结合,在心理上认为我是国家的一部分。在自我内部,国家也被内摄而称为自我的一部分"[①]。"国家意识"是个人对自己所在国家的深厚感情,是对自己国家的一种归属感、认同感、荣誉感和自豪感的统一。它不仅指一个人从形式上认同自己的国家,更包括从内心的认同,明确自己是国家的一分子,对国家有一种使命感和责任感,可以为国家奉献自己的一切,甚至不惜牺牲自己的生命。

在1965年新加坡刚独立的时候,国民中几乎毫无国家意识。华族人认同中国,他们的梦想是在新加坡赚足了钱之后荣归故里;马来人认同马来西亚,认为他们是马来亚联邦的一员;印度人认同印度,他们把自己的劳动所得大部分都寄回了印度。当被问及"你是哪国人"时,回答是多种多样的,大部分回答是"我是中国人""我是马来人"或者"我是印度人",只有极个别人才回答"我是新加坡人"。种族之间的隔阂,文化之间的冲突,人民之间的不信任和不团结,对新加坡这个新生国家而言无疑是致命的打击。新加坡领导人显然意识到了这一问题的严重性,1988年10月,时任新加坡副总理吴作栋提出,以新加坡各种族价值观为

[①] [新加坡] 宋明顺:《新加坡青年的意识结构》,教育科学出版社1980年版,第226页。

基础，制定统一的国家意识，以防止社会走入歧途，不知所从。他指出，要"把我们的价值观念提升为国家意识，并在学校、工作场合和家庭中教导，使它成为我们的生活指南"①。新加坡政府成立了专门负责制定共同价值观的机构——国家意识局，由李显龙担任局长，在全社会发起了由新加坡大众广泛参与的，关于制定什么样的共同价值观的大讨论。经过两年的讨论后，1991年1月，政府向国会提交了《共同价值观白皮书》，在国会经过少许修订后，正式向外界发布。

2. 新加坡核心价值观教育的内容是以个人与社会关系为中心构建的价值体系

如果分析新加坡核心价值观的内容，我们可以看出核心价值观是以个人与社会的关系为中心而构建的一个价值观念体系。深圳大学吕元礼教授曾明确地指出，新加坡的共同价值观不包含政治价值观。他说："由于共同价值观是以个人与社会的关系为基础而制定的，因此，它不把政治价值观包括在内。虽然新加坡现有的政治制度（包括议会民主制度和选贤任能的原则）只有在全体国民都持有同样的价值观的情况下才能有效运作，但是，如果把政治价值观也包含在共同价值观内，将使个人与社会的关系延伸到选民与政府的关系，以致转移了原有的目标。"② 新加坡核心价值观教育不是人民行动党的政治价值观教育，如果把它理解为政治价值观教育，就违背了核心价值观教育的初衷。

（1）国家至上，社会优先

这一条价值观是五大共同价值观的灵魂和核心。它教导新加坡人在处理个人与社会、个人与国家关系时应遵循怎样的价值准则，即社会的局部利益应服从国家的整体利益，个人利益应服从社会利益。这条价值观提出的依据既来源于新加坡建国后成功的经验，也来源于新加坡的亚洲文化背景。李光耀在总结新加坡成功的因素时说："除了具有战略性的地理位置之外，我们并没有任何天然资源。我们唯一的资源是人民。他

---

① 王学风：《多元文化社会的学校德育研究——以新加坡为个案》，广东人民出版社2005年版，第110页。

② 吕元礼：《新加坡为什么能》（下卷），江西人民出版社2007年版，第94—95页。

们是新加坡独立 23 年来取得成就的主要因素。他们勤奋好学,刻苦耐劳,严守纪律,自我克制,牺牲眼前的利益以换取长远的利益,再加上社会政治稳定,这些都是促成新加坡成功的因素。"① 新加坡政府在《共同价值观白皮书》中强调新加坡"在关键方面是一个亚洲社会",并且仍将如此。无论是华人文化,还是马来文化抑或印度文化,都强调国家和社会的中心地位,强调国家利益和社会利益优先的价值观。面对西方个人主义价值观的挑战,新加坡政府认为有必要维护传承优秀的传统文化价值观,坚守新加坡的文化特色,以便在国际社会上保持自我,彰显新加坡的独特个性。

(2) 家庭为根,社会为本

在个人与社会、个人与国家之间还存在一层关系,即个人与家庭的关系。家庭是以婚姻和血缘关系为基础而结成的人类生活的基本组织形式之一。在个人与社会、个人与国家之间,家庭扮演了中介的角色。

在现代西方人家庭观念日益淡化和传统家庭价值观日益解体的时代背景下,新加坡政府认为应加强人们传统的家庭价值观教育,呼吁人们回归家庭,以亲情为基础编织社会关系网,使家庭成为社会的基本单位,从而达到强根固本,促进社会稳定的目的。《共同价值观白皮书》指出,把家庭视为社会的基本单位是社会为下一代提供令人安心的养育环境的最佳途径,并且能为年老者提供必要的照顾。他们强调应将家庭利益置于个人利益之上,倡导"家庭本位"的价值观。吴作栋副总理在接受《明报》记者采访时说:"我们始终强调社会的基石是家庭,而非个人……家庭是基本单位。社会是由家庭组成的。这种价值观对我们至为重要。"② 由此可以看出,新加坡的"家庭本位"价值观是对中华传统家庭价值观的批判继承,在肯定个人利益的同时,又强调家庭利益高于个人利益。这就是新加坡文化的特点,善于吸收各种文化的精华,然后加以改造,为我所用,最终发展成独具新加坡特色的文化。

---

① 《联合早报》编:《李光耀 40 年政论选》,新加坡报业控股华文报集团 1993 年版,第 219 页。

② 《吴作栋副总理接受〈明报〉访问》,《联合早报》1990 年 9 月 28 日。

(3) 社会关怀，尊重个人

在政府向国会提交的《共同价值观白皮书》中，这条价值观原为"关怀扶持，同舟共济"，在提交国会讨论时，有议员指出，共同价值观未能充分顾及个人与国家利益的平衡，担心对国家的过分强调，会践踏个人的利益。因为比起"国家至上，社会为先"，对于个人的"关怀扶持"就显得过于微弱，最后难免使国家利益和政府利益过度膨胀，从而损害到个人利益。而且，对于个人利益的维护，一些议员还提出了自己的看法。议员孟建南认为，"关怀扶持，同舟共济"的价值观只是简单地提及"关心个人"，如果改为"尊重个人"，就包含着对于个人的关怀、爱护和照顾等更为丰富的意义，使得每个新加坡人都能认识到自己在新加坡占有一席之地。最后国会接受了孟建南的提议，才有了我们现在看到的"社会关怀，尊重个人"这条价值观。

从新加坡国会讨论这条价值观的过程中，我们可以看出新加坡的核心价值观充分汲取了东方文化和西方文化精华，将东方的群体主义与西方的个人主义有机融合在一起，体现了新加坡作为东西方文化枢纽的特殊地位以及兼收并蓄、包容开放的文化特色。正如李显龙指出，强调个人在集体中的地位，已包含了西方的思想，和华人的"牺牲小我，完成大我"的观念有所区别。

在处理个人与社会关系的问题上，新加坡并不是全盘否定个人利益的，不是要求个人绝对的、无条件地服从社会，而是在社会与个人间追求一种平衡。在提倡国家至上、社会为先、家庭为本的同时，也不忽视、否定、排斥正当的个人利益。尊重个人，为每个人的发展创造尽可能多的机会，提供更好的条件，是新加坡政府的职责和义务。这条价值观将东方的群体主义与西方的个人主义有机融合在一起，既具有现代气质，又保留了优秀文化传统，堪称东西方文化结合的典范，也将新加坡打造成为一个既有西方进取精神又充满人情味的古典与现代完美结合的大都市。

新加坡地理位置特殊，处于亚洲和欧洲联系的枢纽位置。得天独厚的地理条件使新加坡成为东西方文化交会点，东方文化和西方文化在这里汇聚、交流、碰撞，它们带给新加坡的，是海纳百川、有容乃大的胸怀气魄和开拓创新的精神。新加坡人充分利用了得天独厚的地理条件，兼收并蓄，形成了新加坡独特的文化和符合新加坡自身发展的核心价值观。正因为如此，李光耀指出："东方和西方的精华，必须有利地融汇在新加坡人身上。儒家的伦理观念、马来人的传统、兴都人的精神气质，必须同西方追根究底的科学调查方法、客观寻求真理的推理方法结合在一起。"① 新加坡共同价值观汲取了东方和西方文化的精华，将东方的群体主义、家庭本位观念与西方尊重个人、协商民主的思想有机融合，探索出了一条适合新加坡的文化新路。它既包容了东方各文化的优良传统，又吸收了西方文化的精髓，奠定了一个主权国家所应有的基本价值取向，也为其他国家在文化全球化中如何选择本国文化的发展道路，提供了一种可资借鉴的模式。

（4）协商共识、避免冲突

这条价值观体现了继李光耀之后，以吴作栋为首的新一届新加坡领导人的执政理念。如果将李光耀和吴作栋进行比较，我们就会发现李光耀是带有强烈的家长制作风的，他不太相信民主，认为"好政府比民主人权重要"，"李光耀把人民当作子女，把自己和政府当作一家之长。家长是子女理所当然的利益监护者，所以做什么事，做什么决策是没有必要告诉他们的，更没有必要让他们参与，与他们协商。不管人们理解不理解，愿意不愿意，高兴不高兴，政府的决定都必须遵照执行，反正政府是为他们着想的"②。但是到了吴作栋时期，随着新加坡民众受教育程度的提高以及民主体制在世界范围内的盛行，新加坡进入了"协商式民主"时代。新加坡凤山区议员孟建南在谈到李光耀和吴作栋二人不同的行政风格时指出："吴副总理是一名致力于以'协商式'手法做事的人，他总是鼓励议员们提出建设性批评，同时，要求议员有新贡献，当吴副总理有新构想时，他也不会忘记探询议员的看法。"③ 与李光耀"家长

---

① 《联合早报》编：《李光耀40年政论选》，新加坡报业控股华文报集团1993年版，第391页。
② 吕元礼等：《鱼尾狮智慧：新加坡政治与治理》，经济管理出版社2010年版，第92页。
③ 《"家长式"与"兄长式"（凤山区议员）孟建南谈李总理与吴副总理治国作风》，《联合早报》1990年6月12日。

制"作风不同,吴作栋是"兄长式"的,他会征求不同的意见,参与者可以自由、公开地表达自己的观点,而不用担心会受打击报复。新加坡政府在这些意见的基础上,通过理性、认真地审视、思考和选择,最终形成能够照顾大多数人利益的决策意见。

《共同价值观白皮书》强调国家团结是一种珍贵资产,要维护国家团结就必须具备忍让的意愿。对于新加坡这个建国历史不长、根基不深,又存在多元文化的小国而言,容忍、包容、牺牲小我、实现大我是最重要的美德,失去了这一美德,国家就会陷入分裂,有分崩离析的危险。新加坡政府认为,社会上存在不同的意见是正常的,反对党存在相反的意见也是无可非议的,问题的关键在于给这些意见一个自由表达的通道,在国家利益至上、社会为先的原则前提下,通过民主协商,或者改变自己的主张,或者说服别人,或者有妥协的让步,最终达成共识,维护国家的团结。

(5) 种族和谐、宗教宽容

种族和宗教问题在新加坡是一个非常敏感的话题。倡导种族平等、和谐,做到宗教宽容、互谅互让,是解决这一问题的指导性原则。李光耀说:"这个国家必须是一个平等的国家,不能因为你是属于少数种族,你就必须是一个特权人物。也没有一个人可以因为他是属于多数种族,就比属于少数种族的人占优势,因为两者都是行不通的。"①《共同价值观白皮书》指出,种族与宗教和谐是新加坡生存的基础。如果不同种族不能和谐共处,无论是占大多数的华族还是任何少数种族,都无法取得繁荣。

综上所述,新加坡核心价值观教育的内容是以个人与国家、个人与社会关系为中心,然后辐射到个人与家庭、种族以及宗教的,指导一切社会关系的原则是"国家至上,社会为先",因此,新加坡核心价值观教育是一种国家意识教育。在核心价值观提出之后,因为它是从维护国家和社会的整体利益出发的,强调政治民主和种族平等,因此得到了新加

---

① 《联合早报》编:《李光耀40年政论选》,新加坡报业控股华文报集团1993年版,第435页。

坡各族群和宗教团体的普遍认同和广泛支持，就连反对党对此也没提出太多异议。李显龙指出，这些共同价值观不仅获得各种族的支持，即使是反对党阵营中的李绍祖医生也没有加以反对。这种情况"是正确的"，"应该拥有一套就算是反对党人士也能接受的和实践的共同价值观"。只有这样，"才能加强新加坡的政治制度"[①]。

（二）中国核心价值观教育是马克思主义意识形态教育

与新加坡核心价值观教育是国家意识教育不同，中国的核心价值观教育是执政党的政治价值观教育，是马克思主义意识形态教育。它有一个明确的前提是"社会主义"核心价值观教育，"积极培育和践行社会主义核心价值观，对于巩固马克思主义在意识形态领域的指导地位、巩固全党全国人民团结奋斗的共同思想基础……具有重要的现实意义和深远历史意义"[②]。

1. 中国核心价值观教育的主要目的是巩固马克思主义意识形态地位

中国是一个社会主义国家，对国民进行马克思主义意识形态教育，巩固社会主义政权，加速中国特色社会主义理论体系大众化的进程，是中国共产党进行核心价值观教育的主要目的。在当代中国，马克思主义在意识形态领域中的主导地位受到了来自国际和国内两方面的挑战。

（1）国际方面的挑战

当代国际社会风云变幻，复杂多变。经济全球化正已势不可当的发展态势席卷全球，世界上每一个主权国家都无一例外地受到它的影响；冷战结束后，世界政治格局向多极化发展，形成了"一超多强"的政治局面；文化全球化加剧了世界各种文化的碰撞与交流，也为西方强势文化向非西方国家的渗透提供了便利。

其一，经济全球化带来的新挑战。经济全球化是当今世界经济发展的重要趋势。在经济全球化的驱动下，世界各国在生产、分配、流通、消费等领域内的经济联系越来越广泛和密切，各国在经济方面的

[①] 吕元礼：《新加坡为什么能》（下卷），江西人民出版社2007年版，第98页。
[②] 《关于培育和践行社会主义核心价值观的意见》，《人民日报》2013年12月24日。

分工和合作也达到更高水平。我国自2001年11月正式加入世界贸易组织，成为世界经济共同体中的一员之后，参与经济全球化的程度越来越高，中国的发展越来越离不开世界。经济的变化必然会反映到思想领域中来，经济的全球化和多元化对马克思主义的意识形态主导地位提出了严峻的挑战。

世界经济一体化带来的挑战。经济全球化不仅是生产社会化的发展，也是社会分工在国际上的延伸。它使整个世界经济日益成为一个相互联系、相互影响的共同体，编织成一个"你中有我、我中有你"的国际经济网络。在经济全球化中，各国经济受世界经济的影响越来越大，当一国或一地区的经济发生波动时，也很容易影响到其他国家。如2008年发生于美国华尔街的金融危机，迅速蔓延至世界其他各国，成为全球性的经济危机，至今影响尚未消除。我国自加入世界贸易组织，成为世界经济大家族中的一员后，经济活动也不可避免地受到世界经济的影响。当发生世界性的经济危机和全球经济衰退时，我国的一些出口行业、金融业以及服务业等也会受到影响，出现产品销售不出去、企业倒闭、职工就业难等问题。在这种情况下，如何引导人们正确对待经济全球化，理解我国的对外开放政策，坚定人们走中国特色社会主义道路的信心，是马克思主义意识形态教育要研究和解决的重要课题。

跨国公司的本土化带来的挑战。从根本上说，当今时代的经济全球化是以欧美为代表的西方发达国家主导的全球化，这些国家凭借雄厚的资本和先进的科技，利用发展中国家丰富的自然资源和廉价的劳动力，向这些国家进行资本渗透，从而获取巨大的经济利益。资本的跨国界流动尤其是跨国公司的本土化，对我国民族产业的发展构成巨大的威胁和挑战，一些中小企业被兼并甚至破产、倒闭，职工下岗、再就业又困难，给社会的稳定发展带来了不和谐的因素。如何引导人们正确看待跨国公司的本土化，在经济全球化中加强民族企业的发展，实现经济发展与社会发展的和谐，是马克思主义意识形态教育面临的一大挑战。

其二，国际政治格局变化带来的新挑战。20世纪80年代末90年代初，随着苏联解体、东欧剧变，第二次世界大战后形成的社会主义阵营瓦解，世界社会主义运动进入低潮。苏联解体标志着"第二次世界大战"后形成的以美苏为代表的两极世界政治格局的终结，世界进入了多极化政治格局发展的新时期。

西方发达国家霸权主义、强权政治带来的挑战。虽然世界政治格局由两极走向多极，但是不公正、不合理的国际政治秩序依然存在，美国仍然是世界超级大国。以美国为首的西方发达国家在向全世界输出商品和资本的同时，也大力向全球推行资本主义政治制度和政治理念。他们凭借强大的经济和军事力量，打着"人权"和"人道主义"的口号，干预他国尤其是第三世界国家的政治，已成为当今国际政治发展的新趋势。这种企图"资本主义一统天下"的强权主义、霸权主义政治理念给世界和平带来了严重威胁，也给广大发展中国家尤其是社会主义国家的政治安全、国防安全带来了严峻挑战。我国作为目前世界上人口最多的社会主义国家，在当今资本主义和社会主义制度对立仍然存在的国际局势下，如何在国际政治格局中占据应有的位置，发挥应有的作用，坚定不移地走中国特色社会主义道路，增强制度自信和道路自信，是马克思主义意识形态教育面临的巨大挑战。

处于低潮的国际共产主义运动带来的挑战。东欧剧变、苏联解体后，虽然社会主义与资本主义并存的国际政治格局依然存在，但是国际共产主义运动由此进入低潮。当世界共产主义运动遇到挫折时，一部分人对马克思揭示的"资本主义必然灭亡、社会主义必然胜利"的人类历史发展规律产生怀疑，对"社会主义必然会战胜资本主义"的共产主义信仰发生动摇，认为苏联解体、东欧剧变意味着社会主义的失败和马克思主义的终结。在这种情况下，如何引导人们重树共产主义的远大理想和中国特色社会主义的共同理想，坚定不移地走中国特色社会主义道路，给马克思主义意识形态教育带来了挑战。

其三，文化全球化带来的新挑战。经济全球化给人类社会带来的影响是深刻和多方面的。它在影响人类社会的经济活动和政治活动的同时，也会影响到人类的思想文化领域，这就是随之而来的文化全球化。一方面，经济全球化促进了各国人民之间思想和文化的学习和交流；另一方面，一些资本主义国家利用他们经济、科技的发展优势，运用各种手段向其他国家尤其是社会主义国家推销自己的文化观念和意识形态，从而给这些国家的文化安全造成了挑战和威胁。我国已加入经济全球化的浪潮中来，作为社会主义国家，不可避免地受到西方文化直接和间接的影响。

各种思想文化相互碰撞带来的挑战。在文化全球化中，各种思想文化交流越来越频繁，价值观念、价值判断和价值取向日趋多样化。在东方文化和西方文化、传统文化和现代文化的冲击碰撞中，传统的价值观念受到挑战。何为对、何为错，何为是、何为非，人们似乎缺乏一种很明确的道德和价值判断标准，在纷繁芜杂、形形色色的文化价值观面前不知应做出何种选择，因此容易陷入困惑和迷茫，觉得无所适从。因此，如何处理好一元性和多元性的关系，用社会主义核心价值观引领社会思潮，使人们主动学习、接受中国特色社会主义理论体系，是摆在理论宣传工作者面前的一大难题。

西方资本主义强势文化冲击和意识形态渗透带来的挑战。由于当今的全球化是以美国为首的西方发达国家发动和倡导的，因此，他们总是力图通过经济全球化来实现文化的全球化，希望西方资本主义文化借助强势经济扩展到全世界，企图用文化渗透的方式加强西方文化在意识形态领域的竞争力和控制力，实现资本主义的一统天下。西方发达国家在强势经济和信息革命的驱动下，向发展中国家输出资本和技术的同时，也借助新兴媒体向这些国家传播着西方的文化和价值观念。这种强势文化是殖民性和霸权性的统一体，是西方文化霸权主义的表现。在文化全球化的背景下，能否争取话语权，扩大影响力，成为各国文化竞争的焦点。"文化成了一个舞台，各种政治的、意识形态的力量都在这个舞台上较量。文化不但不是一个文雅平静的领地，它甚至可以成为一个战场。各种力量在上面亮相，互相角逐。"[1] 文化的全球化也加剧了社会主义和资本主义在意识形态领域中的斗争。

---

[1] [美]爱德华·W. 萨义德：《文化与帝国主义》，李琨译，生活·读书·新知三联书店2003年版，第4页。

冷战之后，资本主义和社会主义的竞争由军事竞争逐渐转变为文化竞争和意识形态领域的竞争。美国总统尼克松认为："如果我们在意识形态斗争中打了败仗，我们所有的武器、条约、贸易、外援和文化关系将会毫无意义"，"归根到底，是思想而不是武器决定历史"①。

因此，如何抵御西方强势文化的冲击，并在与资本主义意识形态的斗争中胜出，在文化全球化中使人民群众认同中国特色社会主义理论体系，坚持马克思主义在我国意识形态领域中的主导地位，维护意识形态安全，是马克思主义意识形态教育面临的一大挑战。

（2）国内方面的挑战

从国内来看，改革开放40多年来，我国的经济发展取得了巨大成就，与此同时，社会也发生了巨大转变，正处于向社会主义和谐社会转型的重要时期。在社会转型的过程中，随之而来的是经济体制的深刻变革，利益分配格局的重大调整，社会阶层结构的深刻变动以及人们的思想文化观念的深刻变化，这都给马克思主义在意识形态领域的主导地位带来了新挑战。

其一，经济体制的深刻变革带来的挑战。40多年以来，随着我国经济体制由计划经济体制向市场经济体制的转变，社会的经济结构发生了巨大变化，由单一的公有制经济结构转变为公有制经济占主体的多种所有制经济并存的经济结构。经济体制的深刻变革改变了以往的利益分配格局，容易引发社会矛盾。一方面，计划经济体制下的国有企业在企业改制的过程中面临着人员变动、管理方式上的重大变革，从而容易引发体制性矛盾；另一方面，利益分配的不平等和不公正又容易引发新的社会矛盾，如劳资矛盾、城乡矛盾、地区发展不平衡矛盾、干群冲突和党群冲突等。这些社会矛盾的出现对马克思主义意识形态主导地位构成了威胁。

其二，社会阶层结构的深刻变动带来的挑战。经济体制的变革带来了社会阶层结构的深刻变动。改革开放40多年来，我国的社会阶

---

① ［美］理查德·尼克松：《1999：不战而胜》，王观声译，世界知识出版社1989年版，第98、331页。

层结构发生了深刻变化，呈现出多元化分化和发展的态势。根据中国社会科学院"当代中国社会结构变迁研究"课题组的研究报告显示，当代中国出现十大社会阶层，即国家与社会管理者阶层、经理人员阶层、私营企业主阶层、专业技术人员阶层、办事人员阶层、个体工商户阶层、商业服务业员工阶层、产业工人阶层、农业劳动者阶层以及无业、失业、半失业者阶层①。阶层不同，对待社会问题的立场和态度就会有所差异，有时甚至会产生根本分歧。阶层不同，利益诉求也不同，如何协调各阶层之间的利益诉求，充分考虑和照顾各阶层的正当利益，达成社会价值观共识，给社会主义核心价值观教育和马克思主义意识形态教育带来了巨大挑战。

其三，思想观念的深刻变化带来的挑战。改革开放以来，人们的思想观念发生了巨大变化。改革开放前价值观一元化的状态被打破，人们思想的自主性、多样性及差异性逐渐增强，社会价值观日趋多元，各种社会思潮相互激荡。社会主义市场经济的快速发展一方面有利于人们竞争意识、效率意识、自立自强意识、创新意识以及民主法治意识的形成与发展，但市场经济的弱点和消极方面也会反映到人们的精神生活中来，如市场经济追求利益最大化的本性，如不加以正确引导，容易引发人们的拜金主义、享乐主义和极端个人主义，消解人们对积极向上、正确人生价值观的认识与追求。

正是因为马克思主义意识形态受到了来自诸多方面的严峻挑战，所以，帮助人们认识社会主义本质，树立对社会主义制度的信心，坚定走中国道路的决心，才是中国开展社会主义核心价值观教育的旨归所在。

2. 中国核心价值观教育的内容带有鲜明的马克思主义意识形态色彩

从中国核心价值观教育的内容来看，24字核心价值观与社会主义本质密切相连，反映了中国特色社会主义追求的目标，是中国特色社会主义制度的灵魂。社会主义核心价值观具有鲜明的马克思主义意识形态色

---

① 陆学艺：《当代中国社会阶层研究报告》，社会科学文献出版社2002年版，第27页。

彩，贴上了"中国特色社会主义"的标签。

（1）富强、民主、文明、和谐

"富强、民主、文明、和谐"是国家层面的价值目标，体现了社会主义国家的价值取向和建设方向。

富强是社会主义国家繁荣昌盛、人民幸福安康的物质基础。富强，即国富民强，这是近代以来中国人孜孜以求的目标。落后就要挨打，富强才能振兴，这是历史给我们的血的教训和颠扑不破的真理。与资本主义国家追求富强不同，社会主义国家的富强是全体人民的共同富裕，而不是少数人的富裕。邓小平再三强调了共同富裕的重要性，指出共同富裕是社会主义的最大优越性，是社会主义区别资本主义的根本标志。他说："社会主义与资本主义的不同的特点就是共同富裕，不搞两极分化。"[1] "社会主义最大的优越性就是共同富裕，这是体现社会主义本质的一个东西。"[2] "社会主义的特点不是穷，而是富，但这种富是人民共同富裕。"[3]

民主是社会主义的生命，是人民幸福生活的政治保障。民主与专制相对应，是现代文明国家的象征，也是人类社会的美好诉求。但是与资本主义提倡的民主不同，社会主义的民主是人民当家作主，人民是国家的真正主人。民主是科学社会主义的一个核心概念。恩格斯早在1845年就提出"民主在今天就是共产主义"[4]，认为民主是社会主义的本质属性。邓小平指出："没有民主就没有社会主义，就没有社会主义现代化。"[5] 将人民民主与社会主义紧密相连，既继承了马克思主义经典作家关于社会主义民主的思想，又将其提升到了一个新的高度，要求一切珍惜社会主义，为社会主义奋斗的人们，要像珍惜生命一样去爱护社会主义民主，没有民主，社会主义之花就会枯萎凋谢。

---

[1] 《邓小平文选》第3卷，人民出版社1993年版，第123页。
[2] 《邓小平文选》第3卷，人民出版社1993年版，第364页。
[3] 《邓小平文选》第3卷，人民出版社1993年版，第265页。
[4] 中共中央编译局编译：《马克思恩格斯全集》第2卷，人民出版社1957年版，第664页。
[5] 《邓小平文选》第2卷，人民出版社1983年版，第168页。

文明是传统与现代的对接,是向社会主义文化强国迈进的必由之路。中华民族是一个有着五千年文明史的民族,汲取优秀传统文化资源,承继五千年光辉文明史,结合新的社会主义现代化实践,创造新的文明成果,将传统文明与现代文明有机融合,是建设社会主义文化强国,实现中华民族伟大复兴的重要支撑。文明不仅仅是显现于外的形式上的礼仪习惯,更是由内而外的由社会主义先进文化孕育出来的一种精神特质。让中华文明再放异彩,重铸辉煌,是每个中国人由衷的企盼和愿望。

和谐是社会主义中国在社会建设领域的价值诉求,是国家长治久安和繁荣稳定的重要保证。中国共产党十六届六中全会通过的《关于构建社会主义和谐社会若干重大问题的决定》指出:"社会和谐是中国特色社会主义的本质属性。"[①] 这一论断揭示了社会和谐与中国特色社会主义的本质联系,和谐是中国特色社会主义发展的必然趋势,体现了中国特色社会主义的价值取向。社会主义的和谐涵盖三个层面的内容,即人与人的和谐,人与社会的和谐以及人与自然的和谐。其中,人与人的和谐是核心。马克思、恩格斯在《共产党宣言》中对"什么是共产主义社会"这一问题是这样阐述的:"代替那存在着阶级和阶级对立的资产阶级旧社会的,将是这样一个联合体,在那里,每个人的自由发展是一切人的自由发展的条件。"[②] 与存在着阶级剥削和压迫的私有制社会不同,共产主义社会把人从自然和旧的社会关系中解放出来,个人的自由不但不以剥削、压迫别人为条件,反而有利于他人的自由发展,人与人之间相互促进,共同发展。这是人与人和谐相处的最高境界,是科学社会主义的基本价值观,也是社会主义和共产主义奋斗的目的所在。

(2) 自由、平等、公正、法治

"自由、平等、公正、法治"是社会层面的价值目标,体现了社会主义国家对未来美好社会的向往和追求。

[①] 胡锦涛:《坚定不移沿着中国特色社会主义道路前进 为全面建成小康社会而奋斗——在中国共产党第十八次全国代表大会上的报告》,人民出版社 2012 年版,第 15 页。

[②] 中共中央编译局编译:《马克思恩格斯选集》第 1 卷,人民出版社 2012 年版,第 422 页。

自由是未来共产主义社会中每个社会个体所追求的价值发展目标，是马克思主义理想社会的根本价值。马克思主义认为，人的发展与社会的发展是辩证统一的。一方面，社会发展是人的发展的前提和基础，社会发展为人的发展提供物质和精神条件，并决定和影响着人的发展的程度和方向，社会个体只有将自己充分融入社会中，才能获得最大限度的发展；另一方面，人的发展是社会发展的目的和尺度，是衡量社会进步的重要标志。社会是由人组成的，人的发展推动了社会的发展，离开了人，人类社会就无从谈起，也无所谓发展了。马克思指出，未来共产主义社会将是"自由人的联合体"，是人的自由全面发展与社会发展的和谐统一，是"在保证社会劳动生产力极高度发展的同时又保证人类最全面的发展"[1]，即"每个人的自由发展是一切人自由发展的条件"[2]。马克思主义的人的自由观是建立在对资本主义社会"人的异化"现象的批判基础上的，因此与资本主义的自由观是截然不同的。

平等是社会主义社会最基本的人权，是每个人依法享有的平等参与、平等发展的权利。马克思主义认为，共产主义社会的"平等"与资本主义社会的"平等"是两种不同的"平等"，尽管资本主义社会制度超越了等级森严的封建主义社会制度，提出"天赋人权"，追求人权的平等，但这种平等实质上是一种"形式上的平等"，只要私有制仍然存在，剥削阶级和被剥削阶级的矛盾对立依然存在，就无法实现真正意义上的"平等"。因此，恩格斯指出："无产阶级平等要求的实际内容都是消灭阶级的要求。任何超出这个范围的平等要求，都必然要流于荒谬。"[3]"消灭阶级"是实现"事实上平等"的前提和基础，通过生产力的高度发展，人类社会进入"各尽所能，按需分配"的共产主义高级阶段后，才能真正

---

[1] 中共中央编译局编译：《马克思恩格斯全集》第19卷，人民出版社1963年版，第130页。

[2] 中共中央编译局编译：《马克思恩格斯选集》第1卷，人民出版社2012年版，第422页。

[3] 中共中央编译局编译：《马克思恩格斯选集》第3卷，人民出版社2012年版，第484页。

实现"从形式上的平等进到事实上的平等"①。社会主义社会作为向共产主义社会过渡的社会,将实现"事实上的平等"作为孜孜以求的奋斗目标,勇于承担起革除特权制度,完善社会主义法治,实现人人平等的重任,对于人类社会追求平等历史进程而言具有里程碑意义。

公正是"中国社会主义制度的本质要求"②,是衡量社会进步的重要标准,也是捍卫人的自由、民主、平等等权利和走向社会和谐的可靠保障。马克思主义认为,公正是一个历史范畴,世界上不存在绝对和永恒的公正。社会主义的"公正"观念与资本主义的"公正"观念从内涵上讲具有本质的不同。要实现真正的公正,必须打破私有制的枷锁,"它们不应当是建立在市民社会之私有制和等级制基础上的特殊的公正和特殊的权利,毋宁说只有指向私有制、等级制的解体以及人的解放的全面实现,它们才能够获得实至名归的含义与意义"③。在社会主义现阶段消灭了私有制后,公正体现为能否最大限度地满足和维护最广大人民群众的根本利益,使人民共享社会主义改革和建设成果。

法治是社会主义国家根本的治国理念,是实现自由民主、公平正义的制度保证。依法治国,不能仅仅停留在制定法律条文,完善法律制度,而应加强宣传和教育,并通过法治实践使法律真正成为人们心中的信仰,使人们具有法律意识,树立法治观念,确立法治信仰。社会主义的法治与资本主义的法治存在根本区别。马克思主义认为法律作为思想的上层建筑,是由社会物质生产方式决定的,具有一定的阶级性。马克思在《共产党宣言》中批判资产阶级法权观念时指出:"你们的观念本身是资产阶级的生产关系和所有制关系的产物,正像你们的法不过是被奉为法律的你们这个阶级的意志一样,而这种意志的内容是由你们这个阶级的物质生活条件来决定的。"④ 法作为"统治阶级意志的体现",在资本主

---

① 中共中央编译局编译:《列宁全集》第 31 卷,人民出版社 2017 年版,第 951 页。
② 胡锦涛:《在省部级主要领导干部提高构建社会主义和谐社会能力专题研讨班上的讲话》,《人民日报》2005 年 6 月 27 日第 1 版。
③ 李佃来:《马克思与"正义":一个再思考》,《学术研究》2011 年第 12 期。
④ 中共中央编译局编译:《马克思恩格斯选集》第 1 卷,人民出版社 2012 年版,第 417 页。

义社会，代表了资产阶级的利益，在社会主义社会则代表了广大的无产阶级的利益。实现社会主义法治，就是使法律真正为人们群众服务，切实保障人民的合法权益。

(3) 爱国、敬业、诚信、友善

"爱国、敬业、诚信、友善"是个人层面的价值目标，体现了社会主义国家对公民个人道德原则和规范的要求。

爱国是人民群众对自己祖国的深厚感情，是以国家利益至上的一种奉献精神和价值观念。社会主义的爱国要求人们爱社会主义国家，倡导爱国与爱社会主义国家的一致性。这种一致性首先体现在理想目标的一致性，二者都是把中国建设成富强、民主、文明的社会主义现代化强国，实现中华民族的伟大复兴；其次体现在价值取向的一致性，二者都体现了为全体人民谋利益的理想和实践；最后体现在社会作用的一致性，二者都是凝聚中华民族、推动中国发展的强大精神动力。邓小平在针对一些人提出的"不爱社会主义不等于不爱国"的论调时指出："难道祖国是抽象的吗？不爱共产党领导下的新中国，爱什么呢？港澳、台湾、海外的爱国同胞，不能要求他们都拥护社会主义，但是至少也不能反对社会主义的新中国，否则怎么叫爱祖国呢？"[1]

敬业是从业人员热爱自己的工作岗位和所从事的职业，以自我劳动为社会主义事业添砖加瓦的价值观念。社会主义职业道德的基本要求是爱岗敬业、诚实守信、办事公道、服务群众、奉献社会。社会主义职业道德与资本主义职业道德根本的区别在于前者以服务社会、奉献社会为旨归，倡导为人民服务的理念，这与社会主义的本质是相通的。

诚信是中华民族优良道德传统，也是社会主义公民道德建设的重点。孔子曰："自古皆有死，民无信不立"[2] "人而无信不知其可也"[3]，把诚信看作"立身之本""举政之本"和"进德修业之本"。诚信作为一种道德规范，是由社会的生产方式决定的，意即社会主义倡导的诚信道德是

---

[1] 《邓小平文选》第 2 卷，人民出版社 1994 年版，第 392 页。
[2] 《论语》，张燕婴译注，中华书局 2007 年版，第 174 页。
[3] 《论语》，张燕婴译注，中华书局 2007 年版，第 22 页。

建立在社会主义生产方式基础上的，资本主义倡导的诚信道德是建立在资本主义生产方式基础上的。马克思在对资本主义经济进行考察时发现，"随着生产力水平的极大提高和世界市场的初步建立，资本主义生产方式也随之发生了重大转变，资本主义经济道德规范开始初步建立"。"大工业看起来也有了某些道德准则"，资本家开始守法律、讲诚信，但这并不是出于"伦理的狂热，而纯粹是为了不白费时间和劳动"，因为"事业的发展已经不允许再使用这些低劣的谋取金钱的手段"，因此，"资本主义生产越发展，它就越不能采用作为它早期阶段的特征的那些小的哄骗和欺诈手段"①。在这种形势下，必须建立起信用制度，"信用作为本质的、发达的生产关系，也只有在以资本或以雇佣劳动为基础的流通中才会历史的出现"②。社会主义的诚信是建立在人与人之间平等关系的基础上的，诚信不仅是道德规范，同时也是构建社会主义和谐社会的基本特征之一。

友善是社会主义社会人与人之间团结互助的美德，是"人与人善良与宽容凝聚的一种宽厚的德性"③。社会主义道德以集体主义为原则，倡导团结互助、与人为善，反对损公肥私、损人利己的个人主义。倡导友善是要在社会上形成一种尊重人、理解人、关心人的良好道德风尚，形成我为人人、人人为我的社会氛围。

二 具体操作理念不同

在一些具体操作理念层面，中国与新加坡也存在一定差异。其中，在核心价值观教育中贯穿生活教育理念和注重发挥社区组织及社会团体的作用，是新加坡核心价值观教育很鲜明的两大特色理念。我国核心价值观教育可以借鉴新加坡经验，用先进的理念来引领教育。

（一）在核心价值观教育中贯穿生活教育理念是新加坡的特色

对于教育与生活的关系，古今中外有许多学者都进行过探讨。从夸美纽斯提出的"教育是永生的准备"到斯宾塞的"教育为完满生活做准

---

① 中共中央编译局编译：《马克思恩格斯选集》第1卷，人民出版社2012年版，第65页。
② 中共中央编译局编译：《马克思恩格斯全集》第30卷，人民出版社1960年版，第534页。
③ 荣开明：《社会主义核心价值观的基本内涵和结构》，《学习月刊》2014年第3期。

备"、卢梭的"自然生活教育",再到罗素的"教育要创造美好生活"、杜威的"教育即生活"、陶行知的"生活即教育",可见,教育与生活之间存在千丝万缕的密切联系。教育源于生活,同时又高于生活,教育离不开生活,教育既要帮助人们解决现世生活问题,同时又要引导人们为未来生活做准备。新加坡在核心价值观教育上,很好地贯彻了生活教育理念,核心价值观教育与人们的生活密切相连,使教育与生活成为不可分割、浑然天成的整体。正如我国学者龚群所指出:"新加坡发挥道德的作用,并非仅仅是重视道德教育,而是把道德教育看成是一种生活形式,让它在社会生活中体现出来。"①

在新加坡教育部编写的供家长了解中小学教育的参考手册中,有这样一段话,可以概括新加坡人对生活教育理念的理解:"教育使我们吸收技术和知识,并培养正确的价值观和态度,从而使个人的生活、国家的生存与成功都能获得保证。我们必须学习自力更生,同时又能够和他人紧密合作;我们必须保持个人的竞争力,同时又具有强烈的社会意识。我们的思想和见解必须有伸缩性,以便能够不断适应迅速发展的世界。我们必须有坚定的道德观,才能在价值观转移的世界里认定方向。"② 从这段话我们可以看出,一方面,新加坡的教育价值观是带有相当的"实用性"的,教育的主要目的就是"适应迅速发展的世界",是为了"使个人的生活、国家的生存与成功都能获得保证"。而之所以会有这样的教育价值观,主要源于新加坡的国情。对于新加坡这个资源稀缺的东南亚小国而言,唯有依靠教育,大力发展教育,才能帮助新加坡在激烈的世界竞争中占有一席之地;另一方面,新加坡之所以重视道德教育和价值观教育,主要是因为道德和价值观一经形成,是相对稳定的,良好的价值观可以帮助人们应付未来瞬息万变的社会,在不变中应万变。

新加坡的核心价值观教育渗透到了人们社会生活的方方面面。从中小学的"课程辅助活动"到政府倡导的文明礼貌活动再到民间社团活动、

---

① 龚群:《新加坡公民道德教育研究》,首都师范大学出版社2007年版,第119页。
② 吴云霞:《新加坡小学教育考察》,南京师范大学出版社2001年版,第8页。

宗教组织活动等，大大小小的活动既丰富了新加坡人的生活，也陶冶了他们的情操，核心价值观通过这些活动得以推行，达到了"润物细无声"的教育效果。新加坡到学校受教育的学生，每天必须念信约："我们是新加坡公民，誓愿不分种族、言语、宗教，团结一致，建设公正平等的民主社会，并为实现国家之幸福、繁荣与进步，共同努力。"作为每日的提醒与教育[①]。信约是公民与国家之间的信守、约定和承诺，体现了公民愿意为国家发展做出贡献的奉献精神。信约作为一种核心价值观，通过每日的诵读，让学生铭记于心，融入学生的灵魂，成为一种爱国主义的信念和信仰。

（二）充分发挥社区组织、社会团体作用是新加坡核心价值观教育重要理念

从操作理念来讲，在新加坡，社区组织和社会团体在核心价值观教育中发挥了巨大作用，从某种程度上来说，他们是与学校教育并驾齐驱的两种力量，从而使得新加坡核心价值观教育能够多管齐下，形成合力，取得良好的教育效果。

1. 充分发挥社区组织作用

新加坡的社区组织结构合理、管理科学、制度完善。它以选区为基本单位，主要分为两个层次，即选区层次上的社区组织和居民区层次上的社区组织。选区层次上的社区组织主要是公民咨询委员会和居民联络所管理委员会，前者的主要职能是负责上情下达和下情上传，即将所在社区居民的意见、要求和需要反映给政府，同时将政府的政策信息、规划安排等传达和反馈给所在社区居民，起到一个政府和居民间桥梁和纽带的作用。后者的主要职能是管理和建设社区民众俱乐部，通过组织和开展多项文体教育宣传活动，以增进社会团结、种族和谐，增强社会凝聚力。目前全国共有公民咨询委员会84个，居民联络所106个。居民区层次上的社区组织就是居民委员会，它是居民联络所的下属机构，是居民自治组织。居民委员会主要组织本小区内治安、环卫以及文体教育宣

---

① ［新加坡］王永炳：《挑战与应对——全球化与新加坡社会伦理》，友联书局2005年版，第11页。

传活动，并为公民咨询委员会和居民联络所提供信息和人员帮助。目前全国共有居民委员会493个。

新加坡的社区组织积极利用一切机会，组织举办多项活动，不遗余力地宣扬共同价值观。据统计，全国84个公民咨询委员会，常年经办选区或跨区项目1600项，参与人数大约有130万；居民联络所全年举办各种活动31500项，参加人数333万人次；居民委员会每年举办项目和活动多达33167个，参与人数390多万人次[①]。这些活动涉及文化、教育、体育、社交、娱乐等诸多方面，通过举办这些活动，一方面拉近了政府与居民间的距离，使政府与居民在价值观、目标理念等方面能尽可能地达成共识，增进相互间的理解和信任，消除隔阂；另一方面增进了邻里和睦与团结，促进了四大族群间的和谐，建设和谐社区与建设和谐国家二者相互促进，相得益彰，共同价值观在社区组织建设和管理中得到贯彻和落实，成为约束居民行为的共同价值观念和行为规范。

2. 充分发挥社会团体作用

在新加坡，一些社会团体如慈善组织、宗教团体在宣扬共同价值观方面也发挥了积极作用。

新加坡的慈善组织主要通过募集社会捐助来帮助社会上的弱势群体如老弱病残、无家可归者等。这些慈善组织每年会举办各式各样的送温暖、献爱心活动，倡导社会对弱势群体予以关注，集社会之力，帮助需要帮助的人，传递共同价值观，促进社会团结和和谐。如南洋理工大学社会福利志愿服务俱乐部是一个在新加坡比较有名气的面向社会、服务社会的义工组织。学生们自发组织起来，做一些力所能及能改善社会、增进社会福利的事情。据《联合早报》报道，2006年1月，社会福利志愿服务俱乐部曾展开一项名为"味蕾百纳被"的活动，并为至少三家老人院捐款。这三家老人院是亚洲妇女福利协会的"乐龄之家"、芽笼东安老院和琼州善乐居。过去十多年，俱乐部的学生每周六都会到上述老人院，和老人聊天之外，偶尔也会一起下厨。老人们的精湛厨艺令学生对

---

① 王世军、于吉军：《新加坡的社区组织与社区管理》，《社会》2002年第3期。

他们刮目相看,于是学生决定将大家的烹饪心得集结成书,再通过售卖食谱为老人们筹款。活动总策划陈家文说:"'味蕾百纳被'不仅是一项筹款活动,我们还要借此传达一个重要的信息:年纪再大也能继续为社会做贡献。"通过此次活动,学生们获益颇多。学生陈家文说:"表面上,我们是在帮助这些老人。但实际上,我们却从他们身上学了很多,施与受的界限从来不是黑白分明。"①

1995 年,新加坡九大宗教〔即巴哈伊教、佛教、基督教、印度教、回教、犹太教、锡克教、道教和所罗亚斯德教(祆教)〕团体联合起来,约定每年举办交流活动,大家秉着"和而不同"的思想,互相交流问访,了解各宗教的异同之处,然后以"入境而问禁,入国而问俗,入门而问讳"②的谨慎态度,互相尊重、体谅和容忍。新加坡的宗教和谐在世界上享有很好的口碑和声誉,许多外国政要慕名前来学习新加坡经验。2008 年,英国工党国会议员萨迪克·汗率领英国五人回教代表团访问新加坡,学习新加坡不同宗教及种族和平相处之道。

2014 年 11 月,面对恐怖主义在东南亚蔓延的严峻形势,新加坡总理李显龙召集各宗教团体领袖举行闭门对话会,号召各宗教团体团结起来,果断应对恐怖主义威胁,增强种族和族群互信,避免国家分崩离析。李显龙发表演讲说:"在我们这个多元种族、多元宗教的社会,要保护我们得来不易的互信,以及让我们和谐的社会不受极端主义影响,各个宗教团体和族群就必须要求有一致目标,那就是加强互信和互相扶持,共同捍卫我们的家园。"③在李总理的号召下,各宗教团体在反恐问题上达成高度一致,并携手合作,通过宣传和教育等形式使国人看清了恐怖主义真面目,认清了恐怖主义本质,打破了非回教徒对回教教徒的不信任和隔阂,增进了种族信任和团结。

---

① [新加坡] 陈映蓁:《爱心关怀,南大学生编制食谱筹款》,《联合早报》2006 年 10 月 9 日。
② 《礼记·孝经》,胡平生、陈美兰译注,中华书局 2007 年版,第 44 页。
③ [新加坡] 何惜薇:《李总理:国人理性正视事实 不让恐怖主义在本地生根》,《联合早报》2014 年 11 月 30 日。

第三节　结论和启示

通过对中国与新加坡核心价值观教育理念的比较，我们可以得出以下结论或启示：

一　核心价值观教育需要科学的教育理念作指导

教育理念对于核心价值观教育而言，是贯穿核心价值观教育的主线，凝聚了核心价值观教育的精华，彰显了核心价值观教育的特色，因此是核心价值观教育的灵魂。有什么样的教育理念，就有什么样的核心价值观教育。教育理念科学与否，直接决定着核心价值观教育的成败。

（一）教育理念对核心价值观教育具有引领作用

缺乏教育理念的核心价值观教育犹如无源之水，无根之木，失去了目标与方向，这样的教育行为必然是短期和被动的，效果自然也会差强人意。只有树立了科学的教育理念，才会更加明确核心价值观教育的方向，才会尽可能地不走偏路，少走弯路，达到教育的最佳功效。

新加坡在20世纪末就确立了构建"以人为本"和谐社会的远景目标，与这一目标相对应，核心价值观教育在实施之初就坚守了和谐教育理念和人本教育理念。在这两大教育理念的指引下，新加坡的核心价值观教育多年来一直做到了与政治发展相协调，与经济发展相协调，与文化发展相协调，并与人的自身发展相协调，核心价值观教育与社会的各方面发展相互促进，相得益彰，取得了良好的教育效益。我国社会主义核心价值观教育也要树立先进科学的教育理念，发挥教育理念的引领作用。有了科学的教育理念的指引，核心价值观教育才有前进的动力和方向，才会是长期的，持久和主动的，才会避免"教育伴着文件转，教育随着会议走，教育随着形势跑，教育依着领导变"的情况。

（二）教育理念对核心价值观教育具有整合作用

核心价值观教育是一个全社会的系统工程，需要发挥多方合力，同心同德，齐心协力，方能达到良好教育效果。要发挥社会各方面合力，除了政府引导之外，对教育理念是否认同，也直接影响着教育合力的发挥。只有得到各教育力量皆认可的教育理念，多方才有合作的基础和可能。教育理念犹如人身体之大脑，大脑将身体各部位统一起来，使其协调一致，共同完成目标，教育理念也将各教育力量统一协调起来，进行整合优化，从而达到资源的优化配置，共同完成教育目标。

新加坡核心价值观教育和谐教育理念、人本教育理念以及生活教育理念的提出，是基于新加坡的社会现实，统筹考虑了各方面教育力量，正因为如此，新加坡的核心价值观教育才能得到社会各方面的支持。除了学校、家庭之外，社会团体尤其宗教组织在核心价值观教育中也扮演了重要角色，宗教组织对和谐教育理念的认同是其参与核心价值观教育的重要原因。我国的社会主义核心价值观教育要想得到社会各方力量的支持，就必须要树立能得到各方力量认同的教育理念，唯其如此，才能一以贯之，用统一的教育理念协调各方力量，达到资源的优化整合。

（三）教育理念对核心价值观教育具有总结反思作用

先进、科学、符合现代教育规律的教育理念能够引导核心价值观教育沿着正确的方向前进，达到预期目标，落后、非科学、违背现代教育规律的教育理念则可能使核心价值观教育在错误的道路上愈行愈远，从而偏离正确的方向，适得其反。因此，评价核心价值观教育，首先应考察其教育理念。教育理念是核心价值观教育的核心和灵魂，对核心价值观教育具有总结、纠偏和反思作用。新加坡的核心价值观教育正因为有现代科学教育理念的支撑，才有今日良好的教育效果。我们也应向新加坡学习，对教育理念加以探索，总结出既符合我国国情，又符合现代教育规律的社会主义核心价值观教育理念。

为此，我国的社会主义核心价值观教育，从理念上来讲，需要进一步做好两个方面的工作：一方面，把我国或国际上的先进教育理念在社会主义核心价值观教育中加以具体化，使之成为社会主义核心价值观教育理念；另一方面，在我国社会主义核心价值观教育实践中，要注意从中提炼出社会主义核心价值观教育理念，或不断发展更新社会主义核心价值观教育理念。在理念中做到与时俱进，不断创新社会主义核心价值观教育理念。

二 和谐与人本教育理念是两大基本教育理念

无论是新加坡,还是中国,在核心价值观教育的过程中,都秉承了和谐教育理念和人本教育理念。其实不仅是这两个国家,放眼世界,凡是核心价值观教育实施比较成功的国家如英国和美国,都坚持了这两大教育理念。这是因为从理论层面上讲,这两大教育理念符合现代国家核心价值观教育规律,能够得到社会各界的认可。

和谐教育理念符合现代国家核心价值观教育发展与所处系统发展相适应的规律,即核心价值观教育要与国家经济发展、政治发展、精神文化发展以及社会发展相适应的发展规律。核心价值观教育不是一个封闭静态的系统,而是与外界保持着紧密联系的开放动态的系统。核心价值观教育不能脱离国家经济、政治、精神文化和社会发展实际进行,并根据国家经济、政治、精神文化和社会发展的目标和内容来及时调整教育的目标与内容,做到与它们之间的协调发展。在多元性元素日益凸显的现代社会,倡导和谐,强调求同存异、共同发展,是现代社会的生存之道和发展之道。核心价值观教育如若不顺势而为,不遵循和谐之道,而采用一味打压强制灌输的方式进行,则会适得其反,事倍功半。

人本教育理念符合现代国家核心价值观教育要与人的自身发展相适应的发展规律。教育的对象是人,而人是具有主体性和主观能动性的。他不是被动地接受教育内容,而是有所选择,有所甄别。这给教育增加了难度,但同时也提醒教育者教育要以人为本,从人的需要出发,因势利导,循循善诱,而不能搞"一刀切"。因此核心价值观教育作为价值观层面的教育,要注意研究人们已有的价值观模式,研究人的需要,注重人文关怀,从而找到教育的突破口,有的放矢,对症下药,否则就会沦为空洞的说教,不仅不能达到预期效果,反而还会使人产生厌烦抵触心理。

三 社会主义核心价值观教育要注重教育理念的研究

自党的十八大明确提出社会主义核心价值观以来,对社会主义核心价值观以及社会主义核心价值观教育的研究一直就方兴未艾,是理论界研究的热点问题之一。纵观学者们对社会主义核心价值观教育研究的成果，多是从方法论层面探讨核心价值观教育应如何开展，提出了诸多方法、路径，而少有学者从教育理念的层面对其进行深层次的挖掘与研究。理念是方法的先导，缺乏理念的方法论只是简单地罗列和堆积，而不是一个自成体系的有机系统。

　　因此学界要加强对核心价值观教育理念的研究，例如社会主义核心价值观教育在实践中如何更好地贯彻和谐教育理念和人本教育理念，这不能仅仅是喊两句口号而已，而要真正落实到行动上。另外，社会主义核心价值观教育除了和谐教育理念和人本教育理念之外，还有没有一些其他具体的操作理念？如若有的话，如何贯彻到实践？这些都是有待进一步研究的理论问题，对这些问题的研究，有助于我们从更高的层面和以更宏观的思维去把握核心价值观教育，推动核心价值观教育的研究向纵深方向发展。

第 三 章

中国与新加坡核心价值观教育实施的比较

教育实施是将教育理念贯彻落实的手段和方法。有了好的教育理念，还需有相应的教育途径和手段将其付诸实施，否则，教育理念就仅仅停留在理论层面和口号层面。中国与新加坡在核心价值观教育实施方面，既有共性，也存在差异性。探讨二者的共性和差异性，可以寻求人类社会在核心价值观教育实施方面的普遍规律，亦有助于我国社会主义核心价值观教育更好的贯彻实施。

第一节 教育实施的共性

通过比较中国与新加坡核心价值观教育的实施情况，我们可以发现二者存在一些共性，如都将学校教育作为核心价值观教育实施的主渠道，都将家庭教育和社会教育作为核心价值观教育的重要基础和有益补充。

一 学校教育是实施的主渠道

无论是中国，还是新加坡，两国都非常重视通过学校来贯彻实施核心价值观教育，学校教育从小学阶段一直延伸到大学阶段，并且每一阶段都有不同的教学目标和要求，从而将核心价值观教育做细做实。

（一）新加坡学校核心价值观教育

新加坡学者王永炳教授说："教育事业是细水长流的，人的道德行为习惯并非一蹴而就，只有通过有系统的'一以贯之'的培养才能成功。"① 新加坡学校核心价值观教育的确是一个"一以贯之"的过程，从小学到中学、大学都有系统的价值观教育计划，每一阶段有不同的教育任务和要求，通过十余年的系统教育，来培育学生的核心价值观。

1. 新加坡基础教育中的核心价值观教育

2009 年，新加坡教育部推出 21 世纪技能框架和学生学习成果，强调在基础教育中要注重培养学生正确的价值观。新加坡自小学始，就注重对学生核心价值观的培养。不仅开设了专门的传授共同价值观的品德课程，还通过丰富多样的课外辅助活动来促进学生良好品德习惯的养成。这里，我们以小学为例，看看新加坡小学是如何实施核心价值观教育的。

（1）德育课程中的核心价值观教育

新加坡小学开设了专门的德育课程，2008—2011 年使用的是《公民与道德教育》教材，2012 年至今使用的是《品格与公民教育》教材。核心价值观教育历来都是德育的重点。

①2008 年版《公民与道德教育》课程中的核心价值观教育

自 2008 年始，新加坡小学所使用的德育教材为《公民与道德教育》，由新加坡教育部课程规划与发展司组织专家编写完成。教材的主题共有六个，分别为"尊重（respect）、责任感（responsibility）、正直（integrity）、关怀（care）、应变能力（resilience）以及和谐（harmony）"，这也是新加坡小学德育的目标，即通过教育，培养学生六大价值观：学会尊重，不仅尊重自己，还要尊重别人；做到有责任感，不仅对自己、家庭负责任，还应将这份责任扩大到社区、国家和世界；做一个正直的人，学会分辨是非，坚持正确原则；学会关怀，不仅关心同伴，对社会和世界同样予以关注；具有应变能力，以积极乐观的态度去面对挑战，战胜困难；学会和谐相处，在新加坡这个多元社会里做到与他人和

---

① ［新加坡］王永炳：《公民与道德教育——世纪之交的伦理话题》，莱佛士书社 2000 年版，第 6 页。

谐相处。

教材以这六大价值观为主线和灵魂，每一年级的教材都围绕这六大价值观进行编写，不同的是具体教育目标、要求不同，教育方式方法不同，体现了"以生为本"、循序渐进的教育理念。而且，如果对比一下六大价值观和共同价值观的内容，我们就可以发现，六大价值观并不是独立于共同价值观之外的另一套价值观体系，而是在共同价值观的基础上，根据小学生心智发育特点和小学德育目标与宗旨凝练而成，可谓是共同价值观的"小学版"。

我们不妨略举几例。在小学四年级《公民与道德教育》学生读本中，关于"和谐"这一主题单元共有三课，分别为"保持冷静""宗教和谐"和"和谐共处"。在第二课"宗教和谐"中，教材给学生们介绍了各不同宗教的宗教习俗，教育学生要尊重他人的宗教信仰和宗教习俗。课文讲了这样一个故事：

尊重他人

午餐时间到了，同学们商量到哪里去吃午餐。

大卫说："花蒂玛只吃清真食物（hall food），文龙和昌都只吃素食。我们应该去有售卖这些食物的地方。"

花蒂玛解释说："我们回教徒只吃清真食物。"文龙接着说："我是佛教徒，昌都是兴都教徒。我们的宗教都鼓励我们吃素食。"

同学们来到了一个又售卖清真食物和素食的地方。就餐前，大家在愉快地说话，大卫却开始了祷告。祷告完毕后，他说："基督徒在吃饭前都会先祷告。"另一位同学说："对不起，我刚才不应该打扰你。"

大卫说："没关系。对了，昌都，我想知道兴都教徒在家里怎么祈祷？"

昌都说："我们会鲜花和唱圣歌。最后，我们会摇铃和烧樟脑。"

另一位同学接着说："是啊，我看过人家这么做。道教徒在拜神时都会上香，也会烧冥纸。"

花蒂玛对山多说:"我们高兴能认识不同宗教的习俗。山多,你的宗教有什么特别的习俗?"

山多回答说:"有的。锡克教徒从不剪头发,这么做象征着我们更接近神灵。为了使头发更整洁,我们包上头纱,其他人不应该取笑。"

最后,文龙说:"我们应该多了解其他宗教的习俗,这样大家才懂得如何彼此尊重。"大家都同意文龙说的话。①

这个故事用生活化的场景向学生们介绍了新加坡的几大宗教如回教、佛教、兴都教、锡克教、道教、基督教的一些宗教习俗,告诉他们要尊重他人的宗教习俗,这是新加坡宗教和谐的基础和前提。

在小学六年级《公民与道德教育》教材学生读本中,"关怀"这一单元第一课是"关心他人"。它主要培养学生关心他人、服务社会的精神。这与核心价值观中强调"社会优先"和"社会关怀"是相通的。教材中设计了"让他们更快乐"的课文,鼓励学生多参加与自身能力相适应的力所能及的社会公益活动,做小义工,为社会做贡献。

让他们更快乐

学校附近的儿童之家需要义工给小朋友讲故事。

善娜老师问同学们:"有哪位同学愿意讲故事给小朋友听,我们希望能提高他们的阅读兴趣。"

爱达举手回答说:"善娜老师,我想帮忙。"

善娜老师不但教爱达和同学们如何给小朋友讲故事,也教导他们制作道具,使故事讲得更生动有趣。

在儿童之家,爱达正在为小朋友们讲故事。小朋友们都很专心地听故事,过后他们还要求爱达多讲一些故事。

爱达非常喜欢这项讲故事计划,因此当计划结束后,她去找善

---

① 新加坡教育部课程规划与发展司:《公民与道德教育》(四年级读本),EPB Pan Pacific 2008 年版,第 98—103 页。

娜老师商量，希望能够继续为小朋友们讲故事。

在讲故事的过程中，爱达发觉自己不但能够让小朋友更快乐，自己也从中得到了不少乐趣。她觉得这项活动十分有意义。①

关怀社会是一个高尚的道德理想，但又不是遥不可及、很难实现的道德目标。新加坡小学教材通过设计这个故事，告诉学生关怀社会可以从身边做起，从一点一滴小事做起。对于小学生而言，能讲好故事，也是关怀社会的表现。这样易于使学生明白和接受。而且，教材还告诉他们，"赠人玫瑰，手有余香"的人生哲理。在给别人讲故事的过程中，让别人快乐的同时，自己也得到了快乐和乐趣。人是社会的人，人是离不开社会的。人在给社会、他人提供服务的同时，也会获得回报。也就是说，个人和社会是有机统一的，正如新加坡核心价值观中，既强调社会利益，又强调要尊重个人，这个故事对这一条价值观进行了很好的诠释。

在小学六年级教材中，"尊重"这一单元第三课是"我国的国家理想"。首先让学生学习"新加坡信约"，即"我们是新加坡公民，誓愿不分种族、言语、宗教，团结一致，建设公平平等的民主社会，并为实现国家之幸福、繁荣与进步，共同努力"。然后让学生思考："我们为什么要天天念信约？"并要求学生将表达新加坡国家理想的词语圈出来。这一课还给学生布置了两道作业题：

1. 请将以下的词语和适当的图片进行配对，并将正确的数字写在空格里。

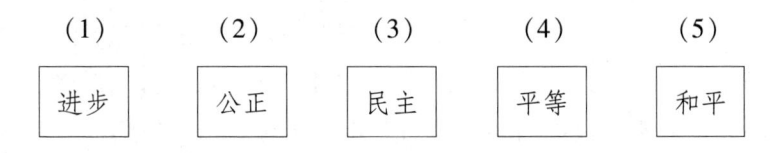

(1)	(2)	(3)	(4)	(5)
进步	公正	民主	平等	和平

---

① 新加坡教育部课程规划与发展司：《公民与道德教育》（六年级读本），EPB Pan Pacific 2008 年版，第 51—53 页。

大选时，新加坡公民通过全民投票来决定国家领袖。
新加坡的每个人都拥有同等的机会，要成功就必须靠自己的努力。
不同种族的人民和谐共处。
我国人民以积极进取的态度与时并进，让国家越来越繁荣。
所有的人都必须奉公守法。任何人犯法，都会受到法律的制裁。

2. 请选出一个国家理想，然后说明你会怎么做来体现这个理想？
例如：我会与同学友好地相处。（和平）①

建设一个"进步、公正、民主、平等、和平"的国家，是新加坡建国时提出的国家理想，也是新加坡政府多年来大力倡导的价值理念。共同价值观与国家理想一脉相承，是在价值观层面将国家理想具体化为奋斗目标，使其更具有实践性和可操作性。通过国家理想的启蒙教育，在孩子幼小的心灵中早早地播下了"进步""公正""民主""平等"和"自由"的种子，使孩子产生了建设美好国家的愿望和向往，并将成为他们毕生奋斗的目标。

②2012年版《品格与公民教育》教材中的核心价值观教育

继《公民与道德教育》教材之后，新加坡教育部课程规划与发展司推出了新的小学德育教材《品格与公民教育》。该教材是新加坡教育部审时度势，根据"新趋势和世界走向，包括社会结构的变化，环球化和科技发展"编制而成，同时也是配合新加坡教育从"能力导向"向"价值导向"转变的需要。在《品格与公民教育》教材中，处处渗透着核心价值观教育。

首先，《品格与公民教育》核心目标来源于新加坡共同价值观。《品格与公民教育》目标是"传递价值观和培养技能，使学生成为一个具有良好品德的公民，并为社会做出贡献"。具体而言，主要培养学生：第一，核心价值观。这里的核心价值观主要指尊重、责任感、坚毅不屈、

---

① 新加坡教育部课程规划与发展司：《公民与道德教育》（六年级读本），EPB Pan Pacific 2008年版，第17—20页。

正直、关爱与和谐六大价值观。这些价值观能够帮助学生明辨是非,引导他们做出负责任的决定,并对自己的社会责任有较好的认知。另外,《品格与公民教育课程标准》特别指出,这六大核心价值观源自新加坡共同价值观、新加坡家庭价值观、新加坡21世纪远景以及国民教育信息。第二,社交与情绪管理技能。主要帮助学生学会如何控制情绪,关怀他人,做出负责任的决定、建立良好的人际关系以及有效地应付生活中的挑战。第三,与公民道德相关的技能。主要是通过公民意识教育、环球意识教育与跨文化沟通技能培养,加强学生对新加坡的认同感和归属感,使他们成为心系祖国的公民,并有效地为国家做出贡献[1]。

其次,《品格与公民教育》学习成果渗透着共同价值观。《品格与公民教育课程标准》阐明了《品格与公民教育》学习成果,即学生应达到的学习目标。

表3—1　　　　　　　　品格与公民教育学习成果[2]

学习成果1	具有自我意识,并运用自我管理技能实现个人身心健康和效益
学习成果2	为人正直,并以道德伦理为依据做出负责任的决定
学习成果3	具有社会意识,并运用人际沟通技巧建立和维持相互尊重的良好关系
学习成果4	具有坚毅不屈的精神,并有能力把挑战转化为机遇
学习成果5	以身为新加坡人为豪,对新加坡充满归属感,并致力于国家的建设
学习成果6	珍惜新加坡多元文化社会的特性,并促进社会凝聚力与和谐
学习成果7	关怀他人,并积极为社区和国家的繁荣发展做出贡献
学习成果8	身为一名有见识和负责任的公民,及时对社区、国家和全球性课题进行反思并做出回应

---

[1] 《品格与公民教育课程标准(小学)》,第1页,https://www.moe.gov.sg/docs/default-source/document/education/syllabuses/character-citizenship-education/files/character-and-citizenship-education-(primary)-syllabus-(Chinese).puff。

[2] 《品格与公民教育课程标准(小学)》,第1页,https://www.moe.gov.sg/docs/default-source/document/education/syllabuses/character-citizenship-education/files/character-and-citizenship-education-(primary)-syllabus-(Chinese).puff。

从新加坡教育部颁布的《品格与公民教育》学习成果我们可以看出，学习成果既涵盖了正直、坚毅等个人品德，也涵盖了强调对社区、社会和国家的责任和贡献的公民品德，而后者是与新加坡共同价值观的培育目标紧密联系的。

③价值观教学法

在《品格与公民教育课程标准》中，特别提到了价值观教学法。《标准》指出，品格与公民教育教学法以建构主义理论为基础，强调以学生为中心，目的是帮助学生掌握技能，通过行动与反思深化价值观。其主要教学法有叙述法、设身处地考虑法、体验式学习法、道德认知发展法和价值澄清法等。

第一，叙述法。叙述法是通过叙述与学生身心特点相符合的历史文化故事或充满生活气息的生活故事，让学生在故事中明白做人的道理，树立正确的价值观。

第二，设身处地考虑法。设身处地考虑法是以学生为中心，通过叙述故事、设置情景或角色扮演等，让学生回答"如果你处在当时的情况，或者是当事人，你会有什么感受？"类似的关键性问题，使学生身临其境，设身处地地思考问题。

如《公民与道德教育》五年级教材"关怀"价值观第二课"对不起，改天吧！"设计了两个情境，让学生设身处地去思考。

对不起，改天吧

请阅读情境一和情境二，然后分组讨论以下的问题。

一、拉希达，反正专题作业都已经做完了，不如今晚就留下来收看足球大决赛，支持我们最喜欢的球队！

对不起，改天吧！我得回家吃饭，因为姐姐今天刚从英国留学回来。

如果你是拉希达，你会选择回家吃饭吗？为什么？

二、伊凡，星期六一起到东海岸公园去骑脚踏车吧！

对不起，改天吧！星期六那天我要留在家里和家人一起打扫房子。

　　如果你是伊凡，你会选择和家人一起打扫房子吗？为什么？①

　　这些情境对学生而言是熟悉的，就仿佛发生在自己身边，他们在学习生活中也会遇到类似的许多事情。因此，创设这样的故事情境，引发学生设身处地地思考，对学生很有教育意义。

　　第三，体验式学习法。体验式学习法是利用课堂外活动或鼓励学生参加各种有益的社会活动，为学生创造经验，通过亲身实践获得切身感受。

　　第四，道德认知发展法。道德认知发展法是根据科尔伯格道德认知发展理论，通过设计道德两难故事，衡量学生所处的道德阶段，并将学生从低水平的道德阶段引向高水平的道德阶段。

　　如《公民与道德教育》六年级教材"正直"价值观单元第二课采用了"包青天"的故事。这是一个中国孩子耳熟能详的故事。课文介绍了包拯如何不怕权势、办案公正，大公无私，其中提到包拯的亲侄子包勉获罪，包拯不包庇，秉公办案。课后教材给出了这样一个思考题："假如你是包青天，要在法律和亲情之间做出选择时，你会怎样激励自己做出正确的决定？"② 要在"法律和亲情"之间做出抉择，这就是一个道德两难问题。是选择法律还是选择亲情，可以判断学生所处的道德发展水平和发展阶段。老师的任务是根据学生现有的道德发展水平和阶段，将学生引导到更高层次的道德发展水平和阶段。

　　第五，价值澄清法。价值澄清法是根据美国价值澄清学派的理论而设计的教学方法。它不是从正面对自己所要倡导的价值观进行说教，而是通过设计情景或讲述故事，引发学生进行理性的思考，经过深思熟虑

---

　　① 新加坡教育部课程规划与发展司：《公民与道德教育》（五年级读本），EPB Pan Pacific 2008 年版，第 63—64 页。

　　② 新加坡教育部课程规划与发展司：《公民与道德教育》（六年级读本），EPB Pan Pacific 2008 年版，第 45 页。

和审慎思考，做出负责任的选择，从而澄清自己的价值观①。

如《公民与道德教育》六年级教材"责任感"价值观单元第一课"我该如何选择？"讲了莎拉养宠物的故事。课文内容如下：

我该如何选择？

莎拉和父母及祖父母住在一间五房式组屋。父母每天放工回到家都已经很晚了。祖父母经常参加民众俱乐部主办的活动：祖母会在下午时分教烹饪，祖父则在傍晚时分参加中国象棋班。

一天，莎拉到好朋友苏珊的家去玩。苏珊养了一只小兔子。莎拉也想养一只宠物。回到家，莎拉问家人："苏珊养了一只兔子，我可不可以也养宠物呢？"母亲说："养宠物的责任重大，你可要考虑清楚。"

那么莎拉应该如何做决定呢？教材给了如下建议，这其实也是"价值澄清法"的教学步骤：

> 我们可以依照以下五个步骤来做出决定：
> 1. 确认自己的选择和结果
> 2. 衡量这些选择
> 3. 做出决定
> 4. 确定立场
> 5. 奉行自己的信念②

新加坡小学课程的价值观教育方法虽然有正面的说教，但总体上而言，还是以隐性教育为主，非常注重教育的方式和方法，讲究教育的策

---

① 《品格与公民教育课程标准（小学）》，第1页，https：//www.moe.gov.sg/docs/default-source/document/education/syllabuses/character-citizenship-education/files/character-and-citizen-ship-education-（primary）-syllabus-（Chinese）.puff。

② 新加坡教育部课程规划与发展司：《公民与道德教育》（六年级读本），EPB Pan Pacific 2008年版，第23—25页。

略。新加坡注重吸收西方教育学界优秀的教育成果和方法，并对其进行改良和改造，使之富有新加坡特色，能为新加坡所用。

（2）日常行为管理中的核心价值观教育

第一，信约中的核心价值观教育。信约是一份"新加坡誓词"，1966年由当时的外交部长拉惹勒南首创，经国会讨论修改后，作为誓词，要求新加坡学校集会和国庆庆典都要宣读。具体内容是："我们，新加坡的公民们，宣誓我们将作为一个统一的民族，不分种族、语言或宗教，共同建设一个建立在正义和平等基础上的民主社会，为我们的国家寻得幸福、繁荣和进步"[①]，它是新加坡公民与国家之间的约定。新加坡小学生每日早晨必须参加学校的升旗仪式，高唱国歌，背诵信约。风雨无阻，从不间断。背诵信约时，孩子们面向国旗，将手掌贴在胸口，做出宣誓的动作，嘴里念念有词。每一天的轻轻背诵，犹如春风细雨，进入孩子心田，使他们心灵得以润泽。信约中的每一字、每一词、每一句随着每日的轻轻背诵也融入了他们的灵魂和血液里，成为生命中的一部分。信约将孩子们作为新加坡公民的身份意识和国民意识被唤醒，使孩子们自觉不自觉地将自己的行为与社会和谐、国家昌盛联系在一起，是成功的核心价值观启蒙教育。

第二，校规中的核心价值观教育。为了对学生加强管理，新加坡小学都制定了严格的校规，并要求学生严格遵守。校规从学生在校或校外日常行为规范、仪容仪表等各方面对学生行为做出规定，目的在于帮助学生尽早养成良好的道德规范和行为习惯。新加坡教育部曾制定了统一的"新加坡中小学学校规则"，各个学校在此基础上结合本校实际，还会制定本学校的校规或学校纪律。

以下是新加坡裕廊小学的学校纪律：

　　穿戴整洁，校服穿着合适。
　　按时到校。

[①] ［英］康斯坦丝·玛丽·藤布尔：《新加坡史》，欧阳敏译，东方出版中心2013年版，第410页。

注意维护校园洁净。

安静整队，排列有序。

善良诚实，谦恭努力。

尊敬老师，尊重他人。

爱护学校财产，爱护他人用品。

离校要经校长或老师同意。举止行为规范，维护学校名誉。

从以上校规中我们可以看出，校规旨在培养学生良好的公共道德和行为习惯，使学生明白作为学校和社会的一分子，要以个人行为维护学校荣誉，维护社会安定与和谐。正如新加坡一位教育工作者所言："小学学校生活是孩子学会社会规矩的第一步……孩子们通过纪律化的生活，培养纪律观念和符合社会标准的辨别是非的能力。不管是个性容易被约束的孩子，或者是个性崇尚自由发展的孩子，都要懂得在适当的时间做适当的事情，学会成为能够贡献这个社会的成年人。"[①]

（3）道德教育科计划中的核心价值观教育

除了开设《公民与道德教育》课程之外，在新加坡各小学，普遍设立了道德教育科，专门负责道德教育计划的实施。下面是一所小学的道德教育科计划：

庆祝华人新年

学生与教职人员共同装饰校舍与课室，迎接华人新年及开斋节。

新年习俗漫谈：有关教师讲述华人新年习俗。

新年集锦：小六学生设计新年贺卡，抒发新年感言。

关怀不幸人士

2月5日访问乐善居老人之家，赠送红包及礼物给院内的老人，并表演节目给他们观赏，共享佳节的欢乐。

参与访问的单位有道德教育科、华乐与歌咏及舞蹈组、圣约翰

---

① ［新加坡］周雁冰：《帮要上小学的孩子　做好身心准备》，《联合早报》2014年10月28日。

救伤队等。

此外，在四月、七月、八月和九月，再派学生到老人院探望老人，并赠送红包给他们。

爱校与用手劳动

庆祝64周年校庆，举行文娱表演与张贴学校简史。

6月29日举行用手劳动，小三、小四学生和家长及教职员打扫、洗抹教室和走廊。

各班学生轮流担任"清洁大使"，负起校园的清洁工作。

礼貌

推选11名学生参加1997年新雅之友礼貌奖。

于7月间举行礼貌书签制作比赛，主题为"关怀长辈"。

以"小小关怀，处处温情"为题，在道德教育园地介绍"礼"这一德目。

国民教育与公民意识

庆祝国庆：举行文娱表演与张贴新加坡简史。

举行新闻集锦比赛（2月至7月）。

于10月间举行公民意识时事有奖问答比赛。

带学生出席第30届日本侵略新加坡蒙难人民祭典。

其他

庆祝教师节，举行教师卡制作比赛。

协助慈善团体筹款。

举办专题演讲。

从这份道德教育科计划中，我们可以看出新加坡小学在制定德育计划时，注重从实际出发，不讲空话套话，从而使德育计划具有很强的操作性。通过组织学生参与庆祝新年，看望福利院老人，庆祝校庆、国庆、教师节等节日，打扫校园等活动，在实践中培养学生种族和谐、关怀社会、国家至上的核心价值观。

对于积极参加德育活动，具有良好品行的学生，学校和教育部还设立了品德奖，以资鼓励。例如新加坡南山小学每月会为各年级学生颁发

"品格与公民教育奖项",到了年底再从这些获奖者当中,选出表现最好的学生。2013年年初,新加坡教育部开始颁发"教育储蓄品德奖"(Elusive Character Award),以表扬在品行方面表现优异的学生。教育部长王瑞杰说:"我们将进一步完善现有的教育储蓄奖,奖励学生以行动来体现优良的价值观、品格和社会责任感。"① "品德奖"颁发给小学生至大专生,获得此奖的基本要求是得奖者必须是新加坡公民,并有良好品行,例如具有责任感、诚信和韧性等,奖金金额在200元至500元之间。

2. 新加坡大学核心价值观教育

进入21世纪,新加坡教育部要求大学要培养出既具有硬知识又具有软技能的"全方位的学生",做个"有自信、积极学习和贡献的好公民"。教育部长黄永宏说:"高识字率和计算能力已不足够,虽然这两方面的优势仍然重要,但中国、印度、越南的学生也具备这些条件。只要你和跨国公司或有意到国外发展的本地企业领袖交谈,就会知道他们眼中的'增值',是指有分析能力、沟通力、领导力、高瞻远瞩以及有创业才能的人。这些都是软技能。"② 所谓的"软技能"其实就是一种文化和价值观,它强调大学不仅要注重学生实用性知识教育,更应注重学生人格培养和人文素质的提高。

大学生践行核心价值观,有更高层面的要求,不仅要立足本国,还要放眼世界。不仅要学会与国内各族人民和谐相处,还要学会与世界不同文化的人打交道,着重培养学生跨文化交流与沟通能力。因此,新加坡大学的核心价值观教育非常注重学生回馈母校、奉献社会的社会责任感教育,热爱祖国、放眼世界的国际化视野与全球性意识教育,热爱新加坡文化的文化与历史传承能力教育以及不同文化间人们的跨文化人际沟通能力教育。

(1) 通识教育中的核心价值观教育

新加坡大学的通识教育课程由效仿哈佛大学"核心课程"而来,

---

① [新加坡]陈能端:《教育部设品德奖鼓励好品行》,《联合早报》2012年3月9日。
② [新加坡]陈能端、王珏琪:《访教育部长黄永宏 打造以"学生为本"多元走道 培养软技能 为学生增值》,《联合早报》2010年4月21日。

2001年9月19日，新加坡国立大学校长施春风教授在国立大学毕业生典礼上宣布从2002年起开始实施通识教育计划。这项计划鼓励学生积极参与讨论、分析和批评，训练学生独立思考和发挥创意。在新计划下，非文科学生，必须至少修读一项人文科学科目。新加坡教育界对国大此举的反应是：这是新加坡教育整体改革的组成部分。过去，新加坡教育过于偏重理工科，过于偏重记忆型的考试，对人文学科一向不够重视，口才的训练更差，造成新加坡今天很多大学毕业生在知识的吸收方面严重"偏食"，营养不良，常识与创意两贫乏，而且不善于表达意见。外国人批评新加坡的知识分子也是常常显得"无知无识"，语言乏味[①]。此举也标志着新加坡大学由专才教育向通才教育转变的开始。

2013年，新加坡国立大学与美国耶鲁大学合作，创建了耶鲁—国大博雅学院，将通识教育推向了一个新的发展高度。该学院是新加坡也是亚洲首个博雅学院，以实施博雅教育（通识教育）为主。获录取的博雅学院的学生将进行四年的本科教育，前两年主要是跨学科的通识教育学习，这些学科包括人文、社会科学、自然科学和数学等，后两年主修经济、历史、心理学、生物、物理等文学和科学科目。学生毕业后将获得国大颁发的文学士或理学士荣誉学位文凭。新加坡教育部长黄永宏说，通识教育的训练，将培养学生在看待问题时，置放在更大的背景里去考虑，寻求答案。这样的方式适用于21世纪多学科交融的时代。特别是亚洲在发展之际，许多问题更为复杂，这种教育模式，对新加坡乃至亚洲，越来越有价值[②]。对于创办博雅学院，国大校长陈祝全教授指出，国大这些年来着力制定多元的教育计划，在走向全球化时注入亚洲视野。创办"博雅学院"事实上贯彻了国大过去几年的教育方针，是"符合逻辑的下一步"。国大在设计课程时已强调广泛教育基础，国大学生四分之一的时间可用在修读本科以外的课程。"我们希望为学习兴趣和能力不同的学生提供接触他们所感兴趣领域的各种机会。例如我们推出国大博学计划、

---

① ［新加坡］潘星华：《国大要大力培养通才》，《联合早报》2000年9月22日。
② ［新加坡］李慧玲：《国大拟于耶鲁大学合设通识教育学院》，《联合早报》2010年9月14日。

双学位课程、双主修课程等，便是根据我们希望为学生提供宽度、深度及选择的教育理念建构的。"① "我们将在已有的基础上继续改进。不过，我们感觉那还是不够，我们也需要采取大胆的步骤，在对未来重要的领域，做过去没有过的尝试。我们深切感觉到通识教育在未来的重要性，特别是对亚洲的重要性，因此要在更早的阶段就开始进行，以让自己面对未来时，占有先机。"②

新加坡大学的通识教育旨在为学生提供广泛的学科基础和多学科的研究视野，使学生对问题的分析和思考不仅仅局限于自己的专业知识范围，而有一个更为广阔和宏大的背景。通识教育使学生有了跨文化学习的基础，能以分析、批判性思维从不同角度、多个视角去看待分析问题，培养了学生跨文化交流能力和国际化视野，而这正是核心价值观教育所要达到的高层次目标。正如新加坡星展资产管理总裁何玉珠说，博雅学院毕业生可能是他们未来需要聘请的人才，因为博雅教育的毕业生有独立思考能力、评判性思维，可以与不同文化背景的人合作，在日渐复杂的社会中，是很重要的③。

新加坡大学的通识教育主要通过开设通识教育课程来贯彻实施，学校积极鼓励各院系尤其是文科院系开设与核心价值观教育相关的课程。新加坡国立大学社会学系开设了《当代世界的文化》、哲学系开设了《理性与信仰》、政治系开设了《政治科学引论》、地理系开设了《地域、环境与社会》等课程供学生选修。

在南洋理工大学，通识教育课程分为通识教育核心课程（Core Courses，简称 GER-Core）与通识选修课程（Prescribe Courses，简称 GER-PE），各学院普遍将与"新加坡社会""沟通技巧"相关的课程列为学院学生的通识教育必修课程。如商学院把"经济的原则""沟通基础""沟

---

① ［新加坡］赵琬仪：《候任国大校长陈祝全教授将延续环球化办学方针 多元教育培养多面人才》，《联合早报》2008 年 6 月 22 日。
② ［新加坡］李慧玲：《对合办通识教育学院计划 国大和耶鲁校长充满期待》，《联合早报》2010 年 9 月 14 日。
③ ［新加坡］游润恬、王珏琪：《耶鲁—国大学院推介仪式 李显龙总理：这里可成为博雅学院茁长的沃土》，《联合早报》2011 年 4 月 12 日。

通管理策略"作为本学院的核心课程。化学与生物医学工程学院把"有效的沟通""技术交流""职业沟通""人力资源管理""工程与社会"作为本学院的核心课程。2011年，南大推出新必修课程"环境持续发展"（Environmental Sustainability），引导学生认识到在21世纪发展经济的同时也要考虑到环境的可持续发展问题。在通识选修课程中，人文与社会科学学院开设了《应对文化转型》《社会不平等是如何产生的？》《充满想象力的新加坡》《了解新加坡社会》《全球化背景下的社会问题》等课程，传播与信息学院开设了《多元文化主义与沟通》《科学与技术中的社会问题》《社会心理和沟通》等课程来加深大学生对新加坡核心价值观的理解。

新加坡管理大学的核心课程总共有6门课，分别是"分析技能及创意性思维"（Analytical Skills and Creative Thinking）、"经济、政府和国家"（Business, Government and Society）、"伦理和社会责任"（Ethics and Social Responsibility）、"领导和团队建设"（Leadership and Team Building）、"管理沟通"（Management Communication）以及"技术和世界变化"（Technology and World Change）[①]。作为全校必修课，所有的学生不分院系都必须修读这6门课程。新加坡管理大学的"核心课程"是典型的美式大学"核心课程"的亚洲版，其设置的目的主要是培养学生为应付多变和充满挑战的现代社会所应具有的分析问题、解决问题的能力，创意思维以及社会责任感。

（2）校园文化中的核心价值观教育

如果说课程教学是一种显性的核心价值观教育的话，那么，校园文化就是一种隐性的核心价值观教育。在新加坡大学校园，丰富多彩的社团活动、底蕴深厚的人文讲座以及图文并茂的展览等无不渗透和传递着核心价值观，学生们徜徉在其中，耳濡目染，对核心价值观的认同得到进一步加深和强化。与我国相比，积极引导学生参与社区服务活动和对母校捐赠活动，努力打造与社会融为一体的和谐校园是新加坡大学校园

[①] 参见新加坡管理大学官方网站，http://www.accountancy.smu.edu.sg/bacc/broad_based_curriculum.asp。

文化建设中的特色和亮点。

通过社区服务活动培养学生社会责任感和奉献精神。新加坡国立大学和南洋理工大学都积极鼓励学生做社区义工，新加坡管理大学对此更有强制性规定，要求每个学生得完成至少 80 个小时的社会服务才能毕业。新加坡管理大学有一个很有名的社区服务项目——"新大挑战"（SMU Challenge）。它是新大特殊利益和社区服务俱乐部（Special Interest and Community Service Clubs）组织的社区服务项目。该项目于 2008 年启动，由新大教师和学生参加，旨在通过社区服务，回馈社会，帮助需要帮助的人，增进社会福利。2009 年 5 月，国大义工网络（NUS Volunteer Network）和国大管理学院社会创业与慈善中心针对 3143 名 17—29 岁国大本科生进行网上调查，了解他们对当义工和捐献的态度。调查结果显示，每 10 名学生当中，有超过 7 名学生表示如果有朋友陪同，愿意在国大投入义工服务。调查还发现有 30% 的国大学生过去一年内至少当过一次的义工，这比新加坡全国平均的 16.9% 多出近一倍。除了参加校内的社区参与计划外，4 成大学生也自行参与其他义工活动①。

通过对母校捐赠活动培养学生热爱母校、热爱祖国的爱国情怀。新加坡国立大学流传着一个溯河洄游的"鲑鱼校长"的故事。故事的主人公是前校长施春风教授。施校长 1973 年毕业于美国哈佛大学，后在美国哈佛大学、通用公司、布朗大学工作二十余年。1996 年，施校长学习"溯河洄游"的大西洋鲑鱼，结束在美国 30 年的学习和讲学生涯，带着 30 年建立起来的世界网络，如大西洋鲑鱼，经历了惊涛骇浪，溯河洄游，回来贡献祖国，回归新加坡，为国立大学带来巨变，使国大迈上另一个高峰，成为一所世界级的国际化研究型大学。施春风也因此被国大人誉为"鲑鱼校长"。施校长说："大西洋鲑鱼溯河洄游，让人感动之处，在其思家之心。我希望国大毕业生在离开了国大为他们准备好一切的水道，走向世界，而在经历了惊涛骇浪的磨炼后，溯河洄游，逆流回家来贡献

---

① ［新加坡］蔡永伟：《调查：若有朋友陪同，大学生更愿意当义工》，《联合早报》2009年7月31日。

自己的母校。"① 这个故事，施春风除了经常说给国大的毕业生听外，还特意作为国大贺卡、国大领带、国大丝巾，以及新落成国大"大学堂（行政楼）"庭院的设计主题。这种"溯河洄游"的鲑鱼精神寄予了国大领导人对莘莘学子饮水思源、回馈家乡、报效祖国的厚望和敦促。2008年12月，施春风教授出任沙特阿拉伯阿卜杜拉国王科技大学的创校校长。施教授说："我只是不再担任国立大学校长职务，我并没有离开新加坡，也没有离开新加坡人民。我这个被称为'鲑鱼校长'的人，就像大西洋鲑鱼那样，再次游出大海。未来我还要溯河洄游，回来贡献祖国。"② 施校长的"鲑鱼精神"鞭策着国大无数学子，激励他们毕业后不忘母校。国大的学子在毕业后会经常回母校，并积极参与对母校的捐赠活动。根据国大2008年筹款刊物，仅2008年一年共有3266名校友、教职员和学生等支持国大常年捐款活动（Annual Giving），捐赠116万元，为国大在校学生提供经济援助③。

　　努力打造与社会融为一体的和谐校园，拉近学生与社会的距离。新加坡的大学普遍没有校门，也没有隔离公众的篱笆和围墙，大学与周边社区融为一体，学校就好似一个社区，与周边保持着密切联系。正如新加坡管理大学教务长陈振忠教授所言："我们一开始便把自己定位为一个和社区保持紧密联系的机构，而不是象牙塔里的人。"④ 新加坡管理大学校舍位于新加坡市中心，学校附近有新加坡历史博物院、美术博物馆、新加坡艺术学校、南洋艺术学院以及拉萨新航艺术学院等，人文气息相当浓厚。正如新大校长亨特教授所言："作为一所年轻的商业大学，在市区上课才真能配合我们的形象和实质。这个位置让我们能和商界、政界人士有了近距离接触。学生到他们那里去实习，只需走几步路就到。他

---

　　① ［新加坡］潘星华：《"平庸学生"变哈佛博士　访国立大学校长施春风》，《早报星期天》2006年5月28日。
　　② ［新加坡］潘星华：《新加坡教育人文荟萃》，新加坡诺文文化事业私人有限公司2008年版，第48页。
　　③ ［新加坡］杨雪慧：《越来越多大学生毕业时捐赠给母校》，《联合早报》2009年10月9日。
　　④ ［新加坡］赵琬仪：《本地三所大学发展之路》，《联合早报》2007年10月14日。

们来找我们,也很方便。再加上附近的历史博物院、美术博物馆、新加坡艺术学校、南洋艺术学院、拉萨新航艺术学院等营造的艺术氛围,将带给我们学生潜移默化的文化艺术熏陶。"① 新大优美的校园环境以及置身于市区所享有的得天独厚的便利公共基础设施、艺术文化熏染,使新大学生从一入学就喜欢上这所学校,对学校产生认同感,而当他们毕业之后,也会对母校产生亲切感和归属感。新大教务长陈振忠教授在回答新大为何如此受新加坡大学生欢迎的问题时说:"我想,这是因为我们已经建立起了一个在轻松愉快的环境里,勤奋努力的风气。这正配合了时下年轻人的心态,他们要在一个快乐的校园里读书,我们经常跟学生对话,收到的反应是'很喜欢、很喜欢'学校,他们要的是一个'读得高兴,玩得更乐'的环境。"②

(二) 中国学校核心价值观教育

在中国,学校教育是核心价值观教育的主渠道。在《关于培育和践行社会主义核心价值观的意见》中,明确提出"把培育和践行社会主义核心价值观纳入国民教育全过程",指出要"从小抓起、从学校抓起"。中国的小学、中学乃至大学都在不遗余力地推进核心价值观教育,使学生在各个阶段都能够接受核心价值观教育,让正确的价值观伴随学生成长。

1. 中国小学核心价值观教育

小学阶段是良好行为习惯养成阶段,虽然小学生对核心价值观的内容可能处于一知半解、懵懵懂懂的认知状态,但这并不妨碍核心价值观在小学的宣传和推广。在小学,核心价值观教育主要通过塑造学生良好性格和培养学生良好行为习惯来进行。

(1) 德育教材中的核心价值观教育

我国小学生目前使用的德育教材为《品德与生活》和《品德与社会》,由国家课程教材研究所和综合文科课程教材研究开发中心联合编著。根据学年的不同以及小学生接受能力的差异,一、二年级学生使用

---

① [新加坡] 潘星华:《新加坡校长访谈录》,新加坡创意圈出版社2006年版,第46页。
② [新加坡] 潘星华:《新加坡校长访谈录》,新加坡创意圈出版社2006年版,第33页。

《品德与生活》教材，三年级至六年级学生使用《品德与社会》。

两套教材在教育目的方面是同向的，都是为了弘扬社会主义道德，为社会主义事业培养合格的接班人。在教育内容方面，它们之间存在着一种递进、逐渐深入的关系。作为低年级的学生，智力的发育显然还不够成熟，如果过早地在书本上提及道德和价值观等类似的字眼，想必是"竹篮打水"，难有成效。所以《品德与生活》旨在从小学生的个人日常生活为切入点，道德教育的内容主要是围绕着与小学生日常生活中息息相关的"人和事"展开，把着力点放在了解和遵守一些最基本的道德要求上。到了小学的中高学年段，教材变更成《品德与社会》，此阶段道德教育的重心，在秉承了低学年如何学会生活的基础上，更多的是突显个人与他人、个人与社会之间的关系，强调个人所"为"能给他人和社会带来什么影响，从更高的道德层次对小学生提出了要求。

笔者通过研究小学一年级至六年级的12本品德教材，关于"社会主义核心价值观"的概念，在书中未有明显提及，但"二十四字"的核心价值观要义却在教材中被各种生动活泼的现实案例予以渗透。毫不避讳地说，现行的小学品德教材的确很难把核心价值观的所有要义都涵盖其中，主要是因为：第一，品德教材版本的缘故。社会主义核心价值观经过凝练并于2012年提出，然而笔者通过走访身边小学发现，现行品德教材大多是2010年的版本，教材内容在某种程度上和"社会主义核心价值观"相脱节。第二，小学生现阶段的接受能力。虽然许多小学生能够把核心价值观"倒背如流"，可真正能做到理解全部内涵的小学生并不多，主要还是因为智力发育条件的限制，所以部分核心价值观的内容并没有体现在教材上。尽管没有一条明显的"社会主义核心价值观"教育主线牵引着小学生的道德教育，但不可否认的是，核心价值观就像"渔夫撒网"式地散落在各册教材之中，时刻都对小学生的德育发挥着至关重要的作用。

这里我们不妨试举几例。在六年级《品德与社会》上册中，"腾飞的祖国"这个单元就是用来描绘祖国的富强的。这一主题单元一共分为四课，分别讲述的是"站起来的中国人""日益富强的祖国""告别贫困奔小康"以及"打开国门，走向世界"。可以很明显看出，这四课是以历史时间为脉络，把祖国的富强和发展按照"从无到有""逐渐变好"的顺序向学生进行讲授的。在"日益富强的祖国"这一课中，教材侧重于运用表格和数据来阐述国家的发展与变化。以下是课文中涉及的两个讨论题：

> 1949年新中国成立时，国际上曾有人预言，中国的每一届政府都无法解决人民的吃饭问题。现在，虽然中国人口是那时候的两倍多，但没有出现粮食匮乏的问题。这个预言不攻自破。我国稳定解决了十几亿人的温饱问题，总体上实现小康，不久将全面建成小康社会。

年份	1949	1978	2004	2013
粮食（万吨）	11318	30477	46947	60194

> 你从统计数字中读出了什么信息？和大人交流一下，把你们现在每天吃的粮食、蔬菜品种和他们小时候吃的比较一下，你得出了什么结论？[①]
>
> 1952年中国国内生产总值为679亿元，2004年中国国内生产总值为136875亿元，2013年中国国内生产总值为568845亿元。

年份	1952	2004	2013
国内生产总值（亿元）	679	136875	568845

> 从这组数字中，你感悟到了什么？[②]

很明显，把这些直观的数据用于教学之中，最具有说服力。这样既

[①] 课程教材研究所、综合文科课程教材研究开发中心：《品德与社会》（六年级上册），人民教育出版社2010年版，第65页。
[②] 课程教材研究所、综合文科课程教材研究开发中心：《品德与社会》（六年级上册），人民教育出版社2010年版，第71页。

可以增强小学生对于国家"富强"的信服力,又可以升华小学生的爱国情怀以及民族自豪感。

在五年级《品德与社会》上册中,"我们的民主生活"这一单元,主要就是讲述关于"民主"的概念的。在这一单元中,同样包括了四个小节的内容,它们分别是"我们的班队干部选举""集体的事谁说了算""我是参与者"以及"社会生活中的民主"。通过对这个单元的学习,目的就是让学生了解"民主"的概念,培养小学生的"民主"意识,从小就让"民主"的概念在脑海中"生根发芽"。这一单元的导语是这样的:

我们都愿意班级、学校有着良好的民主氛围:集体的干部大家民主选举产生;集体的事情大家共同商定;集体的决议大家去执行……那么,作为集体里的一员,你是否积极参与集体中的民主生活?你又是怎样参与的?如果你渴望成为一个合格的班级小主人,那么,就让我们一起来探讨:

我们的学校、班级里都有哪些民主生活?我们参与过哪些?还可以做些什么?

参与集体的民主生活是我们的权利,也是我们的义务。我们应该怎样正确行使自己的权利,履行自己的义务?

社会中的民主生活表现在哪些方面?我们可以从中学到什么?[①]

理论若是局限在书本上,则很难发挥它实际的作用。通过本单元的导语我们便可以分析出,要想让学生真正地了解"民主"的含义,就必须让小学生在实际的学习和社会生活中去探究"民主"的具体外在表现,要以一种更加直观的教育方式使"民主"内化得更为深刻。

最后,我们再举一例关于"诚信"在小学品德教材中的体现。《品德与社会》五年级上册的第一单元"让诚信伴随你我"中的第二节"诚信是金",该节首先让学生了解,诚信应该表现在日常生活中的方方面面,

---

[①] 课程教材研究所、综合文科课程教材研究开发中心:《品德与社会》(五年级上册),人民教育出版社 2010 年版,第 21 页。

并且引用了古代教育家孔子的一句话"人无信不立"来强调"诚信"的重要性。教材中，编者引用了一则小故事，让学生亲身思考："哪个更重要？"

> 有一个年轻人跋涉在漫长的人生路上，到了一个渡口的时候，他已经拥有了"健康""美貌""诚信""机敏""才学""金钱"和"荣誉"七个背囊。渡船开出时风平浪静。不久，风起浪涌，小船上下颠簸，险象环生。
> ——船家说道："小船负载重，客官须丢弃一个背囊方可渡过难关。"
> 年轻人看着七个背囊思来想去，最后把"诚信"抛进了水里……
> 诚信可以丢掉吗？我们用这个故事做个小测试，问问周围的人，如果让他们来选择，他们会怎么做，看看他们会不会扔掉诚信，并问问为什么。这个故事还没写完，让我们续写下去，设想一下，这个青年扔掉诚信后会怎样呢？[①]

从古至今，中华民族一直都重视"诚信"教育，凝练出了一些与"诚信"有关的格言，例如"与朋友交，言而有信""一言既出，驷马难追"等。社会主义核心价值观与中华民族的优秀文化传统本就一脉相承，借助社会主义核心价值观教育，使得小学生在孩童期就把中华民族的优良品行"内化"于心，激发他们为营造和谐社会而奋斗不息的精神状态。

（2）校园活动中的核心价值观教育

核心价值观教育如果仅依靠书本上的理论知识进行"灌输"传授，必然会产生很大的局限性。具体体现在：对于受教育者来说，"乏味枯燥"，很难"学进去"；对于教育者来说，教学方法单一，影响教学成效。对于教育活动来说，理论不仅要运用于实践，更是要借助实践让理论教

[①] 课程教材研究所、综合文科课程教材研究开发中心：《品德与社会》（五年级上册），人民教育出版社2010年版，第8页。

育更为透彻，总的来说，使学生"身临其境"的实践教学更为直观，更容易"内化"课本知识。笔者通过走访江西省九江市武宁县的若干小学，它们都会采取多样化的校园活动直接开展核心价值观教育或者间接渗透核心价值观的内容。

①升旗仪式

武宁县城的大部分小学，每周一的清晨都会举行一场"升国旗仪式"，全校师生届时都必须要出席。除了升国旗、唱国歌等最基本的爱国主义教育外，还要由校长宣读国家的政策方针（特别是与教育有关的）以及总结汇报上一周学校日常工作的情况。这里我们就以江西省武宁县第五小学（国家级实验小学）为例，列举该校"升国旗仪式"中的所有事项：

> 由各班班主任清点学生人数，带领至指定的列队区域。
> 升旗、奏国歌、敬礼。
> 校长演讲：宣读国家最新的教育政策与方针（没有则略去），汇报上一周学校工作取得的成绩和不足之处，指明学校奋斗的目标。
> 由德育处主任教师宣读《少先队员守则》和二十四字"社会主义核心价值观"。
> 由德育处主任教师在仪式上表扬先进教师和优秀学生，同时也批评违反校纪校规的学生和教师。
> 班主任带领各班同学有序离场。

不难看出，该校"升国旗仪式"是开展核心价值观教育强有力的途径。首先，德育处主任教师对于核心价值观的宣读，目的就在于通过"累积式教育法"加深学生对核心价值观内容的记忆。其次，小学生通过直面被表扬和被处罚的师生，结合思想品德教材上的内容，结合自身思考，能够"明辨是非"，更好地"内化"核心价值观教育的内容。

②参观革命烈士纪念馆

武宁县地处江西省西北部，当年毛泽东同志领导的"秋收起义"就在赣西北这一带展开，虽说革命中心并非在此（在邻近的修水县），但武宁地区涌现出许多革命志士，他们不甘忍受国民党统治者的欺压，"舍小家，成大家"，毅然决定投身革命，这些革命志士身上所散发出的"不怕牺牲""无私奉献""勇于拼搏"的精神是值得当代青少年学习的。笔者同样从武宁县第五小学了解到，该校在每年的国庆节前，都要组织六年级小学毕业班的同学，乘坐大巴，前往参观革命烈士纪念馆。当问及为何只有六年级的学生前往时，校方老师告知主要是出于学生的安全因素考虑，"高年级的同学有更强的自我保护意识，更加注重自身的安全，纪律意识比较好，服从管教听指挥"。

通过参观革命烈士纪念馆，学生一方面认知到"幸福生活的来之不易"，另一方面对自身的道德品质也提出了更高的要求。笔者通过临时采访，大部分同学对自身的品行有了较为准确的评价：

——"我平时不够节俭，总是吵着让父母给我买这买那。父母赚钱不容易，我得省着花。"

——"爷爷奶奶年纪大了，我要多做一些力所能及的事情，让他们享享福。"

——"现在的社会多和谐呀，我觉得很幸福。我以后要当人民警察，为维护社会和谐奉献力量！"

总的来说，通过参观革命烈士纪念馆来渗透核心价值观教育，是成功的。它有利于激发学生的爱国热情；有利于帮助小学生形成正确的世界观、人生观和价值观；更有利于维护社会的和谐、稳定发展。

③开展"争做美德少年"活动

"沿海的城市经济发达，我的父母都出去务工了"，这句话来自一位和奶奶相依为命的六年级学生。这并不是个例，大城市不但繁华，更为重要的是，"出去"才可以"挣大钱"，但随之而来的就是越来越多"空巢老人"的出现，他们的生活真的不那么尽如人意。武宁县第五小学德育处主任总是教育学生："问题出现了不要紧，不要想着去回避它，要想着如何去解决它。"这句话算是给"争做美德少年"活动打了一针"强心剂"。

笔者采访了解到，活动刚开始，并没有什么进展。"小学生内向的居多，不敢主动上门，甚至很多同学连门都不敢敲。"鉴于这种情况，校方决定树立典型，从高年级的同学中挑出几位"最美少先队员"，这些"最美少先队员"个个都阳光开朗,无论是交际能力还是动手做事的能力都很强,他们会经常去帮助身边最需要照顾的老人,为他们洗衣、帮他们打扫卫生等。在每周一的"升旗仪式"上,"最美少先队员"被邀请上演讲台领取校方发放的每人十元的奖金,并由校长亲自佩戴"小红花"。这种方法是极为见效的,半个月不到,全校就形成了一种"比、学、赶、超"的良好氛围,在不耽误学习的前提下,同学们积极为邻近社区需要帮助的家庭服务。为此,笔者采访了一位"最美少先队员":

笔者:"你天生就这么开朗吗?你认为帮助别人是一种什么样的感觉?"

最美少先队员:"我小时候也挺胆小的,都不敢和邻居说话,每次父母和大人交流我都是躲在后面的。后来有一次,我被父母强迫参加了一次儿童唱歌比赛,之后胆子就大了。从小父母就教育我,做人要讲道德,如果人没有了良好的道德素质,这个社会就会一片混乱。帮助别人我觉得很开心,当别人和我说谢谢的时候,我会有一种满满的幸福感。"

社会主义核心价值观作为一种价值理念,必须内化于心,外化于行。如果不把这种意识经过教育"外化"成客观又具体的行为,是没有任何意义的,因为它并不能对社会起到任何积极的能动的作用。小学生们通过参加"争做美德少年"等类似活动,一方面,锤炼了自身的品德意志,"内化"了核心价值观的要义;另一方面也给学校赢得了很好的口碑。

(3)校园日常管理中的核心价值观教育

第一,《小学生守则》中的核心价值观教育。目前,武宁县各小学执行的是教育部 2015 年修订的新版《小学生守则》,具体内容如下:

爱党爱国爱人民
好学多问肯钻研
勤劳笃行乐奉献
明礼守法讲美德
孝亲尊师善待人
诚实守信有担当
自律自强健身心

珍爱生命保安全
勤俭节约护家园

不难看出,该《守则》涵盖了许多"社会主义核心价值观"的内容,例如"爱国""文明""法治""诚信"等。以武宁县第五小学(国家级实验小学)为例,笔者走访发现,该《守则》不仅被悬挂在校门口保卫室的外墙上,而且被印刷在小学生作业簿的封底上。对于《小学生守则》能否在日常的管理活动中有效地渗透核心价值观教育,笔者采访了该校德育处主任,"小学生良好的品德素质,一方面需要课堂上的品德教育,另一方面需要在校园中营造一种积极向上的德育环境。把《守则》'展示'出来,我觉得是有必要的,逐渐地他们会对《守则》有'感情'、有认知,并且会按照《守则》来严格要求自己"。另外,据介绍,该校部分担任班主任的思想品德课教师,会在每周开班会之前,让全班同学大声朗读《小学生守则》。齐声朗读过后,老师会请几位同学(重点是班干部)来讨论:"你对《守则》是否真正理解?你上一周做了什么事情,它们是不是都符合《守则》的要求呢?"

第二,校规中的核心价值观教育。为了更有效地开展管理工作,我国各个小学基本都会根据各自的实际校情制定有利于学生发展的校规。笔者以武宁县第五小学为例,通过研究其校规发现,该校校规涵盖了小学生校园生活的许多方面,主要还是从日常行为规范方面做出规定,旨在帮助小学生培养良好的行为举止,陶冶优良的道德情操。该校具体校规如下:

①严格执行考勤制度。做到准时到校,不迟到、不旷课,有事因病需请假。

②养成守时的好习惯。上课铃一响,立即停止课外活动,有序走进课堂。

③养成遵守纪律的好习惯。上课认真听讲,不做小动作,不交头接耳,不随意讲话,不喧闹。

④严禁学生喝酒、抽烟、赌博以及热衷于打电子游戏等不利于

身心健康的活动。

⑤待人要有礼貌。见到老师要问好，见到同学要微笑，还要做到"四不"——不打架、不骂人、不讲脏话、不起绰号。

⑥爱护公物。不得损坏校园内的任何公共设施，不得在教室墙壁内乱写乱画，不准乱玩水、电、火、墙面开关和吊扇等。

⑦讲究卫生，做到校园里室内外一切物品堆放整齐、清洁，及时打扫班级卫生，卫生用具应统一放置在固定的地点。不随地吐痰、不乱扔瓜皮果壳，维护校园卫生。

⑧注意人身安全。上下楼梯靠右行，放学后不在马路上追逐、打闹。过马路时注意观察左右两边的车辆，不闯红灯。

通过以上校规我们不难发现，校规在某种程度上说，是对《小学生守则》的细化，其规定的内容更为具体，它所制定的内容，既来源于小学生的日常生活，最终也将服务于小学生的日常生活。校规的目的，是通过规范小学生各个方面的行为举止，通过每个小方面"量"的积累，最终让小学生道德品行产生"质"的飞跃。社会主义核心价值观就像是"空气"一样，成为小学生道德素质"成长"的必需品，怎样让小学生更好地吸收"氧分"，这一方面依托于正面的课堂教育，另一方面则要利用校纪校规进行渗透教育，"刚柔并济"才能成效显著。

2. 中国中学核心价值观教育

中学阶段的核心价值观教育是对小学阶段核心价值观教育的拓展、深入和延伸。如果说小学阶段核心价值观教育停留在感性认知和良好行为习惯养成层面，那么，中学阶段核心价值观教育则注重于学生对核心价值观的理性认知层面了。

（1）德育教材中的核心价值观教育

我国中学德育教材，初中阶段使用的是由国家课程教材研究所与思想品德课程教材研究开发中心联合编著的《思想品德》，高中阶段使用的则是由教育部普通高中思想政治课课程标准实验教材编写组编著的《思想政治》。初级中学的教材是从"个人""社会""国家"三个层面，按照由低到高的年级顺序，逐步培养并树立起马克思主义世界观、人生观和价值观。高级中学的德育教材，分为"必修"与"选修"两大模块，必修模块的学习包括经济生活、政治生活、文化生活、生活与哲学四大课程模块，这四个课程模块的构建，紧密联系社会生活的主题，体现了德育内容目标的递进层次，教材体系分别对应的是社会主义物质文明、政治文明、精神文明。选修课程包括科学社会主义常识、经济学常识、国家和国际组织常识、科学思维常识等，它们是基于必修课程教学的延展和拓深。必修课程与选修课程的结合，旨在巩固高中生们在初中阶段形成的正确价值观，进一步普及马克思主义理论知识，提升他们的思想道德素质。

笔者通过研读我国中学阶段的共计九本德育教材，发现关于"社会主义核心价值观"的概念，相较于小学阶段而言，在中学阶段已经有了较为全面和丰富的体现，应该说，我国中学阶段的德育已经能够较为完整地"灌输"社会主义核心价值观的要义。笔者认为，主要有以下两点原因：第一，作为教育客体的中学生思维观念逐渐趋向于稳定。中学生大都处于12—18岁的年龄，从心理学的角度来分析，这个阶段的学生的思维能力特别是抽象逻辑思维能力、形式逻辑思维能力以及辩证逻辑思维得到了很大的发展，智力水平也正在进行飞跃性的提高，特别是到了高中，尽管学生存在个体差异，但智力基本达到成熟的阶段。根据皮亚杰的认知发展阶段论，中学生已经处于"形式运算阶段"，换句话说，这个阶段的中学生比较容易去接受新奇的理论，并且能够独立地进行逻辑思维的推理。这就对我们中学的德育教师提出了两点要求，首先是要抓住时机，不遗余力地配合社会发展的主旋律并进行思想品德的教育；其次也要求德育教师选择恰当的德育方法，不能照本宣科地全盘"灌输"。第二，社会主义现代化建设要求中学生必须打牢思想道德素质的基石。"德育急不得"，也许德育的成效并不能立竿见影，但是德育却发挥着长效性的作用，能够影响人的一生。"德育断不得"，从小学、中学再到高等教育，每一个阶段都必须要发挥德育的重要作用，一以贯之，行为和习惯不是一蹴而就的，中学阶段作为基础教育的一部分，学生道德素质以及政治素养的高低决定了日后对国家贡献力度的深浅。

关于德育教材中核心价值观教育的体现，我们在此枚举若干。

关于"富强"。在九年级全一册《思想品德》第三课"认清基本国情"这一节中，对我国社会主义初级阶段的发展现状进行了详细的阐述，其中就不乏"富强"国情的体现。教材中利用了一首诗歌来表达百姓对祖国富强的认同与满意：

百姓对生活的十大满意

收入增加理财忙，住房宽敞新透亮；
秀美山川建家园，交通发展道路畅；
加入世贸眼界宽，轿车进家成时尚；
终身学习教育热，通信便捷新式样；
餐桌品种难认全，休闲娱乐促健康。[1]

通过一首朗朗上口的诗歌，把祖国富强对人民的生活带来的实质性改变，做出了淋漓尽致的描述。人民的物质收入增加了，精神生活也变得丰富多彩，祖国在国际上发挥着越来越重要的作用。谁曾想过，1978年，数亿中国人还在为温饱问题绞尽脑汁，如今，14亿中国人的生活总体上已经达到了小康水平，这些都是国家富强的切实体现。

关于"民主"。在八年级下册《思想品德》第一单元第一课"国家的主人，广泛的权利"章节中，对社会主义核心价值观中"民主"的概念进行了较为具体的阐述。通过这一课的学习，要让学生们明白："国家的主人是谁"，"是谁在代替人民大众行使权力"等内容。此课开篇引用了朱德的名句"锦绣河山收拾好，万民尽作主人翁"。没有人民百姓的支持，就不可能换来与旧社会决然不同的崭新的新中国。没有人民百姓的支持，国家的建设事业就无从谈起。人民才是国家真正的主人。教材中一则画面深切地体现了人民如何当家做主：

2003年3月，春意盎然，来自全国各地近3000名全国人大代表

---

[1] 课程教材研究所、综合文科课程教材研究开发中心：《思想品德》（九年级全册），人民教育出版社2008年版，第34页。

汇聚北京，共商国是。代表们审议通过了国务院总理所做的政府工作报告，选举了新的国家领导人，并为全面建成小康社会积极献言献策。

上述情景表明了什么？[1]

关于"爱国"。在九年级全一册《思想品德》第一单元第二课"在承担责任中成长"这一章节，就对"爱国"思想进行了详细的阐述。以爱国主义为核心的民族精神是当今中国社会弘扬的主旋律之一，爱国就是要爱祖国的大好河山，爱祖国的骨肉同胞，维护国家的尊严，以祖国为荣。敬爱的周总理年少时就说过"为中华之崛起而读书"此等豪言壮语，作为中学生应该努力学好科学文化知识，不断提升思想道德修养，以图日后更好地报效祖国。教材中的一则故事深切地说明了这一点：

四名大学刚毕业的青年人，为抵制开发美化侵略战争的电脑游戏软件，愤然向外资公司提交辞职申请。不久，又有七名员工提出辞呈。他们说："这件事伤害了我们的民族感情，我们别无选择。在外资公司工作，既是一种待遇，更是一种考验。我们中国人应该懂得哪些事是应该做的，哪些事是不应该做的。"[2]

高中阶段的教材必修③文化生活第三单元"中华文化和民族精神"一章节中，同样对以"爱国主义"为核心的民族精神做出了仔细的论述。爱国主义不是抽象的，而是具体的；爱国主义不是一句口号，而是实实在在的行动与付出。无论何时何地，爱国主义都是鼓舞全体中华儿女团结奋斗的一面旗帜。教材中举例如下：

新中国初升的太阳，召唤者海外赤子。钱学森、赵忠尧、彭桓

---

[1] 课程教材研究所、综合文科课程教材研究开发中心：《思想品德》（八年级下册），人民教育出版社2008年版，第5页。
[2] 课程教材研究所、综合文科课程教材研究开发中心：《思想品德》（九年级全册），人民教育出版社2008年版，第23页。

武等一批科学家，毅然放弃了在国外优越的生活和工作条件，冲破重重阻力回到人民当家做主的祖国，当彭桓武被问到为什么要回来时，他说："回国不需要理由，不回国才要理由！"①

新中国成立伊始，百废俱兴，烂摊子需要收拾，人才就显得尤为重要。众多科学家们，正是因为拥有爱国的情结，怀揣一颗报国之心，甘于为祖国奉献自己的青春与力量。爱国主义在不同的历史时期有着不同的具体内涵。在当代中国，爱祖国与爱中国特色社会主义在本质上是一致的。坚持和发展中国特色社会主义，拥护祖国统一，是新时期永唱不衰的主旋律。

关于"法治"。在九年级全一册《思想品德》第三单元第六课"参与政治生活"这一章节中，对"法治"集中进行了论述。"我国宪法规定'中华人民共和国实行依法治国，建设社会主义法治国家'。依法治国是党领导人民治理国家的基本方略。依法治国就是依照宪法和法律规定管理国家。这是建设社会主义现代化国家，实现国家长治久安的要求。"②

同样在初级中学的教材中，七年级下册《思想品德》第四单元"做知法守法用法的人"这一章节，着重强调了法律和法治的重要性，通过若干实例说明了我们的生活离不开法律，我们要用行动融入这个法治的社会当中，当被侵害权益的事情发生在自己身上，要及时运用法律武器来维护正当权益。如：

> 七年级学生小郑家楼上的一对舞迷夫妇，每晚都邀舞伴跳到深夜。那咚嚓嚓的跺脚声震得顶灯直晃。更令人伤心的是，摇滚乐每晚都吵到深夜，扰得四邻不安，严重妨碍了小郑的学习及邻居的休息。邻居曾多次与舞迷夫妇交涉，可他们就是不听。小郑懂得治安管理处罚法，知道国家颁布了环境噪声污染防治法，于是他找到有

---

① 教育部普通高中思想政治课课程标准实验教材编写组：《品德政治》（九年级全册），人民教育出版社2008年版，第75页。

② 课程教材研究所、综合文科课程教材研究开发中心：《思想品德》（九年级全册），人民教育出版社2008年版，第76页。

关执法部门，请求干预此事，结果，舞迷夫妇受到了警告，并保证不再噪声扰民①。

关于"敬业"。高中教材必修②政治生活第三单元第六课"我国的政党制度"此章节中，通过结合中国共产党党员的先锋模范作用，对于核心价值观中的"敬业"概念有了鲜明的表达。中国共产党"两个先锋队"的地位，决定了共产党员必须艰苦奋斗，扎根岗位，情系百姓才能谱写出华丽的人生篇章。中国共产党党员的数量已经突破九千万，广大党员奋斗在社会主义建设事业的前线，不图名利，全心全意为人民服务，树立了太多太多共产党员的光辉形象。教材中选取了郑培民、方永刚、沈浩等优秀共产党员的先进事迹，使学生对敬业模范产生佩服崇敬之情。如：

> 原海军大连舰艇学院政治系教授、共产党员方永刚坚定信仰、积极传播、模范践行党的理论。入伍20多年，他撰写16部政治理论专著，完成10项国家和军队重点科研项目，发表100多篇学术论文，为军队和地方单位做理论辅导报告1000多场，被誉为"平民教授"。在被确诊患晚期结肠癌后，他身上插着导管，从北京的医院回到大连，坚持为学生讲完一学期最后两节课，躺在病床上完成了对三名研究生的教学和毕业论文辅导②。

"敬业"与人民大众的利益是密不可分的，整个社会是一个普遍联系的整体，做好了本职工作，就会对整个社会生产的良性循环"添砖加瓦"。敬业要尊重自己的职业，要铁了心在自己的工作岗位上能够有所作为，切莫"做一天和尚撞一天钟"，虚度光阴。那些伟大的创造，往往都是在平凡的工作岗位上，迎难而上，坚持不懈的结果。

---

① 课程教材研究所、综合文科课程教材研究开发中心：《思想品德》（七年级下册），人民教育出版社2008年版，第88页。

② 教育部普通高中思想政治课课程标准实验教材编写组：《品德政治》（九年级全集），人民教育出版社2008年版，第66页。

关于"诚信"。八年级上册《思想品德》第四单元第十课"诚信是金"这一章节对"诚信"的概念进行了详细的阐述。"诚信"是诚实守信的简称，是中华民族的一项传统美德，随着历史的沉淀，它早已经融入中华儿女的血液之中。诚实守信也随之成为做人的基本准则之一。少时，无论是家庭教育还是学校教育，家长和教师都教导我们为人要诚实不撒谎；长大后，更知诚信"散落"在社会生活的方方面面。教材中不乏许多"诚信"教育的案例，在此试举两例。

案例一：曾参是孔子的弟子。一天，曾参的妻子要出门，儿子哭着要跟她去。曾妻安慰儿子说："你别去，也别哭，妈妈回来给你杀猪吃。"她从街上回来后，见曾参正准备杀猪，制止道："我不过是哄孩子，何必当真呢？"曾参却说："如果不杀猪，就是欺骗孩子，也就是教孩子说谎。"曾参坚持把猪杀了[1]。

案例二：改革开放之初，深圳某贸易公司与法国一家公司做生意。在一次结算时，法国公司少收了7000万法郎。深圳公司总经理发现后，认为法方虽然没有发现此事，但我们做生意应当诚实守信，主动将7000万法郎退还法方。深圳公司的行为使法方经理深受感动，他把深圳公司当作真诚可信的合作伙伴，于是决定追加两项优惠条件：向深圳公司供货不收定金；向法国政府贷款，与深圳公司共建中国分厂。深圳公司的诚信行为为公司带来了丰厚的效益。[2]

关于"友善"和"文明"。初中教材八年级上册《思想品德》第四单元第七课"友好交往礼为先"应该说是针对核心价值观中"友善"和"文明"内容的讲述。人是社会性的动物，没有人能够脱离这个社会独自生存，在社会交往中，人与人之间需要尊重，尊重他人，别人才会尊重自己。怎样才能够让人与人之间互相尊重呢？礼貌是尊重的具体表现，

---

[1] 课程教材研究所、综合文科课程教材研究开发中心：《思想品德》（八年级上册），人民教育出版社2008年版，第114页。

[2] 课程教材研究所、综合文科课程教材研究开发中心：《思想品德》（八年级上册），人民教育出版社2008年版，第116页。

礼貌搭建起了人们互相尊重的"桥梁"。在和谐社会的环境下，礼貌成为我们交往中应该共同遵守的道德准则。礼貌不但反映了我们自身的素质，也反映了整个社会的精神风气。礼貌也是"文明"的一种体现，在待人处事的过程中，每个人都有被以礼相待的需要，是否文明礼貌表现出一个人是否具有最基本的道德修养。在第七课的"礼貌彰显魅力"这一小节中，有一则编排整齐的礼貌用语：

初次见面，要说"久仰"。许久不见，要说"久违"。
客人到来，要说"光临"。等待客人，要说"恭候"。
探望别人，要说"拜访"。起身作别，要说"告辞"。
中途先走，要说"失陪"。请人别送，要说"留步"。
请人批评，要说"指教"。请人指点，要说"赐教"。
请人帮助，要说"劳驾"。托人办事，要说"拜托"。
麻烦别人，要说"打扰"。求人谅解，要说"包涵"①。

"良言一句暖三冬，恶语伤人六月寒"，由此可见，态度亲和，能够增添我们与人交往的魅力，也比较容易与他人建立起稳固的友谊。

（2）校园活动中的核心价值观教育

中学课程改革以后，德育强调学生学习过程中的间接经验与直接经验相结合。过去传统的应试教育有别于素质教育，强调间接经验的主导作用，认为只要学习好教科书，积累了大量的理论知识，便可以成功升学，驾轻就熟地融入社会。"培养"出来的缺乏直接经验的知识人才则很难满足社会的需要。素质教育则强调间接经验与直接经验相结合，合理地突出直接经验的作用，这里所说的直接经验就是课程"实践活动"。直接经验是间接经验的源头，在直接经验获取的过程中，一方面可以检验间接经验的正确与否，另一方面可以巩固从教科书上习得的间接经验。从哲学辩证的角度来看，应是先有直接经验，再有间接经验，进而直接

---

① 课程教材研究所、综合文科课程教材研究开发中心：《思想品德》（八年级上册），人民教育出版社2008年版，第81页。

经验向间接经验逐渐转换。应该说，我国现阶段的中学德育，越来越强调课程实践活动的重要性，注重在各种具体的社会政治活动和社会、校园服务活动中强化德育的理论说教，做到理论与实践更好地相结合，全面提升学生的思想道德素质。笔者以武宁县若干中学为走访对象，调研了这些中学的核心价值观教育。

①升国旗仪式

以"升国旗仪式"为主题的爱国主义教育活动，成为武宁县德育活动一道亮丽的风景线。从小学至高中，每一所学校，都会在工作日的周一开展"升国旗仪式"（极端恶劣天气除外）。以武宁县第一中学（江西省重点中学）为例，在仪式的过程中，除了奏国歌、行注目礼、宣誓等基本的爱国行为之外，校方还会进行学生、教职工的评优评先活动，以及针对先进师生在学习、工作以及生活之中所发挥的"正能量"事迹的宣扬等德育活动。笔者通过实地走访，记录下了该校"升国旗仪式"的全部过程：

周一早自习取消，校方规定学生6：40必须到达教室。十分钟后，在班主任的督导下，由班长组织全班同学有序到达操场，在班级指定位置列队。

七点整，升国旗仪式开始，"升旗""奏国歌""行注目礼"。

礼毕，由校长站上主席台，宣读与学校有关的最新教育文件，目的是使学校更好地依法执教，依规执教，强化教与学的紧迫感。

随后，由德育处主任对一周以来教学工作比较突出的教师予以点名表扬；对例如拾金不昧、尊老爱幼、助人为乐的优秀师生的正面事迹进行宣讲，例行点名表扬；对于一些违反政策法规和校规校纪的师生也会相应地进行批评，并宣读处分结果。

在学生代表发言环节，学生可以针对校方教学和管理工作中存在的一些不足之处，积极地指出，并且提出认为可行的更改建议。（建议已在班会上得到认可）校方相关负责领导会认真记录。

由班长带领全班学生退场，返回教室。

升国旗仪式是一种集体的德育活动，应该说是进行核心价值观教育的有力途径。特别是针对一些品德素质较高的师生进行表扬，为全校师生树立了正能量的"榜样",这种表扬,它的益处是两方面的。一方面,被表扬的师生,以高尚的行为赢得了荣誉,精神世界的需要得到很大程度的满足,这种"满足感"会激励被表扬的师生继续保持良好的道德品行,形成道德的"良性循环"。另一方面,仪式会场上的其他师生,会通过道德上的横向比较,促使自己向被表扬的师生看齐,进而反省自身的道德缺陷与不足,造就自身的正能量"发光体"。

②时政演讲

以学生为教育主体的时政演讲,在很大程度上可以加速学生对于核心价值观内容的内化。时事政治教育是思想政治教学内容的重要组成部分,也是加强社会主义核心价值观教育的重要载体。

对于武宁县第一中学来说,以往的时政课程教育主体是任课教师,如今,以政治课代表牵头,全班每一位同学都可以成为时政演讲的主体。只是由于时间上略有限制,每位同学只能有十分钟的时间进行讲演和评述,这就决定了学生在利用互联网等新媒体获取时政资源时,要尽量缩小时政的主题范围,紧扣一点,切不能"大"。以学生为主体的"时政演讲"德育方式,使得学生紧密结合自己的生活实际,选择自己感兴趣的时政内容,这一方面锻炼了学生筛选时政素材,提炼信息的能力。另一方面,每位同学讲演的内容符合自身兴趣,讲演时,更是"英姿飒爽""妙语连珠",带动了其他同学听讲的积极性,大大地提高了时事政治课堂的教学效率。

当然,学生的主体地位离不开教师主导作用的发挥,专业素质能力较强的教师会做到如下几点:第一,在学生讲演的时政内容上,严格把关,应该以突出中国当代社会弘扬的"主旋律"题材为主,要求素材中应该包含着丰富的社会主义核心价值观的思想内容。第二,在学生进行讲演的过程中,教师应该高度集中注意力旁听,对于学生讲演过程中出现的例如措辞不规范、语速过快或过慢、感情不生动等问题应及时提醒和指正,起到旁观"领头羊"的作用。从国家需要的层面来说,以学生为主体的"时政演讲",使得学生能够更加深入地了解教科书以外的党和国家的重大方针政策、国家建设所取得的最新丰功伟绩以及社会所涌现的先进人物和各种模范事迹,进而从内心深化对国家的认同感,提升践行社会主义核心价值观的能力。

③开展学术辩论

人文社科类的课程，因为学生思维方式的不一致，思想政治课程或多或少会使得学生存在认知模糊或者思想认同困难。在当今社会德育发展的新趋势下，教师过多地"灌输"理论，应该说很难取得理想的教育成效。中学阶段的学生，思维能力高度发展，智力也逐渐趋于成熟，教育的目的之一就是培养学生的自我探究能力，学生对通过自我探究所得到的学习成果往往能够记得更加牢固。

笔者以武宁县第一中学为走访对象，调查了两个教学班级，思政教师都会开展以某个教学课题为内容的学术辩论活动，例如：其中一班级就"怎样维护市场经济秩序？""是依靠法治建设，还是依赖道德建设？"为主题开展了学术辩论。思政教师将辩题书写在黑板上，并且体现设置了充满冲突的问题，让学生自由分成两组，支持依靠法制建设的为A组，支持依赖道德建设的划为B组，然后教师组织和指导学生围绕不同的论题，"百家争鸣"，各抒己见，现场展开了激烈的辩论。这种课程实践活动，能激发学生对教材的学习热情，学生作为辩论主体，能在辩论过程中更好地锻炼逻辑思维能力，提升思维能力的发散性。学生在思维"碰撞"的过程中，真理和谬误很快就会划分出明显的界限。在这场辩论中，"公正""法治""和谐"等社会主义核心价值观的若干要义就会潜移默化地为学生所认同。

④"人人都是小义工"活动

劳动产生了人的需要，促进了社会的进步发展。同时，劳动也是促进人全面发展的基本途径。应试教育突出"智"的作用，学生唯"书"，教师和家长唯"成绩"，培养出的学生，"谈经论道"，头头是道；动手实践，能力堪忧。新时期素质教育讲求"德智体美劳"的全面发展，这是党的教育方针的核心部分。其中"劳"就是要教导学生热爱劳动、勤奋，富有创造精神，能够为社会创造财富，贡献力量。一位德行好的同学，必然是热爱劳动的同学。

笔者走访了武宁县第一中学，学校成立了"志愿者协会"，会员主体是全校师生，协会成立的原则就是"为社会贡献应有的力量"，活动时间一般为周末。协会在每个班级里都有为数不少的成员，校方以三个班级整编成一个"义工小分队"，工作内容各异，例如鼓励学生找寻小型的流浪猫和流浪狗，送去救助站；在老师的带领下，结伴前去武宁县福利院帮老年群体做房间清洁，陪他们谈心；为县红十字会募集捐款；组织小分队打扫马路，清理街道垃圾等。武宁县大多数中学都规定学生应该要参加义务劳动，此举既提高了社会文明和谐的程度，也提高了学生的社会化水平，培养他们的社会交往能力。武宁县第一中学通过社会义务劳动的开展，无疑为在校中学生提供了更多的接触社会的机会，使他们能够真正体会"人间疾苦"，了解到社会不同群体的各自需要，有利于增加他们对社会现状的认识，更有利于增强他们对"社会主义核心价值观"的认同。可以说，中学开展的社会义务劳动，是社会性和实践性相统一的"体验—感悟教育"，使中学生在具体的社会实践活动中，更深入地感悟社会主义核心价值观的具体内容，培养他们对社会的责任感。

(3) 校园日常管理中的核心价值观教育

中学生日常管理中的核心价值观教育，主要体现在各个学校结合实际自行制定的"校规校纪"之中。由于历史遗留的各种原因，师资力量不平衡，学校地理位置的差异，同一时期每个学校的发展都显示出不同的特点，因此制定出的"校规校纪"也略有差异。笔者在此仍然以江西省武宁县第一中学为例（本地办学时间最久），对其校规进行剖析，发现该校规主要是围绕个人与自己、个人与他人、个人与社会三种关系而制定的，内容涵盖学习与生活的各个方面，目的是规范学生的行为举止，提升思想道德素质。具体内容如下：

勤奋学习：刻苦钻研，带齐用具，按时到校，不迟到，不早退，不旷课，作业不抄袭，考试不作弊。

注重仪表：穿戴整洁，朴素大方，不得敞胸露怀。平时及重大活动按要求穿着校服。头发干净整齐，不烫发，男生不留长发，女生不留披肩发。不佩戴饰物，不穿高跟鞋。体育课、课间操要穿运动服。

举止文明：不吸烟，不喝酒。使用礼貌用语，不打架，不骂人，不说脏话，不带脏字。不听、不看、不传不良出版物。保持图书馆、阅览室和学习区的安静，不在学习区喧哗和追逐打闹。

尊重他人：尊重全体教职工，服从管理。见到教职工要主动行礼或问好。出门和上下楼梯要让教职工先行。见到教职工有困难要主动上前帮助。尊重父母，听从教导，生活俭朴。尊重同学，互相帮助，守信守时。

热爱劳动：认真值日，保持教室、楼道、校园的整洁、优美。珍惜他人的劳动成果，不随地吐痰，不乱扔废弃物，见到废弃物要主动捡起扔到垃圾箱内，爱惜粮食，节约水电。

爱护公物：爱护校舍和一切公共财物，不乱涂乱画乱刻，不故意破坏公物。

遵规守纪：自觉遵守国家法律法规，遵守学校各项规章制度。

明辨是非：维护国家荣誉、学校声誉，爱惜名誉，遵守公德。勇于批评、制止一切违法违纪行为。

求实进取：求知、为人、处事以诚为本，追求真理，实事求是。积极思考，勇于实践。

关心为重：关心集体、老师、父母、同学。关心他人比关心自己为重，关心集体比关心个人为重，当个人利益与集体利益发生矛盾时以集体利益为重。

可以很直观地看出，此校规校纪中，涵盖了许多社会主义核心价值观的内容，例如"爱国""诚信""友善""文明""法治"等。该校规的制定，源于国家教育对学生培养的客观需要，服务于学生的日常学习生活。"无规矩不成方圆"，中学生在校规校纪的要求下，树立共产主义接班人的远大理想，对自己高要求，适时地调整自身的行为规范，以真切的正能量实践给社会增添更多的和谐因素，以更加完美的姿态去迎接大学生活的到来。

3. 中国大学核心价值观教育

与新加坡相比，中国大学更加注重大学生社会主义核心价值观的培养。不仅有专门的思想政治理论课程，还通过形式多样的思政课实践教学、党团活动、社团活动等来培育学生的社会主义核心价值观。

（1）思想政治理论课是核心价值观教育的主渠道和主阵地

在中国大学，思想政治理论课是在校大学生必修的政治公共课，共有5门，即《思想道德修养与法律基础》《马克思主义基本原理概论》《毛泽东思想与中国特色社会主义理论体系概论》《中国近现代史纲要》以及《形势与政策》。除了《形势与政策》课程教材和内容由于课程性质每学期发生变化之外，其他4门课程的教材在2013年做了一次大的修订与调整，修订与调整的主要目的是体现中国共产党在2012年年底召开的十八大精神，使党的十八大精神进教材、进课堂。作为十八大报告中的一大亮点——社会主义核心价值观，也就自然地体现在新教材之中。

在2013年版的《思想道德修养与法律基础》教材中，有这样一段话："提高思想道德素质和法律素质，最根本的是要建设社会主义核心价值体系、培育和践行社会主义核心价值观。引导大学生自觉学习实践社会主义核心价值体系、践行社会主义核心价值观，是高等学校思想政治教育的重要内容，也是贯穿'思想道德修养与法律基础'课的主线。"[①] 这段话很明确地指出了社会主义核心价值观对于新版《思想道德修养与法律基础》教材的指导意义，它是贯穿该教材的主线。我们不妨以《思想道德修养与法律基础》（以下简称《基础》）教材为例，分析一下该教材在内容编写和结构安排上是如何贯穿社会主义核心价值观这条主线的。

新版的《基础》教材共分为7章，它以理想信念教育为起点，通过教育，引导大学生树立共产主义远大理想和中国特色社会主义共同理想，并促使学生将个人理想与社会理想相结合，为建设"富强、民主、文明、和谐"的社会主义现代化国家而努力奋斗。理想信念教育与社会主义核心价值观国家层面的内容相呼应，是对大学生进行核心价值观教育的重要内容之一。

教材以爱国主义教育为核心，通过教育，引导学生继承中华民族的

[①] 《思想道德修养与法律基础》编写组：《思想道德修养与法律基础》，高等教育出版社2013年修订版，第10页。

爱国主义历史传统，掌握新时期爱国主义的新要求，帮助学生树立新的国家安全观，做忠诚的爱国者。爱国主义教育是理想信念教育的进一步深化，进一步培养学生对建设"富强、民主、文明、和谐"国家的认同感、归属感和荣誉感，更是对社会主义核心价值观个人层面"爱国"道德的直接呼应。

教材以人生观、价值观教育为重要目标指向，通过教育，引导学生树立正确的人生观和价值观，并能科学对待人生环境，做到四个和谐，即自我身心的和谐、个人与他人的和谐、个人与社会的和谐以及个人与自然的和谐。人生观、价值观教育是社会主义核心价值观教育的基础，社会主义核心价值观教育是价值观教育的目标和更高要求。和谐教育是对社会主义核心价值观国家层面"和谐"价值的直接呼应。

教材以道德理论和道德实践教育为基础，通过教育，引导学生学习有关道德的基本理论，继承和弘扬中华民族优良道德传统，践行和弘扬社会主义道德，恪守公民基本道德规范。道德理论与道德实践教育是对社会主义核心价值观个人层面"爱国、敬业、诚信、友善"道德要求的直接呼应。中华民族优秀传统道德文化教育有助于学生了解社会主义核心价值观的历史文化渊源，理顺社会主义核心价值观与中华民族优秀传统文化的一脉相承关系。

教材以法律精神培育和法治理念培养为重点，通过教育，使大学生明白民主与法治、权利与权力、权利与义务、自由与平等的关系，进而引导大学生领会法律精神，理解社会主义法律体系，树立法治理念，维护宪法和法律权威。法治教育是社会主义核心价值观教育的重要组成部分，是对社会主义核心价值观社会层面"自由、平等、公正、法治"价值的直接呼应。

教材以行为规范教育为归宿和最后落脚点，通过教育，引导学生学习并遵守公共生活、职业生活和婚姻家庭生活中的道德规范和法律规范，自觉加强道德修养与法律修养，锤炼高尚品格。行为规范教育既是道德教育和法治教育的具体化，又是道德教育和法治教育的落脚点，只有引导学生将思想转化为行为，才能达到教育的真正目的。行为规范教育是社会主义核心价值观个人层面要求的具体落实，与社会主义核心价值观个人层面教育的目标和内容是一致的。

2015年,大学思政课教材又进行了一次新的修订。新教材充分体现了习近平总书记系列重要讲话精神,充分体现了党的十八大和十八届三中、四中全会精神,也充分体现了一线师生的意见建议。《基础》课教材指出社会主义核心价值观是引导大学生进德修业、成长成才的根本指针。

2018年,思政课教材又迎来了一次新的修订。修订的主要目的是党的十九大报告精神和习近平新时代中国特色社会主义思想进教材。在2018版《基础》课教材中,社会主义核心价值观作为单独的一章出现在师生面前,足见党和国家对社会主义核心价值观教育的重视。

从整体上来看,《基础》教材以培育和弘扬社会主义核心价值观,做时代新人为主线,在章节安排和框架结构上与社会主义核心价值观相呼应,较好地体现了社会主义核心价值观教育的要求,做到了社会主义核心价值观进教材。但是,笔者认为,目前的《基础》教材还可以做些许改进,以更好地符合社会主义核心价值观教育的要求。例如可以按照核心价值观24字内容来编写教材,分专题教学,这样可以使核心价值观更加入脑入心。目前国内已有不少学者开始探讨社会主义核心价值观如何更好地融入思想政治理论课教材,并积累了一些研究成果,这些研究成果有助于我们更好地利用思政课开展社会主义核心价值观教育。

(2) 核心价值观教育与世界观教育、人生观教育相结合

中国高校社会主义核心价值观教育是与大学生世界观教育、人生观教育紧密结合的,价值观教育与世界观、人生观教育合称为"三观教育",可见三者的关系非同一般。

从哲学的角度来看,世界观与人生观、价值观是一脉相承,互相影响的。首先,世界观决定人生观和价值观,有什么样的世界观就有什么样的人生观和价值观。人生观是世界观在对待人生问题上的具体表现。价值观是人生观的重要组成部分,是对人生价值的看法,在整个人生观体系中占有重要地位。其次,人生观和价值观反过来会影响世界观。当一个人人生观和价值观发生重大改变时,其世界观也会随之改变。

正是从世界观、人生观与价值观三者紧密联系的角度出发,中国大学非常注重将核心价值观教育与世界观教育、人生观教育相结合。早在

2004年,在中共中央、国务院颁发的《关于进一步加强和改进大学生思想政治教育的意见》中就明确指出,大学生思想政治教育应"以理想信念教育为核心,深入进行树立正确的世界观、人生观和价值观教育"[1],强调要对大学生进行马克思主义世界观教育,使大学生正确认识社会发展规律,在历史的洪流中把握正确的人生方向,认清自己肩负的历史使命和社会责任,树立科学的人生理想,确立正确的价值观念。

(3) 利用社会实践开展核心价值观教育

除了课堂教学之外,利用社会实践开展核心价值观教育也是中国高校核心价值观教育的主要实施形式。这里的社会实践既包括思想政治理论课实践教学,也包括各种党团活动和班级活动。丰富多彩的社会实践活动,是学生们课堂上学到的理论知识的有益补充,与课堂教学相得益彰。学生们通过参与社会实践,对于社会主义核心价值观有了切身体验和独特感悟,这为他们今后自觉践行社会主义核心价值观打下了良好基础。

利用思想政治理论课实践教学开展核心价值观教育。思想政治理论课实践教学是思想政治理论课的重要组成部分,思政课教师通过组织学生参观实践教学基地、开展社会调研、举办图片展、演讲、文艺汇演等形式开展实践教学,使学生在实践中获得亲身体验,认同并接受社会主义核心价值观。《教育部加强和改进大学生思想政治教育工作简报》2014年第13期刊载了《重庆大学发挥思政课主渠道作用 深入推进社会主义核心价值观宣传教育》的文章,对重庆大学利用思政课开展社会主义核心价值观教育的具体做法进行了宣传报道。在实践教学方面,该校将思政课实践教学与社会调查、基层锻炼、志愿服务、专业课实习相结合,引导学生在实践体验中培育和践行社会主义核心价值观。学校选拔学生到基层乡镇挂职,让学生在服务当地经济社会发展中升华对社会主义核心价值观的认知与理解,并将课堂拓展到爱国主义教育基地、革命老区等,如在井冈山开设特色情景体验课——"红军的一天",让学生在角色

---

[1] 中共中央、国务院《关于进一步加强和改进大学生思想政治教育的意见》(〔2004〕16号)。

模拟中深化认识,加强对核心价值观的体验与感悟①。

利用志愿者服务等社会公益活动开展核心价值观教育。大学生是社会中知识文化程度相对较高的群体,引导和组织他们参与志愿者服务等社会公益活动,发挥他们的优势与特长,为社会做贡献,是践行社会主义核心价值观教育的重要途径。如《教育部加强和改进大学生思想政治教育工作简报》2014 年第 36 期刊发了《华北电力大学实施"情暖童心"公益活动促进农村留守儿童与高校学生双向发展》专题简报,对华北电力大学近年来以公益活动为载体,通过组织学生参与志愿者服务活动,引导学生践行社会主义核心价值观的做法进行了专门报道。该校将全国扶贫开发重点县——河北省顺平县 7800 余名留守儿童作为帮扶对象,为更好地组织实施该项活动,该校专门成立了"情暖童心"专项基金委员会,下设"社会工作部""心理辅导部""志愿服务部""网络信息部"和"综合部"5 个工作部,并配备专业骨干,系统开展关爱和帮扶活动。在活动设计中,学校根据学生的不同专业和不同年龄阶段儿童的成长特点,制订了多样化的活动方案和内容。截至 2014 年,学校已募集爱心企业捐助资金 150 多万元,配套支持资金 56 万元,组织开展各类志愿服务活动 120 余次,建设了一批"爱心机房""爱心读书角""爱心活动室"等志愿服务基地②。

二 家庭教育是实施的重要基础

家庭是社会的细胞,父母是孩子成长最好的老师。中国与新加坡都有注重家庭教育和家风家训建设的文化传统,将家庭教育视为核心价值观教育实施的重要基础。

(一) 新加坡家庭核心价值观教育

人民行动党政府认为,家庭是人生的第一课堂,是培养年轻公民正

---

① 《重庆大学发挥思政课主渠道作用 深入推进社会主义核心价值观宣传教育》,《教育部加强和改进大学生思想政治教育工作简报》2014 年第 13 期,http://www.moe.gov.cn/jyb_xwfb/s3165/201404/t20140418_167465.html。

② 《华北电力大学实施"情暖童心"公益活动促进农村留守儿童与高校学生双向发展》,《教育部加强和改进大学生思想政治教育工作简报》2014 年第 36 期,http://www.moe.edu.cn/publicfiles/business/htmlfiles/moe/s3165/201408/173923.html。

确价值观的重要地方。尽管学校可以传授价值观和道德观，但是家长的言传身教与家庭氛围和环境对孩子的成长将会产生不可磨灭的影响。李光耀说："即使有了良好品德的教师来改善我国学校的道德教育，家长们还是必须在傍晚和周末抽出时间和孩子们在一起。"[①]

1. 大力倡导和推广"家庭价值观"

20世纪90年代，由于受现代化生活方式和西方家庭价值观的影响，新加坡年轻一代的家庭价值观正在悄然发生变化。传统的"三代同堂大家庭"正逐渐被"核心小家庭"所取代，随着家庭越来越小，亲戚间的联系也越来越少，新加坡正面临失去传统家庭价值观的危险，而这正是人民行动党政府所担忧和不愿看到的。

1993年，在当时的卫生部长姚照东倡议下，由新加坡国立大学社会工作与心理学系高级讲师严世良博士等13人成立的家庭价值观委员会，负责收集民意，拟定家庭价值观，随之举行了三次公开研讨会，对价值观作最后修订。经过一番努力地工作，委员会终于拟定五个"家庭价值观"，即"亲爱关怀，互敬互重，孝顺尊长，忠诚承诺，和谐沟通"。委员会把这五项家庭价值观归纳为"爱、敬、孝、忠、和"，简称"五德"，使之易记易懂。1994年6月，新加坡政府正式发表了《新加坡家庭价值观》文件。1994年6月19日，是新加坡"全国家庭日"。当天吴作栋总理宣布政府将设立一个百万元的基金会，资助民间团体推广五大价值观。

家庭价值观是共同价值观在家庭领域的延伸，是对共同价值观中"家庭为本"这一信条的具体诠释，对如何正确处理家庭成员间关系如父子关系、夫妻关系、兄弟姐妹妯娌关系做出了价值引导和原则要求。在内容上，家庭价值观体现了亚洲特色，属于亚洲"家庭本位"价值观体系，它吸取了儒家家庭价值观的精华，摒弃了其糟粕。李光耀指出，应学习儒家家庭价值观中注重家庭观念，"加强并巩固所有亚洲人社会中都具有的各种传统家庭联系"，但是也要"避免由这种提拔亲戚朋友观念所

[①] 《联合早报》编：《李光耀四十年政论选》，新加坡报业控股华文报集团1993年版，第412页。

经常会产生的裙带关系之风"[①]。

2. 严格的家规家训

曾经有新闻媒体评论说,新加坡的父母是全世界最严厉的父母。的确,新加坡的家庭对孩子管教相当严格,孩子自小就要受到严格的家规和家训约束。

2009年11月28日,新加坡《联合早报》曾刊登了一篇题为《14家规调教澳问题少年 狮城父母被指全球最严》的文章,讲述的是两名不受管教的澳大利亚问题少年被当地的实况节目送来新加坡接受"调教"的故事。

这两名少年分别是16岁男生爱华德和17岁女生梦菲丝。他们初中就辍学、游手好闲、爱喝酒又不听管教。按照节目安排,他们俩被送到新加坡一个蔡姓家庭,在他们家住一周,接受蔡家管教。蔡家父亲蔡宏明,52岁,是一家银行职员。母亲杨海燕,46岁,是指导事业家庭平衡的讲师。两个女儿分别14岁和16岁,成绩优异,都是名校优秀生。蔡家用家规来管教两名澳洲青年。以下是蔡家部分家规:

① 不准抽烟
② 不准喝酒
③ 不准到别人家过夜
④ 不能交男朋友或女朋友
⑤ 不能有婚前性行为
⑥ 不能讲脏话
⑦ 不能逃学
⑧ 学业第一
⑨ 尊重长辈,要称呼"叔叔"
⑩ 每晚要和父母吃饭
⑪ 星期天留给家人

[①] 《联合早报》编:《李光耀四十年政论选》,新加坡报业控股华文报集团1993年版,第391页。

⑫一定得在公用休闲室上网，方便家长监督①

种种家规让初来乍到的澳洲少年十分不适应，与蔡家父母频起冲突，有两次因犯家规还被罚不准进门和不能与朋友聚餐。梦菲丝在节目结束后接受媒体访问时说，新加坡家规超严，孩子们整天上学，"简直荒谬"。但另一名少年爱华德似乎变乖了，他回澳洲后便与母亲和好，还报名当修车学徒，认为要学蔡家女儿，让自己的人生"有所作为"。

蔡家家规是新加坡众多家庭家规的一个典型。从蔡家家规中可以看出，新加坡家庭从学习、生活习惯以及礼貌礼节等各方面对孩子加以严格约束，以达到"礼以立人"的育人效果。家规中教育孩子要尊敬长辈，要多花些时间陪家人，以此培养孩子的家庭观念。"尊重长辈，要称呼'叔叔'"，这一条源于李光耀的倡导，他极力呼吁新加坡华人家庭在家中要"恢复正确的称呼"，不能像西方社会那样，见到长辈，都是"uncle"和"aunt"，因为那样不足以说明家庭成员之间的亲密关系。华人家庭中，家庭成员间的相互称谓是很重要的家庭礼仪。"称呼"意味着个人在家庭的身份和角色，只有明确了自己的身份和角色，才会意识到自己的责任和义务。

3. 维护三代同堂和大家庭制度

为了让家庭价值观一代一代传承下去，增强家庭凝聚力，新加坡政府竭力维护三代同堂和大家庭制度。所谓三代同堂，就是祖孙三代在同一个屋檐下生活，彼此相互照顾。他们认为在这样的环境下成长起来的年轻一代，从小就会受到家庭文化的熏陶，有足够的时间和机会接受长辈的教育，吸取正确的价值观。

1990年，吴作栋副总理在回答记者"新加坡有什么传统？或者说，新加坡有什么文化特色"的问题时，说道："我们希望保留大家庭制度这种特色。"② 他解释说，大家庭的成员之间可以互相扶持。如果祖父母能照顾孩子，孩子将不会有危险。但是，如果完全把孩子丢给佣人，或更

---

① 《14家规调教澳问题少年 狮城父母被指全球最严》，《联合早报》2009年11月28日。
② 《吴作栋副总理接受〈明报〉访问》，《联合早报》1990年9月28日。

糟地让孩子自己在电视机前成长,那将是很危险的。

李光耀也曾深情地向年轻学生谈到他童年时所生活的大家庭:"我生长在一个大家庭。那是在加东、实乞纳一带的一间屋子,里头住有许多亲戚。我的祖父母家,便有五户人家,包括他们四个已经结婚儿女和孙儿女组成的家庭。这关系相当密切,直到大战前,我们另组家庭为止。不过,由于我的童年是在大家庭度过的,所以家庭关系很密切。"① 当孩子们还小时,除非自己有集会,李光耀都会和孩子们在晚餐时聚在一起,并每年带孩子们外出旅行两个到四个星期。他认为,大家庭成员也应经常聚在一起,否则就会同兄弟姐妹、侄儿甥女失去联系。

随着时代的变迁和现代化的推进,年轻子女成年后会组织起自己的家庭,大家庭变得越来越小,以至于逐渐被核心家庭所取代。但是尽管如此,人民行动党政府仍坚持认为,政府必须采取坚决的措施,鼓励和帮助大家庭的亲人住在毗邻的组屋里,以便让家人加强联系,方便照应,增强家庭凝聚力,保留传统家庭价值观。

2000年以后,政府与社会更注重灌输家庭和谐的价值观,鼓励家庭活动,多花时间跟家人相处,促进亲子关系。李显龙总理在2008年新春献词中,倡导新加坡人必须继续推崇孝道,加强与家人的联系。他以18—19世纪加拿大和芬兰为研究对象的社会调查为例,指出这份社会调查提供了科学证据,证明有祖父母帮忙带孩子的家庭,是抚育下一代并向他们传授社会价值观的一股重要力量。他指出,虽然世界至今已改变了很多,但即使是在21世纪的今天,年轻的父母从他们的家婆或岳母身上得到的经验、指点和协助,对他们的裨益仍是显而易见的,而他本身就是一个得到长辈帮助的实例②。

(二) 中国家庭核心价值观教育

中国历来重视家庭教育,强调通过传承优良家风家训、弘扬家庭美德等塑造年轻人正确的价值观。

---

① 《新加坡的改变——李总理向国大与南洋理工学生发表演讲全文》,《联合早报》1988年8月30日。

② 《李总理新春献词:必须继续推崇孝道 新加坡将更"亲家庭"》,《联合早报》2008年2月6日。

1. 传承优良家风家训

家风家训文化是中国传统文化的重要组成部分，传承优良家风家训是家庭教育的重要内容。家风家训的传承，实质上是家庭价值观的传承，通过年长一辈言传身教、一言一行而体现出来。良好的家风对良好社会风气的形成具有促进作用，每一家的家风好，社会风气自然也会好。正如习总书记所说，家风是一个家庭的精神内核，也是一个社会的价值缩影。因此，传承优良家风家训，对培育社会主义核心价值观具有重要意义和作用。

家风家训是社会意识的一部分，由社会经济基础所决定，随着社会生产关系的变化而变化。中国的家训文化历史悠久，从五帝到明清，横跨了几个世纪。比较有代表性和影响力的如朱熹《朱子家训》、颜之推《颜氏家训》、诸葛亮《诫子书》《曾国藩家书》等流传至今，对普通老百姓的言行举止仍具有指导意义。在弘扬社会主义核心价值观的新时代，社会主义核心价值观赋予了家风新的时代意蕴，如何结合时代背景，除旧布新，是现代家风家训建设的主要内容。

人民网曾报道了香港富豪李嘉诚用12字家训教育子孙的故事。李嘉诚给家人制定的新家训是"努力工作、信守诺言、损己利人"。他经常教育两个儿子做生意要重信用、守诺言，并以自己的言传身教为他们做榜样。在接受《金融时报》的记者采访时，李嘉诚坦诚地说："我喜欢友善地交易，喜欢人家主动来找生意。我常教育我的两个儿子，要注意考虑对方的利益，要不占任何人的便宜。"[1] "努力工作、信守诺言、损己利人" 12字家训字字珠玑，可谓警示名言。它与"敬业、诚信、友善"的社会主义核心价值观有异曲同工之妙，反映了李嘉诚将社会利益置于个人和家庭利益之上，重信誉，讲诚信的家庭价值观。

2. 弘扬家庭美德

中国与新加坡同属亚洲社会，重视家庭，强调家庭美德和家庭价值观的培育，是二者的共同之处。在继承优秀传统家庭美德的基础上，在

---

[1] 《揭秘李嘉诚12字新家训 以自己的榜样形象教育儿子》，人民网，2015年3月20日，http://book.people.com.cn/n/2015/0320/c69360-26723222.html。

新的时代背景下，中国社会大力弘扬以"尊老爱幼、男女平等、夫妻和睦、勤俭持家、邻里团结"为主要内容的家庭美德。20字的家庭美德涵盖了家庭成员间长幼、男女、夫妻、邻里之间的基本道德要求，对培育社会主义核心价值观、促进社会主义和谐社会的形成具有重要促进作用。

2014年春，全国妇联在全国范围内发起了"寻找最美家庭"的活动，活动旨在大力倡导夫妻和睦、尊老爱幼、科学教子、勤俭节约、邻里互助的家庭文明理念，发扬女性在弘扬中华民族传统美德，树立良好家风方面的独特作用。活动最终评选出了100个中国最美家庭，这些"最美家庭"虽然家庭情况各不相同，但都体现了中华民族优秀家庭美德。他们中有和谐相处的17人的大家庭，有一家三代守边防的兵团家庭，有家人患重病不离不弃的爱心家庭，这些家庭事迹看似平凡普通，但凝聚着大爱，温暖了大家，感动了社会。家庭美德塑造着家庭中的每一个人，尤其是对下一代的成长有不可磨灭的影响。

三 社会教育是实施的有益补充

除了学校教育和家庭教育外，社会教育是核心价值观教育的有益补充。在这一点上，新加坡和中国有异曲同工、殊途同归之妙。

（一）新加坡社会核心价值观教育

新加坡社会核心价值观教育包括诸多方面，如新闻媒体、社会团体、宗教团体的核心价值观宣传和教育等，如果寻求与我国的共同性的话，新闻媒体和社会运动应是两国在社会核心价值观教育方面的共性。

1. 做"负责任"的新闻媒体

新加坡的媒体管理模式，叫作"负责任的新闻自由"。这里的"负责任"，不仅包括对事实负责任，还包括对社会负责任。

对事实负责任，就是要客观、公正地报道事件真相，这是媒体的底线道德，是最基本的原则和前提。原新加坡副总理吴作栋说，媒体准确地报道，清楚地分析，以及从新加坡人的角度、以新加坡人为对象，明智地诠释事件与事态发展，就会给新加坡人提供最好的服务。要澄清问题，清楚地说明各项选择，因为在这个复杂的世界里，每一个解决方案都要付出代价①。新加坡知名报纸《联合早报》一向以稳健、严肃、客观而著称，它以"不夸张、不渲染、不武断、不歪曲"为原则，将忠实地报道新闻作为自己的职责，叙事力求准确、客观、公正。在首期《我们的话》中，这样阐发办刊的立场："作为一份独立和民营的报纸……我们绝对不徇私。不偏袒任何人和集团，我们鼓励公正的公众舆论与批评，但绝不为任何个人和集团利用，因而损及个人和国家整体利益。"正是由于长期以来一直坚持客观公正的办刊宗旨，《联合早报》才发展成为新加坡乃至世界知名媒体。除了《联合早报》外，新加坡其他电视媒体、报刊也秉承客观、事实的报道宗旨，也正因为如此，新加坡媒体在当地有着良好的口碑。1994年，南洋理工大学曾经做过一项针对本地报章总的素质的看法和对这些报章是否有信心的调研，调研共询问了494名调查对象，调研结果表明，大约70%的新加坡人认为素质不错和非常好，只有3.5%认为素质差或非常低。36%以上表示他们非常有信心，54%有一定信心，只有不到10%表示没什么信心或全无信心。

新加坡政府认为，媒体的社会责任主要体现在三个方面：

第一，对国家统一和稳定负责。媒体所传播的信息是社会的风向标，影响着社会舆论的走向，甚至会影响一个国家政局的稳定。基于此，人民行动党政府认为应加强对广播、电视等的监管和控制，使他们成为负责任的和富有建设性的地方媒体，而不受宗派主义或其他可能威胁到国家安全、种族和谐或民众福祉的因素的影响。有些国外机构希望进入新加坡的传媒界，新加坡政府对它们更是疑心重重，觉得它们是另有所图，想拿媒体服务于某种政治目的。1988年4月，李光耀应邀在美国新闻报刊编辑公会的聚会上发表讲话，在讲话中，他把美国的媒体描绘成"行政当局的监控者、对手和审判官"。不过他坚决认为，不论是西方媒体，还是本土媒体，都不应该在新加坡扮演这样的角色。1994年，美国《国际先驱导报》刊登了一系列文章，暗示新加坡政府让司法体系遵从行政权力的意志，并依靠这样的体系，镇压已陷入不利境地的反对派政治家。新加坡政府援引《报纸与印刷媒体法》，针对《国际先驱导报》和撰写文

---

① 吕元礼：《新加坡为什么能》（上卷），江西人民出版社2007年版，第183—184页。

章的美国记者采取了惩罚措施。

第二，对国家团结和和谐负责。新加坡特殊的国情和文化背景，使得当地新闻媒体也呈现出多元化的发展态势。根据受众不同的文化教育背景，如有受华文教育者、受英文教育者、受巫文（马来文）教育者和受泰米尔文教育者等，新加坡媒体在使用语言上，也就有了中文、英文、马来文和泰米尔文等多种形式。但无论使用哪种语言，代表哪种文化，人民行动党政府要求它们应该根据事实报道，将偏见与歧视排除在报道大门之外，而将评论性和抒发性的意见发表在言论版。最低限度必须同意事实，然后不同的种族可以按其形式去解释有关事物。否则，社会将会产生混乱，失去秩序。

1971年5月，新加坡的中文报刊《南洋商报》提出尖锐的批评，指责政府忽视华语教育。新加坡政府根据《内部安全法》，逮捕了该报编辑部的三名负责人，理由是他们"蓄意"谋划了"一场煽动华人种族情绪的运动"。李光耀指出，新加坡的新闻工作者有责任协助，而不是妨碍国家的统一与团结。他们在不会引起少数民族猜疑的情况下，向人民报道事件，以及在报道每一个事件的方式选择上扮演很重要的角色。对各种各样的抉择，新闻工作者必须加以分析。他们可以通过促进良好的对话和反映人民的意见，协助人民就问题解决途径达成一致看法。

第三，对正确价值观传播负责。由于现代人的生活越来越离不开新闻媒体，新闻媒体所传播的价值观对人们的价值观的形成有着潜移默化的影响，因此，人民行动党政府十分注意防止媒体带来的不良或错误的价值观，加强媒体的教化功能。

在新加坡，许多孩子的父母白天上班工作，孩子们容易整日沉迷于充斥于世界各地的美国影碟或各种电视节目中。李光耀指出，这一趋势如果不加以扭转，可能会造成一场灾难，而且是一场很大的灾难。因为孩子们看这些电视片成长，耳濡目染之下，影片里子女与父母沟通时所用的粗鲁与叛逆性语言和行为，就会对他们产生不良影响。他说，美国的子女把父母当作同辈、不分长幼的态度，和他自己的成长环境恰好相反。如果他的孙子以这种态度和他说话，他将会刮他们一个耳光。因此，他表示，他不能容忍错误的概念四处散播，政府必须像歼灭病菌一样，推翻没有事实根据的意见，以免这些"病菌"博取人们的信任，危害社会。

正是由于新加坡媒体采取的是与政府和国家共进退、合作的态度，而不是像美国媒体那样，做政府的审问者、对抗者和监视者，今天的新加坡媒体已经在众多国家大事上能与政府保持高度共识，积极、主动地与政府合作，不遗余力地宣传政府提出的"共同价值观"。

以《联合早报》为例。《联合早报》的头版头条经常会刊登领导人的重要讲话、国庆献词、新年献词等，并发表社论，对所认同的政策给予建设性的支持。2014年2月13日，该报发表了一篇题为《站在建国一代的肩膀上》的社论。社论指出，在新加坡即将步入建国50周年之际，如何传承建国一代的精神及梦想，对新加坡的未来，有着深远的意义。新加坡在短短的几十年内，从一个百废待兴的岛国，发展成为世界发达国家，这与建国一代年长国人坚韧、不畏困难、愿为长远利益耕耘及团结一致的优秀品质是分不开的。但是在全球化的今天，不少新加坡人到海外工作与居住，也有不少新移民到新加坡。全球化也导致收入差距拉大，思维及生活方式多元化，因此要维持建国初期的社会凝聚力，挑战更大。在经过多年的经济建设后，新加坡不缺乏基础设施和硬件，但国民的"心件"建设，却还有很长的路要走。社论特别提到了1991年公布的《共同价值观白皮书》，指出《白皮书》虽然是自上而下的设计，但它也反映了国人对未来理想社会的期待与追求。国家信约"誓愿不分种族、语言、宗教，团结一致，建设公正平等的民主社会"，肯定了新加坡多元种族、语言、宗教的现实，也以此为建国根基。社论最后指出，新一代应传承建国一代的精神与梦想，将新加坡带向更美好的未来[①]。从社论的字里行间，我们可以感受得到《联合早报》对国家命运的关注以及对共同价值观的认同和肯定。

2. 积极推行各种社会运动

将核心价值观教育融入各种社会活动中，是新加坡道德教育的一贯做法。有新加坡人说，新加坡是世界上搞各种运动最多的国家。诚然，

---

① 《社论：站在建国一代的肩膀上》，联合早报网，2014年2月13日，http://www.zaobao.com/forum/editorial/story20140213-309649。

各种社区活动、清洁运动、礼貌运动、国庆庆典活动等使新加坡人经常活跃于各种社交场合和社会活动中，丰富多彩、形式多样的活动拉近了人与人之间的距离，增强了社会凝聚力，促进了社会和谐。在这些活动中，比较有代表性的当属国庆庆祝活动、礼貌运动和清洁运动了。

（1）国庆庆祝活动

1965年8月9日，是新加坡的建国日。为了纪念这一伟大的历史时刻，新加坡每年都会举办盛大隆重的国庆庆祝活动。国庆庆祝活动有两大重头戏：一是8月9日的国庆庆典，二是国庆庆典之后的国庆群众大会。在国庆庆典上，新加坡人欢聚一堂，观看文艺节目和精锐防卫表演，领取礼包、唱国歌、挥国旗，感受举国同庆的欢乐气氛和作为一名新加坡人的国家自豪感、荣誉感和归属感；在国庆群众大会上，聆听总理演讲，了解国家下一步的计划与打算。除了国家举办的国庆庆祝活动之外，各社区、学校、社会团体也会组织形式多样的庆祝活动。

为纪念新加坡独立50周年，新加坡将2015年称为"国家独立的金禧年"。为庆祝国家50岁生日，2015年的国庆活动与往年相比，更具意义，也更具看点。国庆日上午9时，全岛87个分区基层、超过50万国人在同一时间参加国庆敬礼，一起高唱国歌，背诵信约。人民协会理事长洪合成说："配合新加坡50岁生日，今年的庆祝活动会更具意义。全岛87个分区基层将在同一时刻举行国庆敬礼。这是由民间发起、全民参与的庆祝活动，除了居民外，宗乡会馆、商联会、企业、志愿福利组织等也会参加。"8月7日至9日，各基层还举行了250多场社区庆祝活动，120万户新加坡公民和永久居民获赠一份由各阶层国人设计和绘制的独特礼包，同庆金禧国庆[①]。

（2）全民文明礼貌运动

很多去过新加坡的外国人，对新加坡人的第一印象是"很有礼貌，很讲文明"。的确，在新加坡，"请""您好""谢谢"等礼貌用语不绝于耳，机动车主动给行人让道、自觉排队、主动让座的文明礼让行为随处

[①] ［新加坡］胡洁梅：《国庆日上午 全岛50万人高唱国歌》，《联合早报》2015年6月20日。

可见，新加坡人的文明素质在世界上有口皆碑。而这一切都得益于全民文明礼貌运动。这项运动由新加坡政府自1979年发起，每年都有新的主题，而且至今从未间断。

李光耀曾经多次强调"礼"的重要性，他说："我们必须劝导儿童和劝说成人以礼相待。我们要注重礼节，因为这能够使大家生活得更愉快。礼貌是文明社会的一部分，礼貌本身就是一种美德，只对阔气的旅客有礼而对国人无礼，是降低我们自己的人格。这样一来，我们会沦为卑鄙的一群，样样以图利为出发点。"① 新加坡要建设成为"优雅社会"，就必须首先要讲文明，讲文明有很多方面，新加坡政府选择从讲礼貌入手，以此为切入点，通过培养新加坡人的礼貌习惯，促使人们在日常交往中彬彬有礼，从而形成良好的人际关系，促进社会和谐。

礼貌运动1990年的主题是"以礼待人，由我开始"，"采取主动，别再犹豫"，1992年的主题是"礼貌传四方"，1996年的主题是"发扬睦邻精神"。为配合礼貌运动，政府还发动国人创作了宣传歌曲和吉祥物——"礼貌运动大使"新雅（Singe Lion），电视广告用轻松的动画和漫画，将国人生活中常见的不礼貌行为展现出来，借以提醒国人注意自己的行为和文明素质。新加坡领导人在一些场合讲话中也会特意提到国人的一些文明或不文明的行为，以示告诫。2008年，李显龙在国庆群众大会上说，"新加坡社会的文明程度还不够理想，需要持之以恒地花力气去做广泛深入的教育工作。就我们的感觉来看，虽然民众的言行举止在整体上是不错的，但缺乏公德心和责任意识的现象屡见不鲜，无法体现出这个现代文明国家应有的形象"②。

针对近年来国人文明素质有所下降的问题，2013年，新加坡政府策划了"新雅辞职了"的创意宣传，引发了社会对国民素养的一次集体反思。文明礼貌运动大使"新雅"向新加坡人提交了一封"辞职信"，信的标题用的是强烈的字眼"我不干了"（I Quit），"新雅"在信中提及自己

---

① 《联合早报》编：《李光耀40年政论选》，新加坡报业控股华文报集团1993年版，第394页。

② 《建设优雅社会不放松》，联合早报网，2008年8月19日，http://www.zaobao.com/special/report/singapore/ndp2008/story20080819-99247。

累了，不想再继续面对一个越来越愤怒及不快乐的社会，由此告诫各领域当权者应以身作则，同时也质问了国人对行善的观念与态度，最后在信末提醒："社会和谐，匹夫有责"。"新雅"的辞职信在新加坡社会引发了广泛的讨论，也引起了国民的集体反思。

对于文明礼貌运动的做法，尽管有争议，褒贬不一，但不可否认的是，文明礼貌运动在很短的时间里，提升了新加坡人的素质，在新加坡经济上步入发达国家行列之后，在帮助新加坡从文化素质上跻身现代文明国家方面发挥了不可磨灭的重要作用。

(3) 保持新加坡清洁运动

新加坡以花园城市而著称，环境优美、干净整洁是新加坡的城市标签。而又有谁能想到，这个花园城市在建国初却是一个蚊蝇滋生、环境脏乱差的"臭水港"。这里就有必要提一下新加坡的清洁运动了。该项运动由李光耀亲自倡导，1968年10月1日，李总理在"保持新加坡清洁运动"推介仪式上发表演讲说："整个新加坡已经密集发展，现在已经没有与世隔绝的地方，有钱人再也不可能隔离地居住在不受贫民居住水平影响的地方。即使东陵，以前四周都是绿地，如今女皇镇就在咫尺之遥。如果女皇镇有苍蝇和蚊子，它们会飞到东陵。新加坡是一个整体，一个我们的家，我们的家园。哪一个邻居把家弄脏、让蚊虫滋生，那将成为你的问题。""我们在建设，在进步，但是没有任何成就比我们成为东南亚最干净与绿化的城市来得特别。只有社会意识和教育程度高的人民才有能力维持一个干净的花园城市。"① 清洁运动的主要目的，就是鼓励居民以对待自家的态度，来对待社会公共空间。保持环境清洁是大家共同的责任，是公民应尽的义务。

清洁运动与礼貌运动相同，每年举办一次，至今已有四十余年。2015年3月，新加坡公共卫生理事会、新加坡行善运动理事会及美化狮城运动三大组织机构在国家环境局的支持下，组织超过1万名义工到全岛133个地点进行"全民清洁大运动"，清除遗留下来的垃圾、纸屑和烟蒂，以此呼吁新加坡人爱护环境，减少乱扔垃圾的行为。

---

① ［新加坡］韩咏梅：《当全民运动内化为自然》，《联合早报》2015年4月12日。

(4)"种族和谐日"活动

每年的7月21日是新加坡的"种族和谐日",这是为了纪念1964年7月21日爆发的族群冲突,提醒新加坡人种族和宗教和谐不是理所当然的,族群关系需要经营和维护,以避免惨痛历史悲剧重演。

"种族和谐日"活动是学校每年重点德育活动之一。当天,各所学校会开展不同形式的庆祝活动,如鼓励同学们穿着本族群特色节日服装,准备丰富的各种族口味的食物供大家品尝,或让同学表演传统服装秀、民族舞蹈等节目,或举办小型展览让大家了解不同族群的习俗与节日等。通过丰富多彩的活动,增进了不同族群同学间的沟通与了解,培养了学生多元文化的意识和种族和谐的理念。

各宗教团体在"种族和谐日"当天也会举办各种庆祝活动,如嘉年华活动、晚会晚宴、举办展览等,各不同宗教团体甚至还会联合起来,一起举办活动。如2011年7月21日,新加坡道教总会举行了种族和谐日暨答谢会,邀请了20多个宗教团体的200多名代表,感谢他们在去年12月份对道教总会组织的道教总会20周年庆典暨新加坡多元种族多元宗教联欢晚会的支持。不同宗教信仰的人们欢聚一堂,共同庆祝种族和谐,这种盛景是新加坡独有的宗教文化景观。

另外,新加坡的各社区组织在这一天也会举办多种活动,增进社区不同族群居民之间的沟通与了解。新加坡每座组屋、邻里均由各种族居民按均衡的比例组成,大家在平时就有很多交流的机会,在和谐日当天,社区还会精心举办各种表演、展览等活动,增进不同族群间往来,促进团结与交流。

(二) 中国社会核心价值观教育

在中国,培育和践行社会主义核心价值观是全社会的共同责任。基层党组织、新闻媒体、社区组织等在宣传和传播社会主义核心价值观方面都发挥了重要作用。

1. 基层党组织是培育和践行社会主义核心价值观的重要组织依托

重视发挥基层党组织的战斗堡垒作用和党员干部的先锋模范作用是中国共产党思想政治工作的优势和一贯传统。在培育和践行社会主义核心价值观方面,基层党组织通过开展党员理论学习活动和社会实践活动"不忘初心、牢记使命"主题教育活动等,在党员干部中掀起一股学习和践行社会主义核心价值观的热潮。

根据中央组织部最新党内统计数据显示，截至 2016 年年底，中国共产党党员人数为 8779.3 万名，党的基层组织 436.0 万个。全国 7665 个城市街道、32753 个乡镇、92581 个社区（居委会）、577273 个建制村已建立党组织，覆盖率为 99%。436 万个党的基层组织分布在全国各地、各个行业，覆盖到各类人群，其影响力和辐射效应不容小觑。

近年来，在党中央的领导下，基层党组织就组织开展了形式多样的学习和实践活动，如群众路线教育活动、创先争优活动、"三严三实"教育活动、"两学一做"活动、"不忘初步、牢记使命"主题教育活动等。由于有了党员干部的带头学习，群众的社会主义核心价值观培育工作才得以顺利开展。

2. 新闻媒体是培育和践行社会主义核心价值观的重要力量

《关于培育和践行社会主义核心价值观的意见》明确指出："新闻媒体要发挥传播主流价值的主渠道作用"，要求"党报党刊、通讯社、电台电视台要拿出重要版面时段、推出专栏专题""出版社要推出专项出版""都市类、行业类媒体要增强传播主流价值的社会责任"等①。文件用"主渠道"高度概括了新闻媒体在宣传社会主义核心价值观中所起的作用，充分说明了中国共产党对新闻媒体工作的重视。

《意见》发布后，各大媒体迅速做出回应，以重要版面时段推出"社会主义核心价值观"专栏专题，在社会上掀起了一股学习社会主义核心价值观的高潮。2014 年新年伊始，中国共产党党报《人民日报》围绕"培育和践行社会主义核心价值观"，组织了多场高层次的座谈会，并以专版摘发了与会人员的发言；随后又新辟专栏跟进报道，推出了五论"如何培育和践行社会主义核心价值观"、五论"弘扬社会主义核心价值观"、三论"着力培育和践行社会主义核心价值观"等，为社会主义核心价值观宣传造势，营造了良好的舆论氛围；2014 年，《中国教育报》专门开设了"培育和践行社会主义核心价值观　学习习近平总书记重要讲话精神"笔谈栏目，邀请各省市教育行政部门负责人、高校党委书记、校

---

① 《关于培育和践行社会主义核心价值观的意见》，《人民日报》2013 年 12 月 24 日。

长以及教育部人文社科重点研究基地首席专家共 40 多人撰写署名文章，交流学习心得体会。同时开设了"培育和践行社会主义核心价值观特别报道"专栏，全方位、多角度、深层次地报道各地涌现出的优秀人物、先进事迹和典型经验。从 5 月 4 日至 7 月 31 日，累计刊发消息、文章百余篇，共计 20 多万字，在教育战线掀起了学习习总书记系列讲话精神和社会主义核心价值观的热潮。

3. 社区是培育和践行社会主义核心价值观的重要阵地

社区作为人民群众日常学习和生活的重要公共场所，不仅具有管理功能、服务功能和保障功能，也承担了一定程度的教育功能。社区建设不仅有基础硬件设施建设，也有精神文化软件建设。社区既是人民群众日常居所，也是居民守望相助的美好家园。

社区在培育和践行社会主义核心价值观方面可以发挥独特优势：第一，联系广泛。社区工作者的工作直接面对千家万户，受众面广。第二，组织便捷。能够采取多种形式，可以在短时间内将居民组织起来，第三，载体丰富。可以通过网络、宣传栏、广播、表演队、宣传队、广场等多种渠道和途径进行宣传。第四，做细做实。社区是使社会主义核心价值观融入居民日常生活的重要渠道，可以使核心价值观的教育和宣传工作做到细处，落到实处。

正是由于社区的独特优势，中国共产党十分注重发挥社区的功能和作用，使社区成为培育和践行社会主义核心价值观的重要阵地和使社会主义核心价值观教育做细做实的有力依托。中共中央在《关于培育和践行社会主义核心价值观意见》中指出："城乡基层是培育和践行社会主流价值的重要依托"，要使社会主义核心价值观"融入城乡居民自治中，融入人们生产生活和工作学习中。"[①] 目前，社区社会主义核心价值观建设在全国各地正如火如荼地进行，广大社区工作者通过各种形式积极宣传和传播社会主义核心价值观，建立起了一批社会主义核心价值观示范社区，产生了良好的社会效应。

[①]《关于培育和践行社会主义核心价值观的意见》，《人民日报》2013 年 12 月 24 日。

第二节　教育实施的差异性

尽管中国与新加坡在核心价值观教育实施方面存在诸多共性，但必须指出的是，两国由于国情、文化差异以及教育理念的不同，也表现出一些差异性。

一　实施主体的差异性

虽然在核心价值观教育中，中国与新加坡都采取了学校教育、家庭教育和社会教育相结合的教育模式，但是两国在三者结合的形式、程度上有所不同。学校教育、家庭教育和社会教育是新加坡核心价值观教育中三股并驾齐驱的力量，特别是新加坡的社会教育，它与学校教育、家庭教育配合紧密，是新加坡核心价值观教育实施的特色和亮点。与新加坡相比，我国是以学校教育为主的，家庭教育和社会教育略显不足。

（一）注重社会教育是新加坡核心价值观教育的特色

在新加坡，学校、家庭和社会在核心价值观教育中都发挥了重要作用，三者可谓平分秋色。与我国相比，注重社会教育，并将社会教育与严格的法治管理相结合是新加坡核心价值观教育的特色。

1. 社会教育与社会管理相结合

如果说教育是建立在"人性善"的人性论观点之上的，那么管理就是立足于"人性恶"的观点之上的。正如莎士比亚所说，人，一半是天使，一半是魔鬼。教育着眼于追求最好，管理立足于避免更坏。教育发扬人性中善的一面，管理抑制人性中恶的一面。教育与管理相结合，有效的管理可以弥补教育的不足，帮助教育得到更好的实施，并保障和巩固教育的效果。

关于新加坡，有一句名言："Singapore is a fine city"，这句话有两种翻译，其一可以译为"新加坡是个美好的城市"，其二则可译作"新加坡是个罚款的城市"。"美好"与"罚款"在这个城市国家都得到了充分的体现，不可不谓是新加坡的一大特色。在新加坡的公共场所，我们可以看到很多警示牌。与我国不同的是，这些警示牌上除了一些"禁止……"

的警示语外，每一警示语下面都有相应的罚款金额，明码标价，让人印象深刻。而这些罚款措施不是立个牌子，口头警告而已，而是有专门的机构负责执行，一经发现违规行为，则严惩不贷。这些警示牌名目繁多，针对的大多是一些不讲公德的行为，如在地铁里，就有这样的警示牌——"禁止吸烟，违者罚1000新币；禁止吃喝，违者罚500新币；禁止携带易燃物，违者罚5000新币"。但是，新加坡政府也不是乱罚款。在每一项新的罚款措施出台前，都会进行广泛的宣传运动，如取缔野狗运动、乞丐运动、灭蚊运动、清洁和绿化周运动、不乱倒垃圾运动等，可以说是先讲后罚，讲究步骤。宣传期过后，再进入执行阶段；执行初期，有违法者处罚从宽。过了过渡期，再有以身试法者，则严罚不贷。

为了体现"种族和谐"的价值观，除了宣传教育外，在管理措施上，新加坡政府也煞费苦心，出台了一系列支持种族和谐的政策。以前，新加坡人不同族群分族聚居，这样不利于不同族群之间的沟通与交流，容易造成种族隔阂，甚至分裂。特别是马来人，他们长期居住在经济萧条地带，常年下来，那里形成了新加坡的贫民窟。为了改变这种状况，人民行动党政府在拆除旧房、建设新房之后，规定用抽签的方式选择组屋（Public Housing，新加坡政府为解决居民住房问题而提供的廉价房屋——笔者注）和住的楼层，以便打破分族而居的状态。考虑到有的屋主会把组屋卖掉，购买新的可由自己任意选择的组屋时，可能又会恢复到以前同一族群同族而居的局面时，人民行动党政府又出台了新的管理规定，对同座组屋各种族居民的比例进行设限，规定马来族15%，印度种族和其他少数种族13%。一达顶限，就不得再申请购买同个邻里的组屋。这一措施有效遏制了种族分族聚居的态势，避免了某些种族聚居区的贫民窟化，为新加坡创造了一个多元和谐的居住环境。新加坡副总理尚达曼说："这个最具干预性的社会政策被证明是最关键的。当你确保每个邻里都有来自不同族群的居民时，人们在日常生活上便会经常在一起，对彼此感到自在。更重要的是，他们的孩子上同样的学校。因为他们一起长大，他们会有共同的未来。"他指出，"不能假设市场或社会的自然运作会带来社会和谐或机会均等"，政府应该充分发挥其作用，"用明确的机制和计划，来达到我们所要的目标"①。

2. 社会教育与法治建设相结合

新加坡立法严密，执法严明，司法公正。法治建设与社会教育相得益彰，相互补充，共同促进社会良好风气和价值观的形成。

李光耀说："任何司法制度的严峻考验，并不在于其理想概念的伟大或崇高，而是在于它是否能够在人与人之间，以及人与国家，产生社会秩序和精神意义。"② 司法制度要有助于社会善良风俗的形成，提升人们的精神品格，而不是只停留在威慑惩罚层面。在回答记者"为什么在很多国家也有完备的法律，而犯罪率仍然逐年上升"的问题时，李光耀回答道，法律的精神除严格外，还有公平，如果真正做到了法律面前人人平等，那么法律的尊严就树立起来了，法律就不仅有惩罚作用，还有威慑和教育的作用，使任何一个企图犯法的人，都不能抱着侥幸的心理，都明白他行为的代价。

公正的司法制度、良好的法治环境使新加坡人对国家的未来充满信心，同时也吸引了更多外国人前来新加坡投资或定居，使新加坡成为全球最宜居城市之一。

（二）中国主要通过学校开展核心价值观教育

中国的核心价值观教育主要是以学校为主导的，家庭教育和社会教育是学校教育的重要补充。与新加坡相比，中国家庭教育和社会教育在核心价值观教育中的作用还有待挖掘、发挥和加强。

1. 学校是中国核心价值观教育开展的主阵地

由于青少年和党员干部是社会主义核心价值观教育的重点对象，因此，学校是中国核心价值观教育的主阵地。这里的学校教育不仅包括基础教育、高等教育、职业技术教育、成人教育，还包括各级党校、社科类培训等。

在《关于培育和践行社会主义核心价值观的意见》中明确指出："培

---

① ［美］法里德·扎卡里亚（Fared Zachariah）：《美国能向新加坡学习维系种族和谐》，《联合早报》2015年6月27日。

② 《联合早报》编：《李光耀40年政论选》，新加坡报业控股华文报集团1993年版，第316页。

育和践行社会主义核心价值观要从小抓起,从学校抓起","要把社会主义核心价值观纳入国民教育总体规划,贯穿于基础教育、高等教育、职业技术教育、成人教育各领域,落实到教育教学和管理服务各环节,覆盖到所有学校和受教育者"[1]。的确,社会主义核心价值观理论作为先进的理论,必须通过课堂的正面灌输,只有在课堂上将理论讲透,将社会主义核心价值观确立的背景、意义、理论渊源、与西方价值观的差异等问题向学生讲明,学生才会理解,才能真心认同、真正拥护并自觉践行社会主义核心价值观。

列宁在《怎么办?》一文中提出了著名的灌输理论,他指出,社会主义意识不可能自发地在工人阶级中产生,必须通过无产阶级政党从外面灌输进去。社会主义核心价值观作为中国特色社会主义的理论新成果,必须通过学校系统的教育使之得以宣传并发扬光大,这是由思想政治教育的本质和规律决定的。

2. 家庭核心价值观教育略显不足

2014 年 12 月 20 日,共青团中央网络影视中心、北京大学三宽家长教育科学研究院等单位联合发布了《2014 年中国城乡家庭教育现状白皮书》,课题组自 2013 年 6 月起,在全国范围内随机抽取 10.83 万名中小学、幼儿园学生家长进行问卷调查,历时 1 年,最终形成该白皮书。

从白皮书可以看出,目前中国家长在家庭教育方面的知识还是比较欠缺的。白皮书数据显示,在家庭教育方法方面,有 37.82% 的家长不知道教育方法,26.19% 的家长没时间教育孩子。超过一半的家长表示,当孩子出现问题时,希望能得到专业帮助,并且有 81.4% 的家长认为家庭教育有很多学问,需要学习和培训。然而目前社会能提供给家长系统学习家庭教育的渠道还不足以满足家长的现实需求。其中,家长通过书籍学习的占 30.53%,自己摸索的占 21.85%,朋友交流的占 18.01%,从媒体获取知识的占 13.16%,从家长会获得的占 12.71%。另外,多数家长认为,批评孩子有效的方式是摆事实讲道理和与孩子讨论,但家长有偶尔打骂孩子现象的,比例占到了 79.32%。

---

[1] 《关于培育和践行社会主义核心价值观的意见》,《人民日报》2013 年 12 月 24 日。

另外，白皮书指出，中国家长对孩子价值观教育和人格培养相对于知识教育而言，显示出明显不足。尽管目前中国父母在教育观念上有很大进步，越来越多地关注孩子身心健康，如调查数据显示，在家庭教育主要任务方面，认为只要把学习任务搞好就行的家长，占比仅为24.92%，认为教孩子做人的道理的，占37.93%。在家长最关心孩子的事中，身体、心理健康占70.58%，而学习成绩是否优秀仅占10.54%。但是白皮书同样指出，目前中国家庭教育还存在着很多问题：如家长教育观念的进步与实际行为存在明显差异；家长获取家庭教育知识的途径比较单一；家长的教育还经常使用打骂、处罚和唠叨等错误手段来进行；家长更多地重视孩子学习，价值观教育不足，意志力和抗挫力的培养也较少；父教缺失的情况在家庭中问题依然较大；隔代教育问题突出，三代同堂家庭冲突不断；农村家庭教育问题严峻；网络给家庭教育带来的冲突与困惑普遍存在等[①]。

中国现代化进程的加速给传统的家庭价值观念带来了严峻挑战，三世同堂、四世同堂的传统大家庭逐渐缩小比例，以"三口之家"为主要组成部分的核心家庭越来越多。城镇家庭父母忙于工作，对孩子疏于教育和监管；农村家庭父母一方或双方进城务工，留守儿童在心理上缺乏关怀，成为社会最为弱势的群体之一。社会主义核心价值观教育需要家庭教育的积极配合，作为社会基本单位和细胞的家庭，在社会主义核心价值观教育中，应扮演什么样的角色，如何扮演好这一角色，学校和社会如何对家长们进行专业化的家庭教育培训，为他们提供学习和服务的机会和平台，是社会主义核心价值观家庭教育应着力思考和解决的问题。

3. 社会核心价值观教育略显薄弱

尽管我国社会核心价值观教育取得了长足进步和一定成效，但是与新加坡核心价值观教育的社会教育相比，还略显薄弱，有待加强和完善。主要表现在：第一，社会教育与社会管理结合度不够。新加坡社会教育与社会管理功能互补，良好有效的社会管理为核心价值观教育的推行提供了强有力的制度保障。我国在这方面还比较欠缺，因此，要根据社会

[①] 《家庭教育成中国父母最大短板　家长普遍忽视》，《中国教育报》2014年12月29日。

主义核心价值观建设的要求，完善奖惩机制，褒奖善行义举，惩罚恶行罪行，用制度法规来约束人们言行。要完善市民公约、村规乡约、行业守则等道德行为规范，在日常管理中融入社会主义核心价值观，彰显主流价值观的力量。第二，群众对社会主义核心价值观的认同度有待提高。我国目前社会主义核心价值观教育的重点是党员干部和青少年，基层群众对社会主义核心价值观了解度不够，还没有真正做到"内化于心，外化于行"。第三，社会教育与群众生活存在"距离落差"。社会主义核心价值观教育要想取得成效，必须融入百姓日常生活，为百姓解决实际生活、思想问题，否则就会陷入空谈，难以达到预期效果。一些地方的社会主义核心价值观教育尚停留在表面层次，没有深入百姓生活，没有为他们解决思想诉求和利益诉求问题，因此显得贫瘠空洞，难以具有说服力。

二 具体实施方法的差异性

在具体实施方法方面，新加坡注重"润物细无声"式的隐性教育，中国则注重"开门见山"式的正面宣传。

（一）新加坡注重"润物细无声"式的隐性教育

我们以新加坡小学《公民与道德教育》教材为例，看看新加坡是如何实施"润物细无声"式的隐性教育法的。

在新加坡小学《公民与道德教育》学生教材首页，有这样一段简介："公民与道德教育学生读本让学生将他们的学习过程记录下来。学生读本包含了生动有趣的故事和资讯，也列出讨论问题，让学生和他们的伙伴相互交流，以启发他们的批判性思维和创意思维。书写活动可以让学生记录他们的想法和学习，促进他们思考，并将所学的价值观融会贯通。"这段话可以说很好地总结了该套教材的特点，那就是注重发挥学生的主体作用，通过讲故事、创设情境，引导学生置身其中，充分展开讨论和交流，从而培养学生正确的价值观念。这就是一种情境讨论的方法，它是新加坡学校核心价值观教育所使用的主要方法，该法符合小学生的心智发展特点，贴近了学生的生活，尊重了教育的规律，也使德育课深受学生的喜爱。

例如在五年级教材在讲授"和谐"这一价值观时，安排了这样一篇课文——"真心了解你"。全文如下：

真心了解你

请阅读情境一至四，然后分组讨论以下的问题。

一

素梅的新同学查若妮来自泰国。素梅故意作弄查若妮，还把她的头发弄乱，令查若妮很难过。查若妮的父母还得特意来学校将她带回家。素梅知道整洁的重要性，但是她认为查若妮太小题大做了。

(1) 你认为查若妮为什么会因为素梅弄乱她的头发而感到难过？

(2) 素梅和查若妮对彼此的举动有怎样的感受？

(3) 查若妮和素梅应该怎么做，才能避免这种情形再次发生？

二

下课后，符老师将来自澳洲的同学马克叫到一旁，想了解他上课时为什么无法专心。但是，马克在和符老师说话时，一直瞪大眼睛看着符老师，让符老师感到很不自在。

(1) 你认为符老师为什么会因为马克瞪大眼睛看着他而感到不自在？

(2) 符老师和马克对彼此的举动有怎样的感受？

(3) 符老师和马克应该怎么做，才能避免这种情形再次发生？

三

卡里姆邀请从日本来的朋友岩手到他家吃午饭。他的妈妈为他们准备丰盛的一餐。用餐时，岩手大声地吃面条，这令卡里姆和家人都感到很惊讶。

(1) 你认为卡里姆的家人为什么对岩手的举动感到惊讶？

(2) 岩手和卡里姆的家人对彼此的举动有怎样的感受？

(3) 卡里姆和岩手应该怎么做，才能避免这种情形再次发生？

四

来自韩国的相喜到好朋友塔妮的家做客。相喜还特地带来了一份礼物。塔妮谢谢相喜后，就立即打开礼物。相喜感到很不自在。

（1）相喜为什么为因为塔妮在她面前打开礼物而感到很不自在？
（2）相喜和塔妮对彼此的举动有怎样的感受？
（3）相喜和塔妮应该怎么做，才能避免这种情形再次发生？①

从这篇课文的教学设计，我们可以看出情境讨论法一般分为四个教学步骤：

第一，创设情境故事。这篇课文以"真心了解你"为主题，创设了四个情境故事。分别讲述了与来自泰国、澳洲、日本和韩国的四个外国同学之间的故事。四个故事看似独立，其实相互之间又存在关联，有异曲同工之处。

第二，对故事的结果展开讨论。每个故事都设计了三个讨论题目，三个讨论题目在设计上环环相扣，有层层递进的逻辑关系。首先是针对情景故事中主人公的表现结果而设问，为什么会有这样的结果，这是一个直观的判断问题，是理性思考的第一步。

第三，设身处地、情感体验。在理性思考中融入情感体验，让学生设身处地地想一想，如果换作自己，会有怎样的感受。这是情境讨论法至关重要的一步，只有身临其境，有了切身的体会与感受，才能在理性思考的基础上加深对此问题的认识，这是情感的体验，更是对第一个问题理性认识的深入和升华。

第四，解决问题，总结经验。在理性认识和情感体验的基础上，引导学生思考如何对问题加以解决，使之得到一个合理的双方满意的结果。这一步是质的飞跃，是教育所期望看到的结果。

新加坡的情境讨论法从理论渊源上看，来自科尔伯格的道德两难故事讨论法和美国价值澄清学派的价值澄清法。新加坡将这两种方法相融合，结合新加坡的国情，予以创新性的改造，使之成为新加坡学校核心价值观教育的主要方法。新加坡的情境讨论法可以说是一种隐性的教育方法，正如"真心了解你"这篇课文，课文要呈现的是"和谐"价值观，

---

① 新加坡教育部课程规划与发展司：《公民与道德教育》（五年级读本），*EPB Pan Pacific* 2008 年版，第 97—100 页。

但通篇找不到"和谐"一词,而"和谐"的理念却又贯穿于全文。美国宣传心理战的专家克罗斯曼说:"上乘的宣传看起来要好像从未进行过一样,让被宣传的对象沿着你所希望的方向行进,而他们却认为是自己在选择方向。"① 新加坡核心价值观的宣传方法正好印证了这段话,宣传是悄无声息的,是"润物细无声"的。

(二) 中国注重"开门见山式"的正面宣传

与新加坡"润物细无声"式的隐性教育法不同,我国的核心价值观教育更多采取的是正面灌输的显性教育法。

1. 先进的理论"只能从外面灌输进去"

马克思主义认为,先进的科学社会主义的理论不可能在工人阶级和工人运动中自发产生,只能从外部灌输进去,因此,要加强无产阶级政党和工人阶级的理论武装。马克思说:"批判的武器当然不能代替武器的批判,物质力量只能用物质力量来摧毁;但是理论一经掌握群众,也会变成物质力量。"② 群众需要掌握"理论",包括"理论"在内的上层建筑对经济基础有着巨大的反作用。而先进的理论不能在群众头脑中自发产生和形成,必须依靠外部灌输。列宁当年曾经严厉批判党内和工人阶级队伍内存在的"工联主义"思潮,他说:"工人本来也不可能有社会民主主义的意识,这种意识只能从外面灌输进去,各国的历史都证明工人阶级单靠自己本身的力量,只能形成工联主义的意识。"③

社会主义核心价值观作为思想上层建筑的一部分,是中国共产党在长期社会主义革命与建设实践中形成的先进价值观,是中国特色社会主义理论体系的最新成果,培育社会主义核心价值观离不开持续地灌输。注重宣传,加强灌输,尤其强调党员干部的理论学习,是中国社会主义核心价值观教育的特色。

2. 注重将富有地方地域特色的文化融入核心价值观教育

中国的核心价值观教育不仅仅只有正面宣传,注重文化氛围的熏陶,

---

① 冀永义:《"行不言之教"新解》,《北京日报》2014年1月13日。
② 中共中央编译局编译:《马克恩格斯选集》第1卷,人民出版社2012年版,第9页。
③ 中共中央编译局编译:《列宁选集》第1卷,人民出版社1992年版,第317页。

注重良好人文环境的潜移默化的影响,注重将富有地域特色的文化融入核心价值观教育,也是中国目前核心价值观教育工作的重点和努力的方向。尤其是将富有地方地域特色的文化融入社会主义核心价值观教育,这是中国很多省市普遍在进行的核心价值观教育的富有创新性的实践与探索。

将红色文化融入社会主义核心价值观教育。红色革命价值观与社会主义核心价值观都是中国共产党人在中华民族伟大复兴进程中培育的先进价值观和崇高精神品格。将红色文化融入社会主义核心价值观教育,既体现了特色的历史文化内涵,又彰显了鲜活的时代价值,提升了社会主义核心价值观教育的吸引力、感染力和说服力。红色文化与社会主义核心价值观存在精神价值的本源性和同质性,二者具有内在的契合性。通过讲述经典的红色故事、重大的红色事件、重要的红色人物,可以激活学生的红色基因,弘扬红色精神,可以为社会主义核心价值观教育增强厚重的历史感及鲜活的感染力。通过打造和运用红色文化精品,树立红色文化品牌,可以达到以文化育人的目的,在红色文化的熏陶中,促使人们理解并自觉践行当代的核心价值观。

将中国传统文化融入社会主义核心价值观教育。中国传统文化源远流长,博大精深,影响着一代又一代中国人的生活方式和思维习惯。在中国的一些省市,已经在开展将传统文化融入社会主义核心价值观教育的实践。如湖北省孝感市,将传统孝德文化融入社会主义核心价值观教育。孝感市因孝得名,以孝闻名,是一座有着丰富孝德文化和历史底蕴的城市。该市大力倡导孝德文化,弘扬孝德传统,并将孝德的内涵加以引申发挥,把对父母的孝扩展至对社会和国家的责任和忠诚,使孝德文化与社会主义核心价值观实现了有机结合,一方面赋予了孝德文化现代价值,另一方面也赋予了核心价值观教育更为深厚的文化载体。

三 实施制度保障机制的差异性

制度是核心价值观教育的有效载体,它承载和传递着理念,是实现理论和实践相结合的中间环节和桥梁枢纽,是理念内化为行为方式和风俗习惯的根本手段,是使抽象理念具体化、可操作化以及行为实践常态化、可持续化的根本路径。一个社会的核心价值观教育只有依靠稳定的制度作保障，才能真正稳步推进，落到实处。在核心价值观教育的制度保障机制方面，中新两国存在较大差异。

（一）新加坡核心价值观教育有着较为完备的制度保障机制

目前新加坡核心价值观已经融入新加坡社会制度、政策和法律规章的方方面面，可以说，新加坡已经建立起了较为完备的核心价值观教育制度保障机制。

1. 新加坡核心价值观教育的政治制度保障机制

新加坡核心价值观教育是一场以政府为主导的，从官方到民间的自上而下的教育活动。新加坡人民行动党政府为核心价值观教育的实施提供了可靠的政治制度保障。

（1）以政治文件的形式赋予核心价值观教育重要地位

1991年新加坡国会发表的《共同价值观白皮书》以政治文件的形式赋予了核心价值观教育的政治地位，从顶层设计的角度确保了核心价值观教育在全国的有效实施和开展。1988年10月，当时的第一副总理吴作栋提出，新加坡要以类似于马来西亚"国家原则"和印度尼西亚"建国五则"的方式，提出新加坡的国家指导原则。此后，一个由李显龙领导的国会委员会随即成立，专门负责此事。

经过两年的讨论和广泛征求意见，新加坡政府正式发表了《共同价值观白皮书》，并对原先四点内容进行补充完善，提出了五点内容作为新加坡的共同价值观。从新加坡核心价值观的提出和凝练过程可以看出，新加坡核心价值观教育是新加坡政府所倡导的自上而下的教育活动。正如《共同价值观白皮书》中所指出的，"如果新加坡的这一代人民不引导在不同环境下成长的下一代，就无从知道他们最终将会接受哪一种价值观念；他们可能会无可避免地失去方向或放弃促使新加坡成功的原有价值观。"[①]

（2）核心价值观与政治制度的高度融合

从新加坡政治制度的顶层设计来看，核心价值观作为制度设计之

---

① 吕元礼：《新加坡为什么能：和谐社会是怎样建成的？》（下卷），江西人民出版社2007年版，第90页。

"魂",是融合和贯穿于制度之"体"的。新加坡核心价值观是以儒家价值观为基础,从儒家价值观发展演变而来的。新加坡的"威权主义"民主体制将儒家价值观与现代西方民主制度相结合,是一种中西合璧的特殊现代政治制度。它使传统儒家精英治国的理想得以最终实现,走出了由于缺乏竞争性的制约、监督机制所致的"理想自理想、现实自现实,终古为一不落实的文化"的困境与尴尬。正如新加坡某领导所言:"只有儒家思想,没有民主制度的保障,儒家的以民为本、以民为贵的思想不能落实;若只有民主观念,不能辅以儒家伦理补之不足,民主制度也会产生不少流弊,无法达到理想的实现。"[①]

同时,核心价值观也体现在新加坡具体的政治制度中。如新加坡执政党人民行动党在其党章中明确提出,人民行动党是"一个致力于服务国家和增进人民福利的国家机构"。党的目标包括"保卫国家的独立、主权和领土完整;通过议员和民主政府捍卫新加坡人民的自由和幸福;建设多元种族的,公平的,不同种族、语言、宗教彼此宽容的社会,用爱国主义凝聚人民和增进认同,铸造新加坡国家;建设一个秩序规范、自力更生、生机勃勃的社会,取酬凭业绩和贡献,老有所靠,病有所医,困有所扶;倡导社会和谐和人人合作,促进经济、社会和文化的健康发展,保障机会平等,通过教育和培训做到各尽其能、人尽其才、才尽其用"[②]。党章中传递的价值目标和理念与核心价值观是一致和相通的,为核心价值观教育的实施提供了制度保障。

2. 新加坡核心价值观教育的法律制度保障机制

新加坡是一个法治国家,以法治严明而著称。人民行动党政府自建国以来,始终坚持依法治国,将社会政治、经济、文化和教育等活动一一纳入法治轨道,创造了和谐稳定安全的社会环境。核心价值观通过法律制度向人们社会生活的方方面面进行渗透,影响和规范着人们的行为,从而造就了秩序井然、文明和谐的新加坡社会。

---

① 王文志、赵江华:《从政治体制维度解析新加坡人民行动党长期高绩效执政之谜》,《河北师范大学学报》2008年第2期。

② 王彩玲:《新加坡政党的运行机制及启示》,《学海》2008年第1期。

(1) 完整缜密的立法体系

新加坡立法细密，滴水不漏。大到政治体制、经济体制、经济管理、商贸往来、公民的权利和义务，小到礼仪礼节、交通出行、停车规则、钞票保护、公共卫生等都有明确具体的法规可循。新加坡事无巨细的法律法规，形成了世界上最为完整缜密的法律体系。人们遵循着遍及各个领域、非常明确具体的法律法规，从言谈举止、衣食住行等生活细节到涉及个人与社会、个人与国家关系的重大社会活动，无不一一受到法律规范的约束和调节。核心价值观正是通过这些严密的法律制度渗透到人们生活的各个方面，发挥影响，产生作用。

(2) 严格严实的执法制度

核心价值观要得到很好的贯彻实施，不仅需要有法规可循，还必须有法规必循。只有严格严实的执法，才能将法纪落到实处。新加坡执法的严实体现在切实执法，有法必依，执法必严，违法必究。以罚款为例。有关罚款的各种琐碎规定出台之后，很多人都怀疑它的执行力。事实证明，这种怀疑是多余的。在新加坡，所有规定都必须严格执行。

(3) 公正独立的司法制度

执法严正的制度保证是司法独立和公正。只有司法独立，才能免受社会不正当影响，维护社会公平和正义，彰显社会核心价值观念。

在20世纪90年代，瑞士国际管理与发展研究院出版的《世界竞争力年报》"社会人士对司法公正的信心"调查中，新加坡每年居于亚洲国家榜首。在1997—1998年，新加坡在这一栏目的得分跻身全球十大排名榜，领先美国、日本和大部分经济合作和发展组织成员国。在国内，新加坡司法制度也受到了本国人民的良好评价。

(4) 新加坡核心价值观教育的社会制度保障机制

除了政治制度、法律制度之外，新加坡核心价值观还通过社会制度管道向人们进行渗透。这是一种隐性的教育，能够达到"春风化雨""润物细无声"的特殊教育效果。

新加坡政府不仅注重经济发展，还注重社会进步。为实现李光耀所描述的新加坡要建成一个"人民在食、住、就业、保健等方面受到良好的照顾"的理想社会这一美好愿景，人民行动党政府对医疗、卫生、教育、交通等公共建设不遗余力,还创造性地提出了"居者有其屋"制度,在执政 20 年后,使 90% 的新加坡人都拥有自己的住房;并实行中央公积金制度,使病有所靠,老有所依。老有所养,充分体现了"社会关怀"的价值理念,确保了社会稳定和和谐。

(二) 中国核心价值观教育制度保障机制有待建设和加强

与新加坡相比,我国的社会主义核心价值观教育制度保障机制还有待建立和加以完善。2014 年 2 月 24 日,习近平总书记在十八届中央政治局第十三次集体学习时强调:"培育和弘扬社会主义核心价值观,不仅要靠思想教育,实践养成,而且要用体制机制来保障"。他指出西方国家的价值理念之所以能保持一定的稳定性和持续性,"其中一个重要原因就是他们的制度设计、政策法规制定、司法行政行为等都置于核心价值理念的统摄之下"。因此,我们也应借鉴西方国家的成功经验,"发挥政策导向作用,使经济、政治、文化社会等方方面面政策都有利于社会主义核心价值观的培育"①。对于如何加强核心价值观教育的体制机制建设,习近平总书记也进行了思考,他指出要从法律、社会管理、日常管理等多方面保障社会主义核心价值观宣传的顺利进行。从习近平总书记这段话可以看出,社会主义核心价值观教育制度保障机制建设刻不容缓。中央已认识到此问题的重要性,并试图从顶层设计的高度和宏观层面加以解决。

1. 社会主义核心价值观教育的政治制度保障机制有待建设和加强

中国共产党在党的十八次代表大会上指出,"要加强社会主义核心价值体系建设","深入开展社会主义核心价值体系学习和教育","积极培育和践行社会主义核心价值观",以党的文件的形式赋予了社会主义核心价值观教育的重要地位。但是在实际操作过程中,往往是"说起来重要,做起来次要",出现了"说"与"做"相脱节的"两张皮"现象。出现这种情况的原因是多方面的,其中很重要的一点就是缺乏刚性的制度保

---

① 《习近平在中共中央政治局第十三次集体学习时强调把培育和弘扬社会主义核心价值观作为凝魂聚气强基固本的基础工程》,中国政府网,2014 年 2 月 25 日,http://www.gov.cn/ldhd/2014-02/25/content_2621669.htm。

障和约束。因此，要加强核心价值观教育政治制度保障机制建设，使核心价值观教育"有明确制度可遵循、依可靠制度而落实、为硬性制度所保障"①。要实现社会主义核心价值观与社会主义制度的深层融合，将核心价值观纳入社会主义制度、政策和规章体系的方方面面。

2. 社会主义核心价值观教育的法律制度保障机制建设有待建设和加强

社会主义核心价值观教育必须与法律制度相结合，通过完善的立法、严格的执法和公正的司法使核心价值观得到切实贯彻和落实。习总书记说："要把社会主义核心价值观的要求转化为具有刚性约束力的法律规定，用法律来推动社会主义核心价值观建设。"如果说教育是着眼于追求最好，那么法治就是立足于避免最坏。教育是发扬人性中善的一面，法治是抑制人性中恶的一面。法治是对教育的弥补，它可以帮助教育得到更好的实施，并保障和巩固教育的成果。

3. 社会主义核心价值观教育的社会制度保障机制建设有待建设和加强

核心价值观能不能被群众所接受，主要是看这一价值观能不能满足群众的现实需要，能不能反映并维护群众的根本利益。只有以满足群众的现实需求为出发点，以维护和实现群众根本利益为依归，这种价值观才会受到群众的欢迎，群众才会真心实意地学习和接受它。

因此，要使社会主义核心价值观深入人心，得到国民的普遍认同，必须要加强社会保障制度建设。要大力推进关乎民生的医疗、卫生、教育、公共设施等制度的改革与建设，使人民共享改革发展成果，促进社会公平正义。只有为人们营造了和谐稳定和让人身心愉悦的社会环境，才能使社会主义核心价值观真正为人们所接受和信服。

第三节　结论和启示

通过中国与新加坡核心价值观教育实施共性与差异性的比较，我们

---

① 沈壮海：《社会主义核心价值观培育和践行的着力点》，《思想政治工作研究》2012 年第 12 期。

可以得出以下结论和启示：

一 以制度建设作保障

制度是核心价值观教育的有效载体，它承载和传递着理念，是实现理论和实践相结合的中间环节和桥梁枢纽，是理念内化为行为方式和风俗习惯的根本手段，是使抽象理念具体化、可操作化以及行为实践常态化、可持续化的根本路径。一个社会的核心价值观教育只有依靠稳定的制度作保障，才能真正稳步推进，落到实处。制度建设对于核心价值观教育的意义主要有以下两点：

（一）制度建设有助于核心价值观教育常态化和可持续化

"一个社会的核心价值体系和核心价值观，只有融入贯穿于整个社会的制度体系中，才能避免流为无所依附的观念漂流物；只有形成制度化的建设机制，才能获得扎根现实、持续推进的有力保障。"[1] 制度的"刚性"与教育的"柔性"相结合，弥补了具有"柔性"特点的教育所存在的局限和不足，有助于推进核心价值观教育的常态化和可持续化。

（二）制度建设有助于核心价值观教育具体化和可操作化

一个社会的价值观在理论上可分为三个层次，即一般价值观、核心价值体系和核心价值观。核心价值观是社会基本制度和意识形态在价值层面的本质体现，代表了一个社会价值观中最本质的层面。它作为社会价值系统的内核，处于价值等级中的最高级，具有极大的抽象性。制度是使抽象性的价值理念与具体生动的现实生活相结合的重要桥梁和枢纽。抽象的价值理念通过具体的、可操作性的制度渗透到人们社会生活的方方面面，使人们对核心价值观有一个感性直观的认识，可以达到"润物细无声"的教育效果。

中国古代"仁义礼智信"的儒家价值观之所以能延续两千余年，与统治者强调儒家价值观的制度化建设有着密切关系。儒家价值观以"仁"为本，"仁"统帅"礼""义""信"等其他道德条目，子曰："人而不

---

[1] 沈壮海：《社会主义核心价值观培育和践行的着力点》，《思想政治工作研究》2012年第12期。

仁,如礼何?人而不仁,如乐何?"①"仁"是人的内在情感,如何表达内在的"仁"?孔子认为必须通过外在的礼乐来呈现,用制度规范的礼仪使"仁"得到落实,即"道之以德,齐之以礼"②,"克己复礼为仁"③,通过建立一系列的礼仪制度来规范人们的日常行为,从而达到教化的目的。"道在伦常日用之中",礼仪制度作为桥梁和媒介,将抽象的"道"与现实的日常生活联系起来,使儒家价值观得以充分和具体的体现。正如陈寅恪所说:"夫纲纪本理想抽象之物,然不能不有所依托,以为具体表现之用;其所依托以表现者,实为有形之社会制度。"在他看来,儒学价值观在汉代以后的有效确立,不在其思想学说之精深,而在其社会历史过程中的制度化④。汉代以后,儒家统治者将孔子思想付诸实践,建立起了上至皇室贵族下至平民百姓的礼仪制度。这些礼仪制度渗透到了人们家庭生活和社会生活的方方面面。凡事讲礼,凡事先问礼,依礼办事,礼仪制度已固化成人们的生活习惯和传统习俗,影响着人们的思维方式,成为中华民族文化的重要组成部分。尽管朝代变迁,时代风云变幻,但这些礼仪制度伴随着人们的生活一起,经历着千年流转,深藏在礼仪制度之中的儒家价值观由此得以传承,延续了两千余年。

新加坡自提出共同价值观以来,非常注重共同价值观教育制度保障机制建设,二十余年来,已建立起了囊括政治、法律、社会管理等多方面的制度,来保障共同价值观教育的顺利实施。我国社会主义核心价值观教育要取得成效,必须建立起相应的制度保障机制。核心价值观教育不仅仅是学校的责任,更是社会的责任。相关部门要提供切实可靠的制度保障才能使核心价值观教育真正落到实处,发挥作用。制度的"刚性"和教育的"柔性"有机结合,刚柔并济,才能发挥合力,达到良好的宣传和教育效果。

---

① 《论语》,张燕婴译注,中华书局2007年版,第26页。
② 《论语》,张燕婴译注,中华书局2007年版,第13页。
③ 《论语》,张燕婴译注,中华书局2007年版,第171页。
④ 陈卫平:《儒学制度化的得失》,《光明日报》,2015年7月6日。

二 注重日常培育

德育源于生活，它立足于人们的日常生活实践，扎根于人们的日常生活土壤之中。如果德育脱离了人们的日常生活，就会沦为空洞的说教，就好似无源之水，无本之木，失去了存在的基础。核心价值观作为一种主流的具有指导性的意识形态，它本身是抽象的，要让抽象的理论为人们所接受，在教育和宣传上就必须贴近人们的生活，将抽象的核心价值观和人们具体的现实生活联系起来。因此，核心价值观教育是一个长期的潜移默化式的渗透工程，核心价值观教育只有融入人们的生活，才能真正发挥实效。

我国古代儒家非常注重从日常生活小事中去培养人的良好品德和价值观念。《论语》中曾记载了孔子学生子贡与孔子的一段关于"如何做到'仁'"的对话，子贡问："如有博施于民而能济众，何如？可谓仁乎？"孔子答道："何事于人，必也圣乎？尧舜其犹病诸！夫仁者，己欲立而立人，己欲达而达人，能近取譬，可谓仁之方也已。"[1] 意思是说，"博施于民而能济众"是圣人所为，就连尧舜都难做到，要想成为仁者，可从近处做起，从身边小事做起，这是达到"仁"的方法。这就是儒家的实用理性，它以现世生活为基础，推崇"道在伦常日用之中"，着重在平常的生活实践中建立起生活的道德法则。

新加坡核心价值观教育无论是学校教育，还是家庭教育，抑或社会教育，都非常注重从细微处着眼，强调从日常行为习惯培养做起，从而将核心价值观教育做细做实。从学校教育来看，新加坡中小学都有校规校纪和学生日常行为准则，要求学生严格遵守。学校在课堂教学之余，还组织安排了丰富多彩的实践教学活动，学生们在参与活动中受到价值观教育的熏陶，在一言一行中践行着新加坡的共同价值观；从家庭教育来看，相当一部分新加坡家庭都制定了严格的家规，孩子们的言行举止受到家规的约束和家长的严厉管教；从社会教育来看，新加坡制定了大至政治体制、经济体制、经济管理、商业往来、公民权利与义务，小到

---

[1] 《论语》，张燕婴译注，中华书局 2007 年版，第 83—84 页。

旅店管理、停车规则、钞票保护、公共卫生的法律规定，人们的言谈举止、衣食住行等都有章可循、有法可依。

社会主义核心价值观教育也应吸收我国古代核心价值观教育和新加坡核心价值观教育的有益经验，走进人们的日常生活，注重日常培育。习近平总书记指出："一种价值观要真正发挥作用，必须融入社会生活，让人们在实践中感知它、领悟它。"因此他提出要创造有利于社会主义核心价值观培育的"生活情景和社会氛围"，"使核心价值观的影响像空气一样无所不在，无时不有"。他还强调要加强社会管理，"要注重在日常管理中体现价值导向，使符合核心价值观的行为得到鼓励，违背核心价值观的行为受到制约"①。习近平总书记的论述深刻地道出了社会主义核心价值观培育与人们的社会生活之间密不可分的关系，对于我们加强社会主义核心价值观的日常培育具有重要的指导意义。

社会主义核心价值观教育要做到日常化，首先，要以正面宣传为主，向社会传递正能量，营造良好的社会主义核心价值观教育环境和氛围；其次，要走进人们的日常生活，与人们的日常活动、日常行为训练、日常交往等相结合，引导人们在实践中践行社会主义核心价值观；再次，要从人们关心的现实生活问题入手，通过帮助人们解决思想上的困惑和现实生活中一些民生问题，增强人们对社会主义核心价值观的认同感；最后，通过建立制度将人们的行为纳入社会主义核心价值观培育的轨道，对符合社会主义核心价值观的行为予以奖励，对于违背社会主义核心价值观的行为予以惩罚。

三 坚持显性教育和隐性教育相结合的原则

与新加坡相比，我国核心价值观教育注重正面宣传教育，新加坡则注重隐性教育。实际上，显性教育和隐性教育都是核心价值观教育所不可或缺的。核心价值观教育坚持显性教育和隐性教育相结合，既符合人的思想政治品德形成规律，也是从人类社会核心价值观教育实践中总结

---

① 习近平：《使社会主义核心价值观的影响像空气一样无所不在》，2014年2月25日，新华网，http://news.xinhuanet.com/politics/2014-02/25/c_119499523.htm。

出的宝贵经验。

(一) 该原则符合人的思想政治品德形成规律

显性教育和隐性教育是现代思想政治教育的两种基本方法。显性教育强调正面宣传灌输，侧重于将理论讲深讲透；隐性教育则强调教育的隐蔽性，让人在不知不觉中接受教育者的思想。在现代思想政治教育过程中，显性教育和隐性教育相互补充，相辅相成，共同发挥作用，达到育人的目的。核心价值观教育也应坚持显性教育和隐性教育相结合的原则，既要注重显性教育，加强正面宣传，也要注重隐性教育，讲究方法策略，这样才能达到事半功倍的教育效果。

人的思想政治品德形成发展过程就是在一定外界环境决定性的影响下人的内在的知、情、信、意、行诸心理要素辩证运动、均衡发展的过程，"知、情、信、意、行"矛盾运动转化规律是人的思想政治品德形成发展的基本规律。其中，知是情、信、意的基础，是行为的先导。只有对思想政治教育内容有了科学正确的认知，才能培养深厚的情感，坚定崇高的信念，锤炼坚强的意志，才有持久的行为。因此，形成一定的思想政治品德认识，是思想政治品德形成过程的起点，没有一定的思想政治品德认知，也就不可能形成一定的思想政治品德。核心价值观教育也是如此。正面的宣传教育之所以必要，甚至不可或缺，是因为它主要解决的是一个"知"的问题。认知是认同的前提，是践行的先导。只有首先了解核心价值观的内涵及意义，才能从内心里认同核心价值观，才会自觉去践行核心价值观。

(二) 该原则是人类社会核心价值观教育实践中总结出的宝贵经验

在人类社会核心价值观教育实践中，将显性教育和隐性教育相结合是通常一贯的做法。譬如老牌资本主义国家英国。2001年，时任英国首相布莱尔发表演讲说："英国是一个多民族、多种族、多文化、多宗教、多信仰的国家，英国的历史和国情决定了我们必须珍视自由、宽容、开放、公正、公平、团结、权利和义务相结合、重视家庭和所有社会群体等英国核心价值观。"[1] 在核心价值观实施方面，既有学校教育的参与，

---

[1] 何大隆：《英国：合力传播核心价值观》，《瞭望》2007年第22期。

更有宗教活动、社团活动等其他社会活动的渗透。在学校的显性教育层面，英国学校开设了许多相关的道德和政治课程，通过班级集体讨论学习，专家定期讲座的方式，宣传公民道德和核心价值观的主要内容。在隐性教育层面，"英国政府主要是通过学科渗透与言传身教相结合、物质环境与精神环境相结合，课内外实践相结合等方式来传播主导价值观念"①。

我国在社会主义核心价值观培育方面，应汲取人类社会核心价值观培育的有益成果和经验，既要有正面灌输式的显性教育，又要有"润物细无声"式的隐性教育。在加强学校教育，发挥学校教育主渠道作用的同时，也要强调社会教育的作用，注重良好文化环境的培养，为核心价值观的培育营造良好的舆论氛围和社会环境。

---

① 赵萱：《隐性教育在英国德育中的运用及其启示》，《法治与社会》2012年第9期。

第 四 章

中国与新加坡核心价值观教育规律的比较

在对中国与新加坡核心价值观教育背景比较、教育理念比较、教育实施比较的基础上，我们可以尝试对中国与新加坡核心价值观教育规律做一比较。从哲学的角度来讲，规律是事物之间内在的、本质的、稳定的必然联系。核心价值观教育作为人类的一种社会现象和社会活动，有其客观的规律可循。探究、掌握并科学运用核心价值观教育规律，可以使核心价值观教育建立在科学的基础上，从而有效增强核心价值观教育的实效性。

第一节 教育规律的共性

从共性上来看，中国与新加坡核心价值观教育都遵循了与教育对象身心发展相适应规律、价值知识传授规律、价值认同规律和与社会发展相适应规律。与教育对象身心发展相适应规律、价值知识传授规律和价值认同规律，主要揭示了教育者与教育对象之间，教育者、教育对象、教育内容和教育方法之间的内在的、本质的、稳定的必然联系。与社会发展相适应规律揭示了核心价值观教育与社会发展之间内在的、本质的、稳定的必然联系。

一 都遵循与教育对象身心发展相适应的规律

核心价值观教育作为一种教育活动，必须要遵循与教育对象身心发展相适应的规律，这是核心价值观教育的基础。中国与新加坡核心价值观教育都从教育对象身心特点出发，有针对性地设计教育目标和内容，根据不同教育对象群体特点，实施不同的教育方法，真正做到了因材施教，有的放矢。

（一）根据教育对象确定教育目标和内容

遵循与教育对象身心发展相适应规律，首先要根据教育对象特点有针对性地确定教育目标，选择教育内容。

1. 新加坡根据教育对象确定教育目标和内容

新加坡核心价值观教育是一个完整体系，根据教育对象不同，教育目标有所变化，教育内容的侧重点也有所不同。我们可以从新加坡教育部发布的《理想的教育成果》中略见一斑。

1998年，新加坡教育部发表了《理想的教育成果》，提出了新加坡21世纪的教育目标。这一跨世纪的纲领对新加坡小学、中学及初级学院等阶段分别规定了应达到的标准，即八大成果：人格发展、自我管理技巧、社交与合作技巧、读写及计算技巧、沟通技巧、资讯技能、知识应用技巧、思维技巧与创意。它概括了新加坡的年轻人必须具备德、智、体、群、美等五育的品质要素。下表是《理想的教育成果》中规定的对小学毕业生、中学毕业生、初级学院毕业生、大专学生相应应达到的具体的教育目标和成果[①]。

表4—1　　　　　《理想的教育成果》规定的教育目标

教育层次	教育目标
小学毕业生	1. 能分辨是非 2. 愿与人分享，把别人摆在首位 3. 能跟别人建立友情 4. 有强烈的好奇心 5. 能独立思考，善于表达自己 6. 以自己的学习为主 7. 培养健康嗜好 8. 热爱新加坡

---

① 王学风：《新加坡基础教育》，广东教育出版社2003年版，第29页。

续表

教育层次	教育目标
中学毕业生	1. 刚正不阿 2. 关心别人 3. 具有团队精神，重视个别贡献 4. 具有革新精神，进取心 5. 奠定广泛基础，接受更高层次的教育 6. 对自己的能力有信心 7. 具备审美能力 8. 熟知、信任新加坡
初级学院毕业生	1. 有胆略，不屈不挠 2. 富有社会责任感 3. 懂得怎样激励别人 4. 有创业精神，富有创造力 5. 能独立及创意思考 6. 精益求精 7. 充满生命活力 8. 了解领导新加坡应具备的素质
大专毕业生	1. 具备高尚道德及深厚文化素养，又能尊重存在的差异，对国对家对社群都尽责 2. 笃守多元种族及精英原则，充分意识到国家面对的局限又能窥见机会 3. 优雅社会的使者 4. 勤奋向上、敬业乐业、团队精神 5. 思考能力强、判断力好，以信心迎接未来，以勇气及坚定的信念面对逆境 6. 追求、分析、运用知识 7. 具备革新精神，不断求进步，终身不断学习，有胆识、有魄力 8. 放眼世界，扎根祖国

续表

教育层次	教育目标
有潜力的领袖	1. 愿献身改善社会 2. 能积极地克服自身的局限 3. 有怜悯别人的心肠 4. 能激励别人，使他发挥最大潜能 5. 掌握、主导命运 6. 能够在以知识为导向的经济社会中缔造新格局 7. 富创意、想象力强 8. 斗志旺盛，不轻易打退堂鼓

从《理想的教育成果》我们可以看出，新加坡教育目标是根据教育对象不同年龄特点循序渐进的。共同价值观是总的要求，根据教育对象不同，其具体目标和内容又有所变化。如第一条"国家至上、社会为先"，主要是培育学生的国家意识，对于小学生，要求他们"热爱新加坡"，以情感教育为主。对于中学生，则要求他们"熟知、信任新加坡"，在情感教育的基础上，还有认知教育，要求对国家熟悉和了解，并且在热爱的基础上，还要信任自己的国家。对于初级学院学生，目标则更高，要求他们"了解领导新加坡应具备的素质"，在热爱、信任的基础上，要学会领导自己的国家，责任更重，要求更高。对于大专生，由于新加坡大学主要是培养领导社会的精英领袖的，因此，在爱国主义教育上，要求他们有改革创新的精神和领袖才能，既要"充分意识到国家面对的局限"，同时"又能窥见机会，既要"放眼世界"，又要"扎根本国"。在培养他们国际视野和世界眼界的同时，又要求他们时刻不忘祖国，立志报效祖国。

2. 中国根据教育对象确定教育目标与内容

与新加坡相同，我国在社会主义核心价值观教育方面，也同样是根据教育对象确定教育目标和内容的。在中共中央办公厅发布的《关于培育和践行社会主义核心价值观的意见》中，明确指出，培育和践行社会主义核心价值观要"适应青少年身心特点和成长规律"，"构建大中小学有效衔接的德育课程体系和教材体系"①。

对于少年儿童，我国社会主义核心价值观教育的要求是将24字社会主义核心价值观熟记于心。少年儿童理解能力有限，对于社会主义核心价值观的内涵只能做到理解其字面意义，有时甚至是"一知半解""知其然而不知其所以然"。2014年5月30号，"六一"儿童节前夕，习近平总书记在北京市海淀区民族小学召开座谈会时，专门对少年儿童如何培育和践行社会主义核心价值观提出了指导性意见。他说："少年儿童如何培育和践行社会主义核心价值观呢？应该同成年人不一样，要适应少年儿童的年龄和特点。"对于少年儿童，要"记住要求"，"要把社会主义核心价值观的要求熟记熟背，让他们融化在心灵里、铭刻在脑子中"②。社会主义核心价值观犹如一颗种子，先要在少年儿童心中种下，才能生根发芽，长成参天大树。少年儿童可能暂时理解不了其内涵，但是只要心中有核心价值观，随着智力的发展，教育程度的不断加深和人生阅历的不断丰富，他们总有一天会领悟、会参透。因此，社会主义核心价值观要从小培养，从娃娃抓起。不能因为少年儿童理解力不够，而不讲社会主义核心价值观，也不能超越少年儿童的理解能力和接受能力，拔苗助长，对他们提出不切实际的学习目标和要求。

对于青年，社会主义核心价值观教育的要求是"内化于心、外化于行"，引导他们主动自觉践行社会主义核心价值观。这是因为青年处在价值观形成和确立的关键时期。习近平总书记说，为什么要对青年讲社会主义核心价值观这个问题，"是因为青年的价值取向决定了未来整个社会的价值取向，而青年又处在价值观形成和确立的关键时期，抓好这一时期的价值观养成十分重要。这就像穿衣服扣扣子一样，如果第一粒扣子扣错了，剩余的扣子都会扣错。人生的扣子从一开始就要扣好"③。社会主义核心价值观是引导广大青年尤其是大学生成长成才的根本指针。青年们应将社会主义核心价值观作为自己的基本遵循，不仅要加强理性认

---

① 《关于培育和践行社会主义核心价值观的意见》，《人民日报》2013年12月24日。
② 习近平：《从小积极培育和践行社会主义核心价值观》，新华网，2014年5月30日，http://news.xinhuanet.com/politics/2014-05/30/c_1110944180.htm。
③ 《习近平谈治国理政》，外文出版社2018年版，第172页。

知，还要增进情感认同，最重要的是要注重实践履行，从自我做起，从身边的小事做起，从一点一滴做起，在实现中华民族伟大复兴的中国梦的过程中，放飞青春梦想，在时代大潮中建功立业，成就自己的精彩人生。

（二）根据教育对象确定教育方式方法

我国古代大教育家孔子主张教育应因材施教，教育方法也应因人而异。好的有效的教育方法一定是充分考虑了教育对象特点的。

1. 新加坡根据教育对象确定教育方式方法

我们以新加坡小学核心价值观教育为例。由于小学生思维方式主要以具体、形象、感性思维为主，新加坡小学的核心价值观教育主要以感性认识为主，它贴近小学生日常生活，注重从具体的小事中进行价值观的培养，从良好行为习惯的养成中培育正确的价值观。

德育课是实施价值观教育的主渠道。新加坡小学德育教材抓住了小学生喜欢听故事、讲故事的特点，德育教材主要以故事的形式呈现。这些故事可以是真实的，也可能是虚构的。故事的选择以文化故事、英雄故事和日常生活中的故事为主，中间穿插讨论、体验，使学生在听故事、讨论故事的过程中受到教育。

在2008年版《公民与道德》教材中，精心设计了许多适合小学生阅读和学习的故事。一年级、二年级、三年级主要以童话故事和生活故事为主，如二年级教材开篇讲到"尊重"价值观时，设计了《小象波波》的童话故事，讲的是动物们要为羊爷爷开个生日会，小猴子给羊爷爷准备了苹果，小鸟给羊爷爷准备了樱桃，小鸭子准备了邀请好朋友们参加生日会的邀请函，那么，小象波波可以做些什么呢？通过《小象波波》的故事，让学生参与思考和讨论，引导学生树立尊重他人、尊重长辈的价值观。在《小象波波》故事之后，设计了一个类似的关于生日礼物的生活故事，讲的是庭方的姐姐玲玲生日，玲玲的好朋友诺拉请玲玲的妈妈将生日礼物转交给玲玲。玲玲不在家，妈妈让庭方把生日礼物放姐姐的桌上，庭方出于好奇，拆开了姐姐的礼物。故事最后设计了两个思考题："庭方没问过姐姐就打开姐姐的生日礼物，这么做对不对？为什么？""如果你的兄弟姐妹没问过你就拿了你的东西，你的心里会有什么感觉？"这两个故事的设计很符合低年龄儿童的认知特点，并且贴近他们的日常生活。二年级教材在讲到"责任感"价值观时，选取的是中国小朋友非常熟悉的童谣故事"拔萝卜"，三年级教材在讲到"关怀"价值观时，设计了《小青蛙和小老鼠》的童话故事，这样类似的故事在教材里还有很多，不胜枚举。

四年级、五年级、六年级主要以生活故事为主，中间穿插了不少文化故事和英雄故事，如《人民英雄——林谋盛少将》《一个守信用的人——徐少渔的故事》《包青天》等。生活故事主要以道德两难故事为主，通过设计道德两难故事，引发学生思考，引导学生做出正确决定。高年级同学已经有了一定的认知能力，他们开始独立思考，通过道德两难故事，一方面可以提高德育课对学生的吸引力，另一方面可以培养学生道德判断和推理能力。

另外，由于小学阶段是良好行为习惯养成的黄金阶段，因此，新加坡非常注重从日常行为习惯中培养学生的正确价值观。通过制定严格的校规校纪和日常行为守则来规范学生的行为，帮助他们树立正确价值观。每所小学都有自己的校训校规和校纪，对于违反校规校纪的学生，严格按照校规校纪进行处罚，绝不姑息。新加坡教育部允许对违规学生视情节轻重采取必要的处理，鞭打、关禁闭，直至开除。众所周知，新加坡还保留有鞭刑这一古老的刑罚，但那主要针对18—55岁的成年男子，对于一些顽劣的、屡教不改的小学生，新加坡教育部赋予了学校最高长官——校长以"特权"，视情节轻重可以打鞭。不过打鞭的部位不是臀部，而是手背、手心，鞭子也会短很多，不会对学生身体造成伤害，仅起警示威慑作用。我国一位多年从事小学教育工作的小学校长在对新加坡小学进行考察后，对他们的严厉处罚制度深有感慨。他曾经问过一位新加坡小学校长，有没有用鞭子打过学生，那位校长回答说："有的学生我打，有的学生我不打，而是告诉他这几鞭子你先欠着，希望你尽快转变；若再犯新错，那么加起来一起打。这样做还十分有效，学生每天都想着有好几鞭要挨，于是不敢随便违反校纪，起到了警示的作用。"[1] 小学生毕竟年纪小、不懂事，跟他们讲道理有时未必奏效，但他们对于

---

[1] 吴云霞：《新加坡小学教育考察》，南京师范大学出版社2001年版，第99页。

"皮肉之苦"是印象深刻的。不是为了处罚而处罚，处罚是为了警示和惩戒，新加坡"校长室里的鞭子"很鲜明地体现了新加坡教育的特点，教育与管理相结合，双管齐下，共同育人。

2. 中国根据教育对象确定教育方式方法

与新加坡类似，我国也是根据教育对象确定教育方式方法的，遵循了与教育对象身心发展相适应规律。

我国小学社会主义核心价值观教育也主要是通过德育课实施的，另外校园文化在传播社会主义核心价值观方面发挥了重要作用。虽然没有专门的社会主义核心价值观教育的教材，但是教育部和各个省市教育厅，会联合出版社组织专家编写适合小学生阅读和学习的社会主义核心价值观辅导读本，这些辅导读本根据小学生的接受能力编写，可读性很强，受到学校教师和学生的欢迎。例如江西省教育厅联合江西省高校出版社于2014年8月出版了《认知价值观》小学生版，主要针对小学1—3年级低学龄儿童。该书以社会主义核心价值观的十二个词为主线，每一价值观选取了3—4个有代表性的案例，如"富强篇"，选取的案例是"崛起的中国，屹立在世界之林""'上天入海'样样行"和"北京奥运展示中国实力"，"文明篇"选取的案例是"'孔子'又'周游列国'啦""青山绿水秀江西""从我做起，从小做起"，"诚信篇"选取的是"无人小站，诚信驿站""为了这块'金字招牌'"和"轮椅上的还债路"等。该书在策划设计上，不是用纯理论去阐释社会主义核心价值观，而是将社会主义核心价值观寓于案例故事之中，通过案例故事让学生明白什么是社会主义核心价值观，怎么去践行社会主义核心价值观。

对于少年儿童如何培育和践行社会主义核心价值观，习近平总书记早有论述。他认为要适应少年儿童的年龄和特点，做到"记住要求、心有榜样、从小做起、接受帮助"。"记住要求"前文已经论述，不再赘述。"心有榜样"指的是要学习英雄人物、先进人物、美好事物，在学习中养成好的品德追求。尤其是与少年儿童同龄的"少年英雄"的事迹，对于他们更有激励意义。少年儿童虽然认知能力不强，但是模仿能力很强，可塑性也很强。榜样的故事因其感性、形象、生动、具体，能使少年儿童切身体会到崇高与高尚，产生奋发向上向榜样学习的动力。"从小做起"就是从自己做起、从身边做起、从小事做起，一点一滴积累，养成好思想、好品德。少年儿童不可能像成年人那样，为社会做很多事，但可以从小做起，日积月累。"接受帮助"就是要听得进意见，受得了批评，在知错就改、越改越好的氛围中健康成长。少年儿童正在形成世界观、人生观、价值观的过程中，需要得到帮助，要多听父母师长教诲，虚心接受批评和意见，养成严格自律的好习惯。习近平总书记说："只要从小就沿着正确道路走，学到一点，就实践一点，努力做最好的我、在自己最好的方面，人生就会迎来一路阳光。"[①] 习近平总书记提出的 16 字要求是充分考虑了小学生年龄和认知心理发展特点的，很有针对性，遵循了教育对象身心发展规律。

二 都遵循价值知识传授规律

价值观教育首先是知识教育，要帮助教育对象对有关价值知识有一科学正确的认知，因此，必须遵循价值知识传授规律。价值观教育的知识传授规律揭示的是教育的科学性，只有尊重教育的科学性，按照现代教育学的一般教育规律进行教育，价值观教育才能站得住脚，才能把根基扎稳。价值知识传授规律揭示的是教育主体、教育客体、教育内容、教育介体之间的内在的、必然的、本质的联系。从共性的角度看，中国与新加坡核心价值观教育都遵循的价值知识传授规律有：

（一）都遵循教与学辩证统一规律

教与学辩证统一规律，即教学相长规律，指教与学作为教学过程的两个基本要素，相互联系、相互影响、相互制约，在对立统一中推进教学过程矛盾运动不断向前发展。教与学辩证统一规律要求在教学过程中，教师作为教育者，要发挥主导作用，学生作为教育对象，同时又是学习的主体，要发挥主体作用。

1. 新加坡强调以学生为中心

新加坡的价值观教育教学是以建构主义学习理论为指导的。在教育

[①] 习近平：《从小积极培育和践行社会主义核心价值观》，新华网，2014 年 5 月 30 日，http://news.xinhuanet.com/politics/2014-05/30/c_1110944180.htm。

部发布的《品格与公民教育课程标准》中明确指出,品格与公民教育教学法以建构主义理论为基础,注重学习的过程,强调帮助学生理解"为什么"及"怎么做",而不是"做什么"。这些注重学习的教学法以学生为中心,目的是帮助学生掌握技能,通过行动与反思深化价值观。

建构主义学习理论源自儿童认知发展理论,以皮亚杰、科尔伯格为主要代表。它提倡在教师指导下的、以学生为中心的学习。教师通过创设一定的有利于学习者意义建构的"情境",通过教师与学生之间、学生与学生之间的"协作"与"交流",帮助学生实现意义建构。

在新加坡小学德育教材里,随处可见建构主义学习理论的影子。以《公民与道德教育》四年级教材为例,在讲到"尊重"价值观时,第三课标题是"我感谢您",教材是这样设计的:

我感谢您

(一)请对学校的一位非教职人员表示你对他/她的谢意。请写下他/她所负责的三件事。

(二)请为他/她设计一张感谢卡,并亲手交给他/她。

(三)请跟组员讨论以下情境。如果你是情境中的学生,你该怎么做? 1. 你需要立刻用厕所,但是清洁工人正在清洗学校厕所。2. 你已经在食堂摊位前排队排了很久。轮到你时,你点了马来炒面,摊主却给你米粉。3. 你必须在放学后留下来做专题作业,但是校车司机正等着送你回家。4. 你在学校的办公室。学校书记请你帮忙去另一个班找一名同学,但是你需要立刻回教室。5. 你忘记把科学笔记本带回家,所以决定回学校拿。由于你穿着便装,又忘记带学生证,因此保安人员拒绝让你进入校内。

(四)你如何对学校的一位非教职人员表示尊重?请把你的想法写在横线上。[①]

[①] 新加坡教育部课程规划与发展司:《公民与道德教育》(四年级读本),EPB Pan Pacific 2008年版,第17—18页。

我们可以看出，这是一个"以学生为中心"的教学设计。通过教学设计（一）和（二），主要目的在于了解学生目前的认知状况，对学校的非教职人员是一个什么态度，是否尊重，并激发学生的学习兴趣与动机。通过教学设计（三），创设情境，安排讨论，引导学生主动探究和思考。通过教学设计（四），检查学生在学习之后，是否有新的收获，能否实现意义建构。

综上，新加坡的核心价值观教育遵循了教与学辩证统一规律，它以建构主义学习理论为指导，注重发挥教师的指导作用和学生的主体作用，让教与学在创设情境、协作交流和意义建构中不断实现矛盾转化，达到辩证的统一。

2. 中国注重教与学双向互动

中国社会主义核心价值观教育属于思想政治教育大范畴，在思想政治教育学中，强调教育主体与教育客体思想、信息、情感双向交流、交互作用，教育者与受教育者应建立民主、平等、教学相长的关系。既要充分发挥教育者的主导作用，又要充分调动受教育者的主观能动性。二者相互影响，相互促进，由此达到理想的教育效果。

在社会主义核心价值观教育过程中，教育者起主导作用，教育者是教育活动的组织者、设计者、发动者和领导者。教育者根据国家社会主义核心价值观教育的要求，精心组织教育活动，通过启发式教学、参与式教学、讨论式教学、案例式教学等多种教学方法和手段，使受教育者接受并认同社会主义核心价值观；同时，教育者通过自身示范作用，为受教育者树立榜样，通过人格的力量感染受教育者，使其产生学习的动力，见贤思齐，自觉接受并主动践行社会主义核心价值观。

在社会主义核心价值观教育过程中，受教育者虽然是接受教育的对象，具有受动性的特点，但是受教育者并不是被动接受的，而是带有明显的主动性。这种主动性主要体现在：第一，能主动地配合教育者实施教育计划，完成教育任务；第二，能以自己的表现和特长去影响教育者，使教育者调整教育计划，改变教育策略；第三，以自己的世界观和价值观为准则，有选择、有鉴别地接受教育者施加的影响；第四，能动地把价值认知转化为情感认同和实践履行。

因此，在社会主义核心价值观教育的过程中，教育者与受教育者是对立统一的关系。一方面，教育者和受教育者是对立的，二者具有不同的本质属性，在教育过程中处于不同地位，发挥不同作用；另一方面，教育者和受教育者又是统一的，二者统一于社会主义核心价值观教育实践活动之中，相互作用、相互促进，共同推进社会主义核心价值观教育活动，实现教育目标。

（二）都遵循间接经验与直接经验辩证统一规律

直接经验和间接经验是个体获得知识的两大来源。直接经验是学生个体通过亲自活动、探索获得的经验，间接经验是由书本、课堂和别人那里获得的知识，是他人的认识成果。间接经验与直接经验相统一，反映了教学过程中传授系统的科学文化知识与丰富学生的感性知识的关系、理论与实践的关系和知与行的关系。核心价值观教育作为知识教育，要遵循间接经验与直接经验辩证统一规律，既注重书本知识传授，又要关注教育对象自身情感体验和亲身实践，在知与行的统一中达成核心价值观教育的目标和任务。

1. 新加坡注重叙述和体验的统一

叙述和体验是新加坡核心价值观教育常用的两种教学方法。叙述是间接经验教育，是教育者通过"叙述真实或虚构的故事帮助学生深化价值观"。新加坡教育部2014年发布的小学和中学《品格与公民教育课程标准》中明确指出，"教师可以利用各种文化故事、英雄故事或日常生活中的故事帮助学生了解实践良好价值观的重要性，并让学生通过反思确认自己的想法"。

体验是直接经验教育，是受教育者"体验、观察、反思、应用价值观的过程"。《品格与公民教育课程标准》强调，通过体验式学习，学生能在课堂上或户外学习，并投入体验、观察、反思与应用的过程。这个教学法为学生创造经验，提供平台让他们对自己的价值观及想法进行反思。学生在现实情况中应用所学到的技能和知识，不但能深化个人的价值观，也能够进一步在日后把所学应用在不同的情境中。学生根据已内化的价值观思考、分析和做出抉择，并把价值观落实在日常生活中①。

新加坡核心价值观的体验式教育主要有两个方面：一方面是德育课程中，教师通过创设一定的情境，以"如果你是……你会怎样做？为什么？"为问题，让教育对象参与讨论，通过引导教育对象身临其境，亲身体验，了解自己的亲身感受，从而获得正确的价值观。如《公民与道德教育》五年级读本在讲到"关怀"价值观时，第一课是"让我们一起去游玩"，课本创设了如下情境：

> 拉兴夫妇有三名子女。夫妇俩的工作时间很长，往往回到家时，孩子们都已经入睡。六月的学校假期来临之前，拉兴夫妇告诉孩子们，他们要带全家去乌敏岛露营。拉兴太太注意到大儿子阿里夫一副闷闷不乐的样子，并没有像弟弟妹妹那样兴奋。她问阿里夫："阿里夫，你有什么心事吗？你似乎对去露营不感兴趣。"阿里夫回答道："妈妈，马克邀请我那天到度假屋去参加他的生日会。不过，我也想跟你们一起去露营。我应该怎么办？"拉兴太太说："哦……我明白了。马克是你的好朋友，而且这也是你第一次到度假屋去参加生日会。这样吧，你花点时间想一想，再决定要到哪里去。"②

以上是创设的情境。教师提出两个问题让学生思考，也可以讨论，第一，你认为这次露营能怎样加强拉兴一家人的凝聚力？第二，如果你是阿里夫，你会怎样做？为什么？体验是一次设身处地的换位思考，是一次不同人生经验的积累和情感的升华，体验能帮助教育对象加深理解和认同正确的价值观。

新加坡核心价值观体验式教育的另一方面就是实践活动，通过亲身

---

① 《品格与公民教育课程标准（小学）》，https://www.moe.gov.sg/docs/default-source/document/education/syllabuses/character-citizenship-education/files/character-and-citizenship-education-(primary)-syllabus-(Chinese).puff。

② 新加坡教育部课程规划与发展司：《公民与道德教育》（五年级读本），EPB Pan Pacific 2008年版，第61—62页。

社会实践，丰富情感体验，升华价值观。小学实践活动既包括学校"课程辅助活动"，也包括社会团体活动和国家纪念日活动。2001年1月22日，新加坡教育部长张志贤准将在全国学校体育理事会会员大会上宣布，将原来的"课外活动"改为"课程辅助活动"，并规定了相应的奖励标准。课程辅助活动的目标是通过健康有趣的休闲活动，以教授运动技能为手段，达到树立正确的社会道德价值观的教育目的。这些课程辅助活动主要分为四大类，运动与游戏类（田径、游泳、体操、武术、帆船、跳绳等）、制服团体类（男童军旅、女童军旅、红十字会）、文化活动（舞蹈社、话剧社、歌咏社、合唱团等）和其他社团类（象棋社、集邮社、电脑社等），通过这些课程辅助活动，传播道德与文化观念，增强身体与心理发展，建立团体与组织精神，培养正确价值观。

2. 中国注重说理教育和实践教育的统一

从直接经验和间接经验的角度来看，说理教育是间接经验教育，实践教育是直接经验教育，中国的社会主义核心价值观教育遵循了说理教育和实践教育相统一的规律。

说理教育是通过阐释社会主义核心价值观理论去说服人和教育人的教育原则和方法。这些理论包括社会主义核心价值观的内涵、必要性和意义，与资本主义核心价值观的本质区别，如何去践行社会主义核心价值观，等等。以理服人，"以科学的理论武装人"，是思想政治教育的重要原则和方法。社会主义核心价值观教育所解决的是人们的价值取向和价值观念问题，是思想问题和认识问题，只能靠说服而不能压服，只能说理引导，而不能搞强迫命令。毛泽东说："企图用行政命令的方法，用强制的方法解决思想问题、是非问题，不但没有效力，而且是有害的。"[①] 社会主义核心价值观理论是科学的理论，通过向受教育者灌输这一科学理论，使受教育者对这一理论有一科学正确的认知，这是培育社会主义核心价值观的前提和基础。

实践教育是教育者通过引导受教育者参加有目的、有计划、有组织的实践活动，巩固和深化受教育者对社会主义核心价值观的认知，增强

[①] 中共中央文献研究室编：《毛泽东著作选读》下册，人民出版社1986年版，第762页。

他们的情感体验和认同，并使他们自觉主动将社会主义核心价值观落实到行动上，真正做到内化于心，外化于行。我国社会主义核心价值观教育尤其强调社会实践的重要功能和作用。它的理论依据是马克思主义实践论，实践是人们树立科学的世界观、人生观和价值观的重要途径，人们的思想认识归根到底来源于实践，"纸上得来终觉浅，绝知此事要躬行"，从教育者那里获得的理论知识，也只有通过人们亲身实践的体验，才能转化为人们的思想认识。而且，教育对象的情感、意志和信念也只有在实践过程中才能得到强化，其行为习惯更需要长期反复的实践才能形成。

坚持说理教育和实践教育的统一，间接经验和直接经验的统一，符合马克思主义认识论和实践论，是科学的价值观教育理论和方法。

三 都遵循价值认同发力规律

核心价值观教育，不仅是价值知识传授教育，同时也是价值认同教育。受教育者不仅要了解和掌握价值知识，更要对教育者所传播的核心价值观予以认可、赞同，并内化为价值思想，外化为价值行为。由于理论基础的差异，中国与新加坡在如何实现价值认同的问题上有着不同的理论来源和实践路径，但不可否认的是，两国都认为价值认同有规律可循，必须以科学的态度对待之，而且，两国都遵循了价值认同发力的一般规律，即以认知认同为基础，以情感认同为动力，以实践认同为落脚点和最后归宿，在这一点上，两国是殊途同归的。

（一）以认知认同为基础

认知认同是价值认同的前提和基础。要形成正确的价值观，首先要对价值观有一科学合理的认知。要清楚价值观的科学内涵，要明白为什么要树立这种价值观，它对个人、国家和社会有什么意义，对于文化程度比较高的群体，还要弄清这种价值观与自己原本已有的价值观有无耦合之处，是需重建价值观还是可以整合到原有价值体系当中，这都是在认知认同环节所要重点解决的问题。

新加坡共同价值观教育贯穿了新加坡小学、中学和大学，每个教育阶段有不同的认知要求。共同价值观有四种语言的版本，不仅有中文版，还有英文版、马来文版和泰米尔文版,适合对各个族群的宣传。经过新加坡政府和新加坡教育部二十余年不遗余力的大力推广,共同价值观可谓是家喻户晓、妇孺皆知。笔者在新加坡访学期间,曾到新加坡一所小学参观,随机问了一位华人孩子,是否知道他们国家的共同价值观。那位新加坡小朋友不假思索地脱口而出40字共同价值观,一字不差。回答完了,他还问我,要不要背个英文版本的,随后他又把英文版的共同价值观十分流畅地说了出来。我问他是否知道其中含义,他又做了一番解释。至此我不得不对新加坡的共同价值观教育表示佩服,工作做得如此深入细致,这是我们所不及的。

我国的社会主义核心价值观教育已实施有数年,24字社会主义核心价值观经过国家相关部门的大力宣传,很多群众都已了解,虽不能完全说出24字,但是大多数都知道或听说过社会主义核心价值观。在中小学,要求学生们熟记社会主义核心价值观,大部分学生都能完整准确地将其背诵。在大学,思政课课堂会重点讲解社会主义核心价值观,大学生对这24字也很熟悉。但关键的问题在于,仅仅熟悉是不够的,只停留在了解的层面,远远背离了国家制定社会主义核心价值观的初衷。不仅要了解,还要知道24字的科学含义,以及我们国家为什么要大力宣传推广社会主义核心价值观。认知认同不仅要知道"是什么",还要知道"为什么"和"怎么做"。认知是全方位的认知,是深层次的认知。理解得越深刻,情感体验就会越丰富,行动也会越持久。

(二)以情感认同为动力

人不仅会思维,而且有情感。核心价值观教育是人的教育,不仅是思想教育,也是心理和情感教育。若想取得实效,还要做到直抵人心,能够打动人,感染人。核心价值观教育或通过介绍先进人物事迹,或通过情景教学让受教育者参与情感体验,使受教育者内心发生情感变化,或为之感动,或热血沸腾,或潸然泪下。高尚的情感体验可以巩固认知认同的成果,加速核心价值观的个体内化过程,因此是核心价值观教育的加速器和催化剂。

新加坡的核心价值观教育以培养"统一的新加坡人"为主要目标,以国民意识教育为重点,因此,非常注重培养对国家的热爱之情以及对同胞的关心和关怀之感。每年的8月9日是新加坡的国庆日，这在新加坡是非常重大的节日，政府早在几个月前就开始筹划和准备。每年的国庆日都有不同的主题，在新加坡市中心的新加坡河畔有隆重的国庆庆典，包括阅兵、灯火烟花表演等。国庆日那天，很多新加坡市民都会前往观看庆典，"我爱新加坡"的标语随处可见，新加坡小国旗随风飘展，整个国家都沉浸在国庆的欢乐之中。除了政府举办的国庆庆典外，各大中小学、各个社团、社区都精心策划了许多与国庆相关的节目和活动，以配合政府的国庆日活动。新加坡政府如此重视国庆日活动，旨在通过这些活动，培养新加坡人的民族自尊心和自豪感，在情感上认同自己的国家，热爱自己的国家。

在情感认同方面，我国的核心价值观教育注重通过先进人物和典型事迹来打动人、感染人，使人们产生情感的高峰体验，见贤思齐，主动向先进人物学习，自觉践行社会主义核心价值观。在这方面，报刊、影视、网络等传统媒体和新兴媒体发挥了重要作用，它们注重挖掘在践行社会主义核心价值观方面表现突出的先进人物和典型事迹，并通过各种形式和渠道大力宣传，使这些先进人物和典型事迹被广大群众所了解和熟悉，让广大群众被他们的感人事迹所打动。自社会主义核心价值观教育实施以来，全国各地涌现出了许多践行社会主义核心价值观的先进典型，如航空报国英雄罗阳、被习近平总书记称为"老阿姨"的将军夫人龚全珍、时代楷模黄大年等，他们的爱国奉献、爱岗敬业精神使很多人都为之感动，催人泪下，激励人奋发前进。在他们身上散发出来的精神滋养下，群众能够体验到道德行为的高尚，享受到奉献助人的愉悦，并由此获得信心和动力。

（三）以实践认同为落脚点

价值观教育与其他思想政治教育一样，不仅要解决认知问题，更为重要的是，还要解决践行的问题。只有引导教育对象做到了知行统一，教育才取得了真正的成功。因此，教育对象能否在实践上认同价值观，在平时的一言一行中体现出价值观，是衡量价值观教育是否成功的关键和标准。

中国和新加坡两国在核心价值观教育上，都十分强调实践育人，通过开展形式多样的实践活动来培育人们的核心价值观。在新加坡，有一些"惯例性"的社会活动或运动，如讲礼貌运动、讲华语运动、敬老周、睦邻周、国民意识周、华族文化周、马来族文化月、印尼文化月等，以至于有新加坡人说，新加坡是世界上搞各种运动最多的国家[①]。除了政府组织的这些"惯例性"的活动外，各个学校、社会团体举办的教育和社会活动更是举不胜举。我国有专门的思想政治教育实践教学基地，通过组织教育对象亲临基地参观考察学习，使他们有切身感受和真实体验，从而认同社会主义核心价值观。另外，各个学校、社区、党团组织也会组织不少活动来宣传社会主义核心价值观，加深人们对社会主义核心价值观的认同。

四　都遵循与社会发展相适应的规律

与社会发展相适应规律揭示的是核心价值观教育与社会发展之间的固有的、本质的、稳定的必然联系。核心价值观教育作为上层建筑的一部分，受经济基础决定，同时又反作用于经济基础。核心价值观教育为社会发展状况所决定，受社会发展规律所支配，因此必须与社会发展相协调，为社会发展服务。

（一）都为各自社会发展状况所决定

马克思说："物质生活的生产方式制约着整个社会生活、政治生活和精神生活的过程。"[②] 一个社会生产力发展水平以及生产关系状况，为核心价值观教育提供了宏大的背景和经济基础，并决定了核心价值观教育的目标和内容，并在一定程度上影响了核心价值观教育的实施路径和方式。

新加坡的核心价值观教育是与新加坡的社会发展需要紧密联系的，它受新加坡社会发展状况的支配和制约，体现出了鲜明的社会性特征。1990年的新加坡，建国已有25年。新马分家带来的冲击和独立初期面临的重重困境已然不在，此时的新加坡已经是一个现代化的城市国家，它

---

① 龚群：《新加坡公民道德教育研究》，首都师范大学出版社2007年版，第121页。
② 中共中央编译局编译：《马克思恩格斯选集》第2卷，人民出版社2012年版，第2页。

政局稳定，经济繁荣，人民生活水平在亚洲名列前茅。如果说在建国后的25年里新加坡领导人关注的是经济发展的话，在21世纪即将到来的最后10年，新加坡领导人希望有所变迁，他们不再一门心思关注经济发展，而是希望让国民过一种全面和有质量的生活。在以吴作栋为首的新一届领导班子看来，当下最紧迫的要务是，让全国团结一心。因为虽然国家现在已经走向现代化了，但是各种族间的隔阂却因为现代化反而变得越来越深了。李光耀曾公开承认，在他卸任后，新加坡还没有准备好接受一名印度裔出任总理。对许多马来人而言，经济的发展完全破坏了他们的生活方式，而语言及教育方面的问题仍然困扰着在人口中占多数地位的华人。正是基于这样的社会现实，1990年8月，在建国25周年之际，新加坡政府提出了"一个民族、一个国家、一个新加坡"的口号，它向世人昭示了新加坡政府加强种族团结，增强社会凝聚力的决心。次年，新加坡"共同价值观"出台，这是新加坡政府试图从思想和文化上统一国民认识，打造一个团结的新加坡民族的伟大尝试。而事实证明，新加坡的核心价值观教育在促进社会团结，增强社会凝聚力方面的确发挥了不可小觑的作用，产生了不可磨灭的重要影响。

我国的社会主义核心价值观教育同样也是基于现实的需要应运而生的，它是我国社会发展到了一定阶段的产物，是为了解决社会现实问题而采取的重要举措。经过改革开放40多年的快速发展，我国的经济实力已跻身世界前列，成为仅次于美国的世界第二大经济体。崛起的中国迫切需要在世界舞台上发出自己的声音，传播自己的价值体系，争夺一些国际公共事务的话语权。再则，改革开放冲击了国人传统的价值观念和价值体系，社会转型和多种利益群体的出现，使社会价值观念越来越多元化。如何在多元文化价值中倡导主流价值，以凝聚社会共识，增进社会和谐，是摆在中国共产党人面前亟须解决的重要问题。正是在这样的背景下，党的十八大提出要大力倡导社会主义核心价值观，用社会主义核心价值体系"引领社会思潮、凝聚社会共识"。

（二）都为各自社会发展服务

核心价值观教育一方面受社会发展状况和发展水平所制约，另一方面又会反作用于社会发展，通过发挥其功能作用，为社会发展服务。核心价值观教育作为主流意识形态教育,在巩固执政党的执政基础,促进社会和谐和团结,加快和推进文化软实力建设等方面能够发挥重要作用,从而为社会发展服务。

新加坡核心价值观教育实施 20 余年来,培育了新加坡人"一个民族、一个国家、一个新加坡"的国民意识,塑造了统一的"新加坡精神"。有人曾这样总结"新加坡精神",认为"新加坡精神"可以用"前瞻、自律、拼搏、包容、关爱、奉献"来阐释。正是这股新加坡精神,才使新加坡由第三世界的贫穷国家,跻身世界发达国家[①]。核心价值观教育的实施,促使新加坡社会更加包容开放,各族群互相关爱,和睦相处,社会稳定,全民团结一心,为新加坡的美好未来而拼搏奋斗。

我国社会主义核心价值观教育虽然实施时间不长,但其效益已逐渐得以显现。社会主义核心价值观教育为个人价值观廓清了迷雾,增强了人们对价值观的判断能力和道德责任感,培育了昂扬向上的公民品格,为个人健康发展指明了方向;为社会树立了价值标杆,引领了社会文明新风尚,凝聚了社会崇德向善的正能量,形成了促使人们奋发积极向上的社会氛围;传承弘扬了中华优秀传统文化,丰富发展了中国共产党人创造的红色文化,是社会主义先进文化的代表;它使中国人在国际舞台上发出了自己的声音,国家文化软实力得到进一步增强。它激发了中国人的文化自觉,增强了中国人的文化自信。

第二节 教育规律的差异性

虽然规律是客观的,不以人的意志为转移,但是由于发现规律、认识规律、应用规律和利用规律的是人,因此,在如何发现规律、认识规律并利用规律使之更好地为人类服务方面,又会呈现出差异性。中国与新加坡核心价值观教育都遵循了人类价值观教育的一般规律,这是二者的共性。但是,在一些具体规律方面,由于认识规律的理论基础不同,由于对一些规律认识的差异,两国在核心价值观教育规律方面呈现出差异性。

---

① [新加坡]张福润:《新加坡精神之我见》,《联合早报》2011 年 8 月 28 日。

一 认识和利用规律的理论基础不同

发现规律、认识规律并应用规律、利用规律需要一定的科学理论作指导,理论基础不同,对规律的认识和利用也就有所差异。中国的社会主义核心价值观教育是以马克思主义作为理论基础的,因此,在教育规律方面,遵循的是马克思主义教育理论和教育规律。新加坡的核心价值观教育是以西方教育学理论尤其是建构主义教育学理论为理论基础的,遵循的是建构主义教育学理论和教育规律。理论基础的差异,直接决定了两国在教育规律方面的本质不同。

(一)中国核心价值观教育以马克思主义为理论基础

马克思主义是中国社会主流意识形态,是中国共产党的指导思想和行动纲领。马克思主义科学揭示了社会存在与社会意识、经济基础与上层建筑、教育与社会以及教育与个人之间的内在关系和必然联系,马克思主义关于社会存在与社会意识辩证关系原理、人的本质和人的全面发展理论和关于"灌输"的原理等是中国社会主义核心价值观教育规律的理论基础。

1. 关于社会存在与社会意识辩证关系的理论

马克思、恩格斯创立的历史唯物主义认为,人们的社会存在决定人们的社会意识,人们的物质生活的生产方式制约着整个社会生活、政治生活和精神生活。社会存在是第一性的东西,是社会意识的根源,社会意识是社会存在的反映和派生物。同时,历史唯物主义在肯定社会存在决定社会意识的前提下,又承认社会意识具有相对的独立性,对社会存在具有能动的反作用。进步的社会意识能够促进、加速社会存在的发展,落后反动的社会意识对社会存在的发展变化起阻碍、延缓的作用。

历史唯物主义科学地解决了社会存在和社会意识的相互关系问题,这从根本上与历史唯心主义划清了界限,为人们树立正确的社会历史观奠定了理论基础。社会存在和社会意识辩证关系理论告诉我们,开展社会主义核心价值观教育,一方面,由于社会存在决定社会意识,必须全面考察教育对象在社会生活中所处的地位和状况,了解教育对象的生活环境,以及身心发展特点,这样才能把握影响其思想形成发展变化的内外部因素，根据社会存在决定人们思想的客观规律，有针对性地组织教育活动，增强教育的有效性和科学性；另一方面，由于人的思想对社会存在具有能动作用，因此，必须积极弘扬社会主义核心价值观，让先进的思想占据人的头脑，从而对社会发展产生推动和促进作用。

2. 关于人的本质和人的全面发展理论

马克思主义关于人的本质和人的全面发展理论是造就和培育社会主义、共产主义一代新人的理论，因此是社会主义核心价值观教育的重要理论基础。

马克思主义认为，人的本质在于人的社会性，是人区别于动物的本质属性。马克思明确指出："人的本质不是单个人所固有的抽象物，在其现实性上，它是一切社会关系的总和。"① 人的社会关系是极其丰富的，既有经济关系、政治关系、法律关系，又有文化关系、家庭关系、地域关系等。在这些社会关系中，经济关系起主导作用，是一切社会关系中的主要因素。其他关系建立在经济关系之上，受经济关系制约。马克思提到的"人的全面发展"，是人的劳动能力（体力和智力的）多方面的、充分的、和谐的、自由的发展。这里的"人"不是指单个的个别的人，而是社会的每一个成员。

马克思人的本质和人的全面发展理论告诉我们，在开展社会主义核心价值观教育时，首先要正确认识教育对象，要认识人，了解人，科学把握人的思想形成与发展的规律。人的思想是在一定的社会关系中，通过参加社会实践活动而形成、发展的，人的各种社会关系对人的思想的形成发展具有极其重大的影响。人的本质是在一切社会交往（包括人与人之间的思想交往）中实现的，人的社会交往关系越丰富，人获取的信息（包括思想交往产生的思想信息）就越多。社会主义核心价值观教育可以通过教育者和教育对象之间的社会交往，帮助教育对象获得更多的思想信息，从而形成新的价值观。其次，要因材施教，尊重教育对象个性和个性潜能上的差异，根据不同教育对象群体选择不同的教育方法。

---

① 中共中央编译局编译：《马克思恩格斯选集》第 1 卷，人民出版社 2012 年版，第 135 页。

最后，全面发展的教育是实现人的全面发展的有效途径。全面发展的教育中，德育为先，而价值观教育是德育的重点。因此，要始终坚持不懈实施社会主义核心价值观教育，深刻认识社会主义核心价值观教育在人的全面发展教育中的重要性。

3. 关于"灌输"的理论

马克思主义认为，社会主义意识不会在群众中自发产生，必须不断地向群众灌输科学社会主义理论，才能提高群众的社会主义思想觉悟，指导群众参加无产阶级解放斗争和社会主义建设。列宁在《怎么办》一书中详细论证了"灌输"原理。他说："工人本来也不可能有社会民主主义的意识。这种意识只有从外面灌输进去，各国的历史都证明：工人阶级单靠本身的力量，只能形成工联主义意识。"①

马克思的"灌输"理论为社会主义核心价值观教育的开展提供了强有力的理论武器和思想基础。社会主义核心价值观理论作为先进科学的理论，不会在群众头脑中自发产生，只能从外部"灌输"进去。社会主义核心价值观不仅要讲，而且要理直气壮地讲。在进行社会主义核心价值观教育时，要坚持社会主义政治方向，坚定马克思主义政治立场，讲清社会主义核心价值观与资本主义核心价值观的本质区别，帮助人们树立科学的价值观。

除了社会存在与社会意识辩证关系理论、人的本质与人的全面发展理论以及"灌输"理论之外，马克思主义关于正确处理人民内部矛盾的理论，关于社会主义精神文明建设的理论等都为社会主义核心价值观教育的开展提供了理论依据和理论基础，它们所揭示的科学原理有助于我们更好地认识社会主义核心价值观教育规律，并利用教育规律为社会发展服务。

（二）新加坡核心价值观教育以建构主义学习理论为理论基础

与我国不同，新加坡核心价值观教育是以西方教育学理论尤其是以建构主义学习理论为理论基础的，因此，新加坡核心价值观教育对规律的认识和利用是在建构主义学习理论的框架下进行的。

---

① 中共中央编译局编译：《列宁选集》第1卷，人民出版社1992年版，第317页。

1. 人类学习过程的认知规律

建构主义理论对人类学习过程的认知规律进行了深入研究，该理论认为人类的学习过程是一个主动的意义建构的过程，学习者不是被动地接受外在信息，而是根据先前认知结构主动性地和有选择性地知觉外在信息，建构当前事物的意义。

新加坡中小学核心价值观教育教学受建构主义理论影响很深。它非常强调学生的中心地位，注重学生的主动探索、主动发现和对所学知识意义的主动建构。在他们看来，价值观教育是在学生原有认知水平的基础上，通过教师和学习伙伴的辅助作用，帮助学生完成意义建构的过程。

2. 人类道德认知发展规律

建构主义理论代表人物之一科尔伯格在吸收皮亚杰道德认知发展理论的基础上，提出了著名的儿童道德发展阶段论，即"三水平六阶段"。三水平即前习俗水平、习俗水平和后习俗水平。每个水平分两个阶段。前习俗水平包括惩罚和服从定向阶段和相对功利取向阶段，习俗水平包括寻求认可（或好孩子）定向阶段和维护权威或秩序定向阶段，后习俗水平包括社会契约定向阶段和原则或良心定向阶段。

新加坡核心价值观教育吸收了科尔伯格关于人类道德认知发展规律的理论，但是又结合新加坡实际和需要，对其进行了改良。在新加坡道德教育教材中，有很多"科尔伯格式"的道德两难故事，教师通过创设故事情境，引导学生讨论，从而提高学生的道德水平和认知阶段。

另外，建构主义理论还包括丰富的教学理论，并开发出了比较成熟的教学方法，如支架式教学、抛锚式教学、随机进入教学等，这些教学理论和教学方法也为新加坡核心价值观教育提供了很好的理论基础和经验借鉴。

应该说，无论是马克思主义理论还是建构主义理论，都为当代核心价值观教育提供了很好的理论基础和理论借鉴。马克思主义理论科学揭示了人类社会发展规律，是科学的世界观和方法论，为社会主义核心价值观教育提供了强有力的思想武器，奠定了坚实的理论基础。正是有了马克思主义理论的科学指导，社会主义核心价值观教育才有规可循，能按规办事。同时，我们也可以借鉴其他教育学理论如建构主义理论的优秀成果，吸收外来，为我所用，更好地增强我国社会主义核心价值观教育的实效性。

二 具体规律应用不同

由于理论基础的不同，在一些具体规律的应用方面，中国与新加坡核心价值观教育也存在差异。

（一）倡导与接受规律不同

核心价值观教育的倡导与接受规律指的是教育者是核心价值观的倡导者，教育对象是核心价值观的接受者，教育者通过一定的教育机制和教育手段、方法，使教育对象接受核心价值观的规律。倡导与接受是双向互动的，辩证统一于核心价值观教育过程中。中国与新加坡核心价值观教育都遵循了倡导与接受一般规律，但是在倡导者和接受者地位和作用的问题上有着截然不同的看法。

我国社会主义核心价值观教育强调倡导者即教育者在教育过程中的主导作用，强调教育者对教育对象必要的理论灌输。马克思主义认为，先进的理论必须从外面灌输进去，社会主义核心价值观作为先进理论，不可能从群众头脑中自发产生，必须通过教育者运用一定的教育手段，将国家和社会需要的价值观"灌输"给教育对象。在灌输这一教学过程中，教育者是主体，起主导作用。通过灌输使受教育者认识、理解和掌握社会主义核心价值观，提高个人的认知水平。另外，受教育者在接受"灌输"的过程中，并不是完全被动接受的，而是一个"内化"的过程，要经过注意、理解、接受三个基本环节，通过对包括教育者提供信息在内的各种外部刺激信息的比较、鉴别、选择，最后摄取，并与自己原有的认知结构融为一体。在社会主义核心价值观教育过程中，教育者由于掌握了先进的理论，是"灌输"的发起者和主导力量，因此具有十分重要的地位和作用。

与我国社会主义核心价值观教育不同，新加坡核心价值观教育强调接受者即教育对象的主体地位，教育者在教育过程中不是起主导作用，而是起辅助作用。教育者的作用是帮助教育对象完成自身价值意义建构，澄清自己的价值观，而不是主动去灌输某种价值观。这与我国是两种不同的教育路径，虽然两国教育的目的都是培育核心价值观，我国以正面灌输教育为主，新加坡则以较为隐蔽的隐性教育为主。

价值澄清法是新加坡学校核心价值观教育经常使用的一种教学方法。价值澄清法通过循序渐进的过程帮助学生做出明智的决定。学生进行理性的思考，赋予自己同理心，并觉察自我情绪，审视自己的感受和行为，从而激发自身去思考和厘清自己的价值观。通过对话与合作学习等教学策略，教师引导学生依据正确的价值观（包括社会所维护的价值观）做出明智的决定。要做出明智、负责任的决定，必须按照以下步骤：列出各种可能的选择、逐一衡量、做出最终的决定、确定自己的立场以及奉行自己的信念。

例如，在新加坡小学《公民与道德教育》六年级教材中，讲到"正直"价值观时，有这样的教学设计：

请与组员讨论以下情境，然后完成第48页的活动。

一、扎丽娜是这一次专题作业小组的组长。为了做专题作业，同学们必须拍摄一些照片。于是，扎丽娜向学校借了一台数码相机。谁知道，她的组员不小心把相机弄掉在地上，显示屏上还出现了一条细细的裂痕。组员们因为害怕受罚，怂恿扎丽娜赶快归还相机，并隐瞒真相。身为组长，她应该怎么办？

二、大卫和立文自小学一年级就是好朋友。一天，班上一名同学的钱包不见了。老师决定在班上进行搜查，但是却找不到钱包。休息的时候，大卫看见立文从厕所里的一个隐秘角落偷偷拿出一个钱包。身为学长的大卫不知道是否应该向老师报告这件事。他应该怎么办？

第一步：认清自己有些什么选择。

选择1……，选择2……。

第二步：想想每种选择会造成什么样的结果。

选择1的结果……，选择2的结果……。

第三步：作出决定。

我的决定是选择_____，因为_____①。

新加坡的教育者是这样诠释"价值澄清法"的：价值澄清法"绝不意味着让儿童随心所欲地去寻求自己的价值观，而是要求儿童按照他所接受的原则，经过应有的考虑程序，在权衡是非轻重与利害得失之后，才做出自认为正确的选择和决定"②。在价值澄清法中，教育者不主动地去宣传传播社会要求的价值观念，不主张作价值观念的灌输，不直接替教育对象做选择，而是通过有步骤地引导和暗示，让他们在讨论、反省、思考等过程中，经过独立思考和反复权衡，做出自己认为正确的选择，最终达到对价值的正确"澄清"。虽然教育的目的是使教育对象掌握"社会所维护的价值观"，但是通过价值澄清法，让教育对象觉得这个价值观似乎是自己经过深思熟虑选择的结果，而不是被动接受教育者所传播的价值观。

我国强调倡导者的主导作用，注重正面理论灌输，新加坡强调接受者的主体作用，注重教育对象自我的价值意义构建。无论是正面理论灌输，还是侧面从旁诱导，其目的是传播社会核心价值观。目的是相同的，不同的是方法和路径。

（二）价值观融入个体规律应用不同

价值观融入个体规律指的是，核心价值观要"入脑入心"，要融入个体认知结构和价值体系，指导个体实践和行为，使之成为真正指导个体行动的价值指南。我国与新加坡核心价值观教育都遵循了价值认同一般规律，以认知认同、情感认同、实践认同为着手点，注重价值观融入个体的认知结构、情感信念和行为实践，但在融入个体的具体规律上有所不同。

1. 新加坡强调"精准"融入

新加坡核心价值观教育以建构主义理论为基础，注重个体的差异性，

---

① 新加坡教育部课程规划与发展司：《公民与道德教育》（六年级读本），*EPB Pan Pacific* 2008 年版，第 46—48 页。

② 新加坡教育部课程规划与发展署：《生活与成长》教师参考本，联合早报出版社 1980 年版，第 10 页。

强调价值观教育应根据个体道德认知水平和认知特点,"精准"融入。

科尔伯格的道德认知发展理论是新加坡核心价值观教育融入个体规律的理论基础。新加坡教育专家们在科尔伯格儿童道德发展"三水平六阶段"的理论基础上,结合新加坡需要和实际,进行了改良。新加坡教育部将道德认知发展法作为中小学品格与公民教育的基本方法,并这样诠释道德认知发展法:教师鼓励学生针对现实或假设性的道德两难情境做出回应,并根据柯柏的道德论证阶段性特点衡量学生的回应。整个学习过程促使学生检讨他们行为背后的动机,提升他们的自我意识。教师在衡量学生处于哪一个发展阶段后可通过提问的方式,澄清学生的思维,培养学生对人和事物的敏感度,然后引导学生做出正确的决定,从而帮助学生逐步从以个人为先的层次提升至以社会和世界为先的层次①。

这里讲的"改良"主要有两个:一是在"三水平六阶段"的第五阶段和第六阶段,进行了改良。第五阶段,科尔伯格认为是"社会契约定向阶段",即承认共同规定的道德准则和要求,认为有履行准则的义务,能够考虑别人的权威和多数人的意志及福利,一般不予侵犯。在这个阶段,儿童意识到,规则条文是人订立出来的,自由协定具有义务性约束的要求。新加坡道德教育学家在科尔伯格理论的基础上,将第五阶段解释为:在这个阶段,个人的一切决定和行动是为了"给社会的最大多数人带来最大好处",他做好事是为了社会的整体利益。二者相比较,科尔伯格是从个体的角度来谈社会契约遵守的,注重的是道德的个人倾向;新加坡是从社会的角度来谈契约遵守的,注重的是道德的社会倾向,即社会整体利益的实现。新加坡把注重道德的"个人倾向"看成"西方价值观",而新加坡是立足于"东方或亚洲价值观"的,它注重社会利益,因此可以说新加坡对科尔伯格的道德认知发展理论进行了适合新加坡的改进和扬弃。第六阶段,科尔伯格认为是良心或原则的道德定向阶段,新加坡认为是

---

① 《品格与公民教育课程标准(小学)》,第1页,https://www.moe.gov.sg/docs/default‐source/document/education/syllabuses/character‐citizenship‐education/files/character‐and‐citizenship‐education‐(primary)‐syllabus‐(Chinese).puf。

"普遍性道德原则"阶段,对自我良心的确立,则没有提及。而实际上,科尔伯格的普遍性道德原则是通过自我良心来确证的。因此,新加坡强调的是道德的社会性和普遍性,科尔伯格强调的是道德的个体性。

第二个"改良"是将价值澄清学派的理论有机巧妙地糅合到道德认知发展理论中,形成了"新加坡式"的道德认知发展理论。它汲取了价值澄清学派和道德认知学派理论的优点,并对二者都进行了适合新加坡需要的改造,使之更具实用性和有效性。

由此可见,在价值观融入个体方面,新加坡更注重教育目标的精准性与教育方法程序的科学性和精细化。在教育目标上,强调循序渐进地引导,将教育对象的道德认知水平从现有水平提高到更高层次;在教育方法上,有一整套操作性强、精细化的程序和步骤,使价值观教育有规可循,更具科学性。

2. 我国强调内化于心,外化于行

在核心价值观如何融入个体规律方面,我国虽不及新加坡如此精准精细,但我国更加强调价值观教育的实践指向性,即价值观教育不仅要融入个体内在的价值认知结构,内化于心,还要做到外化于行。

"内化外化律"是我国核心价值观教育融入个体的具体规律。内化是教育者帮助和引导受教育者将社会主义核心价值观转化为自己的价值认知、道德情感和信念等内在意识的过程,同时也是受教育者将社会主义核心价值观与自己原有的价值体系和结构相整合的过程。外化是教育者帮助和引导受教育者将自己已经形成的价值观转化为自己的品德行为,并养成良好品德习惯的过程。在内化外化过程中,内化是外化的前提和基础,外化是内化的目的和归宿。

实践论是马克思主义的基本理论和观点。"新加坡式"道德两难问题讨论法,虽然操作性很强,有一定的科学性,但过于强调道德认知,一定程度上忽视了道德行为习惯的培养和道德实践的践履。我国以马克思主义实践论为指导,认为实践认同和认知认同同等重要,实践认同是检验核心价值观教育是否成功的关键。

(三)价值观融入社会规律应用不同

价值观融入社会规律指的是,价值观融入社会的政治、经济、文化、法治等建设中，渗透进社会的方方面面，与社会融为一体。在具体融入方式上，新加坡强调以制度为载体和桥梁，注重制度融入。这是新加坡核心价值观教育的特色和亮点。

1. 新加坡强调"制度"融入

制度融入是核心价值观融入社会的一种重要方式。新加坡以制度为载体，将抽象的价值理念与具体生动的现实生活相结合，使核心价值观渗透进人们社会生活的方方面面。

在政治生活方面，新加坡以政治文件的形式赋予核心价值观教育重要地位，并将核心价值观与政治制度高度融合。1991年，新加坡国会发表的《共同价值观白皮书》以政治文件的形式赋予了核心价值观教育的政治地位，从顶层设计的角度确保了核心价值观教育在全国的有效实施和开展。在法治生活方面，新加坡核心价值观通过完整缜密的立法体系、严格严实的执法制度和公正独立的司法制度渗透到人们生活的方方面面，影响和规范着人们的行为。在社会生活方面，核心价值观通过医疗、卫生、教育、住房、交通等制度建设渗透进人们社会生活中，影响和改变着人们的日常生活。

2. 我国强调在"落细、落小、落实"上下功夫

2014年2月24日，习近平总书记在主持中央政治局第十三次集体学习时指出，一种价值观要真正发挥作用，必须融入社会生活，让人们在实践中感知它，领悟它。他强调要注意把我们所提倡的与人们的日常生活紧密联系起来，在落细、落小、落实上下功夫。要利用各种时机和场合，形成有利于培养社会主义核心价值观的生活情景和社会氛围，使核心价值观的影响像空气一样无所不在，无时不有[①]。总书记的讲话为社会主义核心价值观融入社会生活提供了根本指导。社会主义核心价值观是抽象的价值理念，它要与人们的思想发生联系，必须融入人们的社会生活。人们的社会生活是丰富的、具体的，只有渗透进人们的日常生活，从细微

---

① 《习近平在中共中央政治局第十三次集体学习时强调把培育和弘扬社会主义核心价值观作为凝魂聚气强基固本的基础工程》，中国政府网，2014年2月25日，http://www.gov.cn/ldhd/2014-02/25/content_2621669.htm。

处着眼，把工作做实，才能使教育不流于形式，产生持久的教育效果。

与新加坡强调"制度"融入相比，在核心价值观融入社会方面，我国强调教育引导、舆论宣传、文化熏陶、实践养成、制度保障等多管齐下，动员社会一切力量，将核心价值观教育工作"落细、落小、落实"，在融入管道方面比新加坡更为全面，在融入力度方面更为强劲。

第三节 结论和启示

通过我国与新加坡核心价值观教育规律的比较，我们可以得出以下结论或启示：

一 核心价值观教育要依规而行

首先，核心价值观教育有规可循。从我国和新加坡核心价值观教育规律尤其是共性规律的比较可以看出，核心价值观教育作为人类社会的教育活动，它遵循教育活动的一般规律，同时，作为价值观教育，又遵循价值观教育的特殊规律。从两国核心价值观教育的差异性规律比较可以看出，认识规律和发现规律离不开一定的理论基础和具体的规律发生和作用条件。两国核心价值观教育规律之所以出现差异性，这是因为规律的发生、发现和应用受多方面因素影响，如具体国情、文化、教育理念以及理论基础等。规律发生和作用条件的不同，导致了规律的差异性。

其次，核心价值观教育要依规而行。既然核心价值观教育有规可循，那么，我们应积极探索和发现核心价值观教育规律，并利用这些规律，以便增强核心价值观教育的科学性和有效性。

二 核心价值观教育规律体系

所谓核心价值观教育规律体系，是指在核心价值观教育的规律中，由若干个相互联系的规律所组成的一个整体。因为在核心价值观教育中，它既有传授有关知识的知识传授教育，又有进行价值认同的价值认同教育，还有与社会生活彼此融入的互融教育，以及放在社会发展大系统中来进行的与社会发展相适应教育，考虑人的发展以及与人的发展相适应的教育,满足人的价值需求与平衡的价值需求满足与平衡的教育。所以,核心价值观教育规律,就不仅仅只是一种规律,而是由多种相互联系规律所组成的一个规律整体。

(一)核心价值观教育规律的组成

核心价值观教育规律,是指核心价值观教育中,那些固有的、本质的、稳定的、必然的联系。它主要包括:

1. 价值知识传授规律

在核心价值观教育过程中,核心价值观教育的运动过程,与价值知识传授有着固有的、本质的、稳定的必然联系。因为核心价值观教育,必须要传授有关的价值知识;一个人要接受社会主导核心价值观,必须要有相应的知识作基础;一个人要具有社会核心价值观的自我教育能力,必须要具有基本的价值知识,才能运用有关的价值知识来解决自己树立社会主导核心价值观的有关问题,把知识转化为价值观打造能力,等等。这种价值观知识传授,包括价值科学知识、价值历史知识、价值生活知识、价值关系知识等的传授。

2. 价值认同发力规律

这是指在核心价值观教育运动过程中,与价值认同发力之间的固有的、本质的、稳定的必然联系。因为核心价值观教育,其目的就是要使人们及其由人所组成的各族群、各组织、各团体等,接受、赞同社会主导核心价值观;其意义就是树立、巩固、发展社会主导核心价值观,以指导人们的价值行为;其归宿就在于用社会主导核心价值观塑造人们的价值观及思想道德素质;其过程就是价值认同的互动过程,等等。所以,核心价值观教育与价值认同发力之间有着内在的本质的必然联系。如果离开社会主导核心价值观的认同和发力,那么,核心价值观教育都是空谈。这种价值认同发力,包括对价值理论的认同发力,对价值思想的认同发力,对价值情感的认同发力,对价值关系的认同发力,对价值行为的认同发力,对价值思想道德素质打造提升的认同发力等。

3. 与社会发展相适应规律

这是指核心价值观教育与社会发展有着固有的、内在的、本质的必然联系。因为我们讲的核心价值观教育,是指社会核心价值观教育,是指社会主导核心价值观教育；因为核心价值观教育，其本身就是社会教育中的一种教育，是以社会教育为母系统的一种教育；因为我们的核心价值观教育，是在社会现实中的教育，是以社会为条件的教育，是以社会为教育平台的教育，是回应社会价值需求的教育等，所以，必须与社会发展相适应。这种适应，是指核心价值观教育，要与社会环境、社会条件、社会需求、社会主要矛盾等及其发展变化的适应；是指核心价值观教育，既要与社会的上述方面相适应，又要在核心价值观教育的条件运用上、环境机遇利用上、需求诉求的回应上、社会主要矛盾的价值求解上、发展变化的创新应对上等积极适应；是指核心价值观教育在结构优化上、功能生发上、作用发挥上、内容的入脑入心上、模式的吸引上等方面的进化性适应，等等。

4. 与人的发展相适应规律

这是指核心价值观教育与人的发展有着内在的、本质的、稳定的必然联系。因为核心价值观教育，是对人及由人所组成的国家、社会、民族及其各级各种组织、各个阶层、各种团体的教育，其基本单元的成员——人的教育；因为核心价值观教育，是以社会主导价值观作用于上述这些成员的思想特别是价值思想的教育，是思想互动，特别是思想互动的互动性教育；因为核心价值观教育，是要针对上述这些成员的思想，特别是价值思想的教育，而人的思想、价值思想，不同年龄阶段的人、不同职业的人、不同阶层的人、不同素质层次的人等的价值诉求是不一样的；因为人在经济、社会、科技、文化等发展环境之中，对价值的欲望与渴求是不一样的，等等。所以，核心价值观教育与人的上述发展变化有着内在的、本质的必然联系，必须要相适应。这种相适应，是核心价值观教育要与人的一般价值需求相适应；与不同思想道德素质层次人员的价值需求等的价值指向相适应，从而在核心价值观教育中呈现出针对性、层次性、引领性、渐升性等。

5. 教育与生活相互融入规律

这是指核心价值观教育，与社会生活彼此融入，有着固有的、本质的、稳定的必然联系。因为核心价值观，是存在社会的各种生活之中的，是通过种种社会生活来表现的；因为人的价值思想，是在社会生活中形成、存在、变化、发展的；因为社会生活是核心价值观教育的载体；因为社会生活要存在、要发展，必然要有核心价值观作引领；因为价值生活本身就是属于社会生活之中的生活，价值生活缺乏社会生活是残缺的价值生活，价值生活离开社会生活就失去了依附体；因为核心价值观教育生活，其本身就是社会教育生活的重要组成部分，社会教育生活不进行核心价值观教育，缺乏核心价值观教育生活，是贫乏的社会教育生活。核心价值观教育离开社会生活，就失去了价值生活源泉教育，就失去社会价值生活实践体验的体验性教育等。所以，核心价值观教育与社会生活之间有着不可分离的内在联系。

这种彼此融入包括：一方面，核心价值观教育要融入社会生活。这种融入，主要是融入经济生活、政治生活、文化生活、社会治理生活、生态文明建设生活等，把核心价值观群众化、生活化、实践化；另一方面，社会生活要融入核心价值观教育生活，即社会生活要以核心价值观为引领，体现核心价值思想，蕴含核心价值思想，把社会生活与核心价值思想相融通、融合、融汇等。这样，核心价值观教育与社会生活彼此相融通、融合、融汇，从而彼此贯入对方、注入对方、渗入对方、化入对方，进而两者相互作用，相互促进，相互丰富，共同发展。

6. 价值需求满足与平衡规律

这是指核心价值观教育与满足人们及人的群体的价值需求与平衡之间的固有的、内在的、稳定的必然联系。这是我们在下面的问题中要专门进行探讨的核心价值观教育的基本规律。

(二) 核心价值观教育规律体系中各规律之间的关系

在核心价值观教育规律体系中，各个规律在整个教育过程都是占有一定的位置，起着一定的作用的。但是其各自在教育的整个过程中，各自起的作用是不一样的，所凸显的位置也是各不相同的。

1. 价值知识传授规律的基础位置和知识的引入作用

在核心价值观教育规律体系中，由于核心价值观教育要以价值科学理论知识来引入，以价值历史知识来明眼，以价值生活知识来诱导，以价值关系知识掂利害。所以，它在该教育规律体系中处在基础位置；在该教育始初起着主要作用。

2. 与社会发展相适应规律、与人发展相适应规律、教育与生活相互融入规律处在过程展开的主体位置并起到生发作用

在核心价值观教育规律体系中，由于只有与社会发展相适应，该教育才能与社会发展相合拍；只有与人的发展相适应，才能与人的发展相适合；只有与社会生活彼此融入，才能进入社会生活，否则，该教育难以开展、难以深化，所以它们处在过程中的主体位置。由于这些规律的客观存在，只有按这些规律要求办事，该教育才能产生生长、发育、发展的生发作用。

3. 价值认同发力规律处在过程后期的归结位置并起到升华作用

在核心价值观教育规律体系中，由于价值认同是在该教育按上面论述到的价值知识传授规律、与社会发展相适应规律、与人的发展相适应规律、教育与生活互融规律的客观要求办事的基础上，人们才会对核心价值观有认识、有认可、有赞同的结果，所以，它处在教育后期的归结位置。由于人们对核心价值观有了认识的基础，有了认可的进展，有了赞同的果实，这是核心价值观教育的一种良好态势，一种生长的力量，一种发展的酵素。所以，教育者只要把握这种认同的态势，彰显这种认同的力量，运用好认同的这一酵素，人们对核心价值观的认同，就可以把它升华为接受，把它内化为素质，把它外化为行为，从而起到不断提升的作用。

4. 价值需求满足与平衡规律处在贯穿位置并起到决定作用

在核心价值观教育规律体系中，价值需求满足与平衡规律处在贯穿体系位置，起着决定的作用。因为一方面，核心价值观教育的所有人员，在教育过程中始终都存在着价值需求。所谓价值需求是人们对美好价值生活的渴求和欲望。这种价值需求，既包括了核心价值观教育的领导者、管理者、操作者这些发动者的价值需求，也包括在核心价值观教育中受动的人及由人组成的群体这些受动者的价值需求。这些人都希望、期望自己的价值需求得到满足。这种价值需求，在核心价值观教育过程中，始终都是存在的，只不过核心价值观教育发动者、受动者有着不同的价值需求罢了。发动者中的领导者、管理者、操作者的价值需求也不一样，受动者中的个体成员和群体成员的价值需求也存在着差别，但是，不可

否认的是，都广泛存在着价值需求。

另一方面，核心价值观教育活动运行，是需要动力的，核心价值观教育活动者的价值追求、价值实现等，就是驱动他们开展该活动的动力，核心价值观教育运行全过程，就是该教育活动者价值驱动的全过程。核心价值观教育，是有计划、有目的的教育，该教育朝什么方向运动，往何处发展等，其实都是一种价值需求的平衡的取向，价值需求与平衡的朝向，就是该教育活动的走向，该教育活动的走向，向位问题的发现，向位的纠偏等，都反映出价值需求存在于该教育活动的始终。这些都说明价值需求及其状态始终都存在该教育的全程。该教育过程始终存在价值需求，有价值需求就会有其满足与平衡的问题，从而核心价值观教育价值需求满足与平衡规律，也是贯穿该教育的全过程，所以，该规律在规律体系中处于贯穿全过程的位置，起着决定作用。这一点，我们即将在下个问题展开加以讨论。

三 价值需求满足与平衡规律是基本规律

我们对核心价值观教育进行比较，其中的目的，是要探求该教育的基本规律。通过以上中国与新加坡核心价值观教育的比较，我们得出了存在价值需求满足与平衡规律。如果我们再深入研究，就会发现价值需求满足规律是核心价值观教育的基本规律。

（一）基本规律境况的缘由

所谓核心价值观教育基本规律，是指在核心价值观教育过程中，贯穿该教育过程，起着决定作用，制约其他规律的规律。为此，我们认为贯穿性、决定性、制约性，是基本规律的显著特征。也正是因为这些特征，价值需求满足与平衡规律才能成为该教育的基本规律。其缘由具体是：

1. 贯穿核心价值观教育全程

在核心价值观教育的整个过程都存在着价值需求，而有需求就内在地有需求的满足、需求满足的平衡，因而存在着价值需求满足与平衡的内在联系问题；核心价值观教育运行过程，都是价值需求满足与平衡所生力量的驱动；核心价值观教育运动方向、发展朝向等，就是价值需求满足与平衡的取向、朝向等。因此,价值需求满足与平衡贯穿该教育全程,具有全程贯穿性。

2. 对核心价值观教育起着决定作用

在核心价值观教育过程中,价值需求满足与平衡规律起着决定作用。因为核心价值观教育发动者,特别是其中的领导者、管理者对核心价值观教育的价值需求取向,对核心价值观教育的方针政策制定、颁布和实施等,起到决定指向作用;因为核心价值观教育的所有人员,其在核心价值观教育中的价值需求,对核心价值观教育的目的的确定起到决定作用。这是由于其中的领导者、管理者都是体现着国家、社会核心价值观教育本质要求,并在各自的素质中都内化着这一素质要求。其中的操作者则把国家、社会核心价值观教育本质要求内化为自己的职业素质。其中的核心价值观教育的受动者则希望自己在这一教育中成为国家、社会所需的思想道德素质的人才或社会公民,何况国家、社会核心价值观教育本质中已经容纳了他们的这一需求;因为核心价值观教育人员对该教育的价值需求决定着该教育发展方向,这是他们的价值需求满足与平衡走势与核心价值观教育走势呈现出正相关态势所导致的。

正如前文所论及的,在核心价值观教育中,该教育人员对该教育总会产生相应的价值需求,价值需求是讲究满足的,而人们对需求的满足程度又总是与自己需求满足、与他人他群体需求满足是否平衡及其状态紧密相连的,因而,通过以上分析可以看到该教育价值需求满足与平衡规律对该教育起着决定性作用。

3. 对核心价值观教育的其他规律起着制约作用

前面我们曾谈到核心价值观教育规律是一个规律体系,而其中的价值需求满足与平衡规律,则是对其他规律起制约作用的规律。

从该规律与价值知识传授规律之间的关系来讲,由于在核心价值观教育过程中,核心价值观教育传授什么价值知识,它要求用什么样的价值知识对其成员进行教育,是由该教育的价值需求决定的,而其价值需求中就包含价值知识需求,所以,该教育与价值知识传授之间的内在联系及其程度,受到该教育与需求满足与平衡之间的内在联系及其程度的制约。

从该规律与价值认同发力规律之间关系来谈，由于人们对该教育认同的关键是认识到该教育对自己的价值意义，符合自己的价值需求，最根本的是对核心价值观教育的价值认同，也正因为人们只要对核心价值观教育有了认同，就能在认同中生发出提高升华的力量。可见，该教育与价值认同的内在联系及其程度，是受到该教育价值需求满足与平衡规律制约的。

从该规律与社会发展相适应规律之间的关系来说，由于该教育与社会发展相适应的内在联系，首先表现在与社会发展的价值需求相适应，并且也正是在社会发展价值需求中产生出社会发展的其他具体需求。所以，该教育与社会发展相适应的内在联系及其程度，受到该教育与需求满足与平衡之间的内在联系及其程度的制约。

从该规律与人的发展相适应规律之间的关系来论，由于与人发展相适应，最主要的是与人发展的价值需求相适应，实际上，人的发展的诉求，都是人的发展的价值需求在各个方面的具体化。所以，该教育价值需求满足与平衡规律制约着与人发展相适应规律。

从该规律与教育和生活互融规律之间关系而言，由于教育与生活互融体中，都有着价值需求的引领问题，教育需要相应的价值需求来引领，生活需要相应的生活价值来引领；都有着价值需求的驱动问题，教育也好，生活也好，都要靠相应的价值需求力量来驱动。所以，该教育价值需求满足与平衡规律制约着教育与生活互融规律。

（二）价值需求满足与平衡规律的基本内容

所谓价值需求满足与平衡规律，是指在核心价值观教育过程中，该教育与该教育价值需求满足—平衡之间的内在的、本质的、稳定的必然的联系。这种必然联系的基本内容是：

1. 核心价值观教育与核心价值观教育价值需求之间的必然联系

因为核心价值观教育，不管是对教育发动者，还是对教育的受动者，如果没有意义，即没有任何价值的话，它不仅发生不了，就是发生了，也难以生存，更谈不上发展。实际上，核心价值观教育，正是与核心价值观教育所有成员的切身发展直接密切相关，它才得以产生、形成、发展。这里所说的所有成员，既包括该教育的领导者、管理者、操作者所组成的发动者的个体或组织，也包括教育受动者的个体或组织。

这种必然联系主要包括：核心价值观教育与领导者、管理者之间的价值需求之间的必然联系，例如，该教育与国家、社会的社会主义意识形态安全之间的必然联系；与社会主义建设者和接班人的人才培养之间的必然联系；与该教育操作者的职业素质发展、职业道德提升之间的必然联系；与作为该教育受动者的广大学生思想道德素质发展、国家社会各级组织和社会公民思想道德素质发展之间的必然联系等。

2. 核心价值观教育与价值需求满足之间的必然联系

有价值需要，就必然存在价值需要的满足。这种价值需要满足主要包括价值性质需求满足、价值取向需求满足、价值目标达成需求满足以及价值实现需求满足。因此，这种必然联系主要指该教育与价值需求的价值性质需求满足、价值取向需求满足、价值目标达成需求满足、价值实现需求满足之间的必然联系。

3. 核心价值观教育与价值需求之间平衡的必然联系

这种必然联系，主要包括：在核心价值观教育中，该教育与领导者、管理者的价值需求相平衡；与领导者、管理者、操作者之间的价值需求相平衡；与教育发动者和受动者之间价值需求之间相平衡；与教育发动者中的学生、国家社会各级组织、社会公民之间的价值需求相平衡。这些平衡，主要是该教育与价值需求本质、价值需求表达、价值需求评判、价值需求整合等之间相平衡。

4. 核心价值观教育价值需求满足之间平衡的必然联系

这种联系主要包括：在核心价值观教育过程中，领导者与管理者之间价值需求彼此满足的平衡。例如，领导者对该教育的决策、用人等职能行使所释放的领导能量，对该教育管理者、操作者和受动者价值需求满足的平衡；管理者对该教育管理职能的行使所释放的管理执行能量，对该教育领导者、操作者、受动者的价值需求满足的平衡；受动者对该教育能动接受所表现的核心价值观的日益确立与提升，对该教育领导者、管理者、操作者价值需求的满足的平衡。

由于我们这里所讨论的核心价值观教育，是一个国家、一个社会所倡导的该国家、社会的主导核心价值观的教育，该教育是社会教育、国家教育，所以，核心价值观教育价值需求满足之间的平衡的必然联系，还包括核心价值观教育的发动者、受动者的价值需求满足与国家、社会、个体、整体价值需求满足的平衡。因为核心价值观教育发动者，不管是个人，还是组织，只能是国家整体、社会整体、个人综合体中的一部分、一分子、一成员，所以他们与社会、国家、个体整体的价值需求及其满足是有统一性又有差别性。这种平衡，既包括核心价值观教育发动者价值需求及其满足，与国家、社会、个人整体价值需求及其满足之间的平衡，也包括核心价值观教育受动者价值需求及其满足，与国家、社会、个体整体价值需求及其满足之间的平衡；还包括核心价值观教育活动者价值需求满足与国家、社会、个体价值需求及其满足之间的平衡。

（三）价值需求满足与平衡规律的表现形式

所谓核心价值观教育价值需求满足与平衡规律的表现形式，是指该规律的科学内容，以一定的外在形式显现出来，能够直接或间接为人们所感知的形态和样式。

由于价值本身就是一种关系式，如果人或事物不与他人、他人的群体组织组成的事物发生关系，就没有价值可言。而价值需求及其满足和价值需求满足与平衡之间更是一种关系式，并且是更为复杂的关系式，所以，我们只有研究它的表现形式，才能更好地去认识、把握和运用该规律。这种关系式的主要表现形式，是价值需求满足与平衡规律的"结点"形式、平衡点形式和枢纽点形式。

1. 结点

结点是指在核心价值观教育中，价值需求满足与平衡规律的关系各方所显现出来的"端点"。这种"端点"，既可以是始起的始端点，也可以是终止的终端点。这种结点，表现出来的主要有：

联结点。这是指价值需求满足与平衡规律关系各方，在核心价值观教育的价值需求及其满足与平衡上相互联结成联结体了。

结合点。这是指价值需求满足与平衡规律关系各方，在核心价值观教育的价值需求及其满足与平衡上相互结合起来成结合体了。

聚结点。这是指价值需求满足与平衡规律关系各方，在核心价值观教育的价值需求及其满足与平衡上相互聚结在一起而成聚结体了。

广结点。这是指价值需求满足与平衡规律关系各方,在核心价值观教育的价值需求及其满足与平衡上,在最广的范围内,在关系各方的价值需求及其满足与平衡上把各方都联结、集结、结合起来,在结点上体现了"最大公约数"。

汇结点。这是指价值需求满足与平衡规律关系各方,在核心价值观教育的价值需求及其满足与平衡上,对其的源节点进行扫描,把那些在教育过程中没有越出核心价值观的"格""度"的节点汇合联结起来成为汇结点或汇结体,并在汇结点内,通过相互作用、相互影响、相互促进,使关系各方的在该教育价值需求及其满足与平衡有关性质及其达到的状态日益接近至达成核心价值观的格度。

2. 平衡点

这是指价值需求满足与平衡规律关系各方,在核心价值观教育过程中,在价值需求及其满足平衡上,都有受到各自的该教育价值需求与平衡力的作用,当这几个力的作用交于同一点时,这几个力就成为共点力,并在共点力的作用下,该教育价值需求及其满足处于平衡状态,这种共点力的作用点则是平衡点。由于这种受到共点力作用的作用点所受的力,已经是共点力作用所生的力,而不是其他什么合力了,所以合力为零了,力矩也为零了,所以处于平衡状态了。所谓该教育价值需求及其满足与平衡的平衡点,是指该规律关系各方的价值需求及其满足与平衡,处于齐平如"称"的共点力作用所生力的作用点。

这种平衡,主要包括在核心价值观教育过程中,物质价值需求及其满足与精神价值需求及其满足之间的物质价值与精神价值的平衡;情感价值需求及其满足与理智价值需求及其满足之间的情感价值与理智价值的平衡;国家、社会、个人的价值需求及其满足之间平衡的国家价值、社会价值、个人价值之间的平衡;精神价值需求及其满足与精神核心价值需求及其满足之间平衡的精神价值与精神核心价值之间的平衡等。

这种平衡点主要有:一是"化学"平衡点。核心价值思想与其他价值思想起"化学"作用而产生的以核心价值思想来衡定其他价值思想"化学"变化的"化学"平衡点。二是"融解"平衡点。核心价值观教育受动者,在核心价值观教育正能量的作用下,核心价值思想日渐沉淀于受动者的价值思想之中,并把自己的原有价值思想不断融解于核心价值思想之中,进而逐渐结晶为自己核心价值思想的价值思想被核心价值思想所融解的"融解"平衡点。三是连衡点。这是指在核心价值观教育过程中,对该教育价值需求及其满足与平衡能够产生一连串平衡作用的作用点。这正像多米诺骨牌效应一样,在初始能量作用下产生一连串的连锁反应。那么,该教育初始能量是什么呢?由于核心价值观教育,是一种价值关系的思想教育,而在价值需求满足与平衡规律中存在着复杂的诸多价值关系。但是,在诸多价值关系中,最初始起作用的,是核心价值观教育价值与核心价值观教育人员对该教育价值所持有的价值思想之间的关系,所以,该教育对此价值关系进行描述、说明、抒情、议论、阐释、互动等生发的正能量,就是初始起作用的能量。这种初始能量作用点就是连衡点。

3. 枢纽点

我们知道,在价值需求满足与平衡规律,是一个各种价值关系相互联系的整体,而在这些价值关系相互联系的整体中,有它的重要部分,这个重要部分就是该规律的枢纽点。这种枢纽点主要是:

中心环节。这是指在价值需求满足与平衡规律中,处于相互联系整体中的中心环节,它既是关系的集散中心,又是关系的输入输出的出入中心,所以显得尤为重要。在核心价值观教育中,教育价值的教育是中心环节。

关键之处。这是指在价值需求满足与平衡规律中,处于相互联系整体中的关键之处。那么,在该规律体系中最关紧要的是什么呢?由于该规律整体,是价值关系的有机整体,而在价值关系中价值需求是关系紧要之处,有价值需求才会有需求的满足,才会有需求满足之间的平衡问题,所以价值需求关系是该规律的关键之处,特别是该教育中的发动者、受动者与国家、社会、个人整体之间的价值需求关系。

交叉要冲点。在该规律之中,由于各种价值关系相互联结、相互促进、相互影响,形成了一张价值关系的立体网络,而在这张价值关系网中,各种价值关系相互交叉聚集点,就是要冲位置,它既能把这张网张开,又能将其收拢,还能把它提起。这种交叉聚集点,就是核心价值观教育中，教育发动者、受动者价值需求与国家、社会、个人价值需求的交叉聚集之点。

在价值需求满足与平衡规律中，呈现在人们面前的有中心环节、关键之处、交叉要冲点，就是这种中心环节、这方关键之处、这样交叉要冲之点，能在该教育需求及其满足与平衡的运动过程中，对这张价值关系之网起着开合、张收之枢与提起系结之纽作用，因而称为枢纽点。

四 以人民为中心的价值需求满足与平衡规律是根本规律

对于社会主义核心价值观教育而言，既遵循核心价值观教育的一般规律，即价值知识传授规律、价值认同发力规律、与人的发展相适应规律、与社会发展相适应规律、教育与生活互融规律以及价值需求满足与平衡规律，又有其特殊性。如社会主义核心价值观教育遵循的是社会主义价值观知识传授规律、社会主义核心价值认同发力规律等。另外，在核心价值观教育基本规律方面，我们认为，以人民为中心的价值需求满足与平衡规律是社会主义核心价值观教育的特殊的基本规律，或者说是社会主义核心价值观教育的根本规律。这是因为：

（一）该规律贯穿社会主义核心价值观教育全过程

其一，社会主义核心价值观教育中的价值需求是以人民为中心的价值需求。前文讲到，价值需求是人们对美好价值生活的渴求和欲望。在社会主义核心价值观教育过程中，无论是社会主义核心价值观发动者，还是社会主义核心价值观受动者，都存在价值需求，而且，这种价值需求是以人民为中心的价值需求。从社会主义核心价值观教育发动者的角度讲，他们的价值需求必须是以人民为中心的价值需求。只有以人民为出发点，了解人民的需求和渴望，一切为了人民，一切依靠人民，切切实实为人民解决问题，社会主义核心价值观教育才能为人民所接受、所信服、所赞同、所认可，人民才会去身体力行社会主义核心价值观。从社会主义核心价值观教育受动者的角度讲，他们的价值需求也是以人民为中心的价值需求。他们有对美好生活的向往，有切切实实的物质利益问题需要解决，有真真切切的精神困惑需要予以回应。他们都希望自己的价值需求能够得到满足。而且，这些价值需求是客观存在的，贯穿于社会主义核心价值观教育的始终。

其二，以人民为中心的价值追求，是社会主义核心价值观教育的驱动力。社会主义核心价值观教育活动运行，是需要动力的。社会主义核心价值观教育发动者和受动者的价值追求、价值实现等，是推动社会主义核心价值观不断向前发展的动力。以人民为中心的价值需求是动力之源，不断满足以人民为中心的价值需求，并使各方价值需求达到平衡，是社会主义核心价值观教育运行的动力。

（二）该规律对社会主义核心价值观教育起着决定作用

其一，该规律决定着社会主义核心价值观教育的价值取向。社会主义核心价值观教育朝什么方向运动，往何处发展，关键取决于价值需求的朝向。社会主义核心价值观教育是社会主义意识形态教育，是培养社会主义合格建设者和可靠接班人的教育，是用国家、社会主导的社会主义核心价值观作用于人们的思想，使人们日益接受、认同、践行社会主义核心价值观的教育。因此，社会主义核心价值观教育具有鲜明的社会主义属性和意识形态特征。在社会主义核心价值观教育价值需求满足与平衡中，是以人民为中心的价值需求满足与平衡。满足与平衡以人民为中心的价值需求可以确保社会主义核心价值观教育的社会主义性质，使社会主义核心价值观教育沿着社会主义大道前进，不至于迷路和走失。

其二，该规律决定着社会主义核心价值观教育的价值判断标准。社会主义核心价值观教育是否有意义，是否有价值，关键看该教育是否满足与平衡以人民为中心的价值需求。这是因为社会主义核心价值观反映了国家、社会、个人层面的价值追求，凝聚了社会共识，充分体现了人民的根本利益，是以人民为中心的价值观；是因为我们的教育事业是人民的教育事业，社会主义核心价值观教育是人民的教育，是满足与平衡人民价值需求的价值观教育。

其三，该规律决定着社会主义核心价值观教育的行为。社会主义核心价值观教育如何开展，怎么实施，关键取决于是否满足与平衡以人民为中心的价值需求。以人民为中心，既是社会主义核心价值观教育的出发点，也是归宿点和落脚点。

其四，该规律决定着社会主义核心价值观教育的效益。社会主义核心价值观教育有无产生效益，产生多大效益，关键在于多大程度上满足与平衡以人民为中心的价值需求。

第 五 章

中国与新加坡核心价值观教育效益比较

教育效益是衡量和检验教育实施是否达到预期目标和教育效果的重要指标。从教育经济学的角度来讲，只要有教育投入，就要计算教育成本，考察教育效益。所谓核心价值观教育效益，是指教育者或教育组织在进行核心价值观教育过程中，经过一个阶段、一个时期后，所取得的效果，所带给人们和社会的利益。新加坡核心价值观教育已实施二十余载，产生了哪些教育效益？我国社会主义核心价值观教育实施也有五年多的时间，有没有产生一些教育效益？通过两国核心价值观教育效益共性的比较，可以探求人类社会核心价值观教育产生的一般效益，通过两国核心价值观教育效益差异性的比较，可以相互借鉴有益经验，增进两国核心价值观教育效益。

第一节 教育效益的共性

中国与新加坡核心价值观教育都产生了个人发展效益、社会发展效益和精神文化发展效益。

一 个人发展效益

个人发展效益是指核心价值观教育促进了个人发展，塑造了良好的个人品格。

(一) 新加坡核心价值观教育提升了新加坡人的人文素养

新加坡核心价值观教育是新加坡人文素质教育的重要组成部分。多年持续不断的核心价值观教育，使核心价值观已融入新加坡人的生命血脉里，成为流淌在他们血液里的一种文化基因，它为新加坡教育注入了一股强有力的人文气息，为新加坡人人文素养的提高发挥了不可磨灭的作用。

1. 塑造了新加坡人宽容尔雅的文化性格

多元的文化背景，和谐的社会环境，东西方交通枢纽的地理位置以及长期的共同价值观教育，塑造了新加坡人宽容尔雅的文化性格。他们对文化的适应能力和包容能力远超过世界上任何一个国家的国民，也正因为如此，新加坡才成为世界宜居国家，成为世界不同文化、不同种族人们移民的首选国家之一。

新加坡人宽容尔雅的性格，对不同文化的包容力和理解力，使新加坡的大学生在国际人才市场上颇受欢迎。2006年，时任新加坡人力部部长兼国防部部长黄永宏指出，世界各地的雇主都给予新加坡毕业生很高的评价，因为他们知道新加坡毕业生有一定的知识水平、诚实、勤劳、可信、忠诚，而且精通双语，对不同的民族和文化又有很强的适应能力。他说："我和不少 CEO（首席执行官）谈话时，他们都一再告诉我，无论是在海外或本地，他们选择 CFO（财务总监）或 COO（营运总监）的第一人选会是新加坡人。"[①]

2. 培养了新加坡人乐于行善的高尚品格

"国家至上，社会为先"的价值观在新加坡深入人心，也塑造了新加坡人乐于行善、甘于奉献的美好品格。他们热衷于各类慈善活动，无论是国内还是国外的。他们积极参加各类志愿者活动，用实际行动为社会贡献自己的一分力量。

新加坡人慈善捐款总额逐年上升。据统计，截至2012年年底，新加坡共有慈善团体2130个，其中年收入超过1000万新元的大型慈善团体就有120个。在2130个慈善团体中，公益机构有530家。新加坡慈善总监办公室2013年发布的年度报告显示，2012年，新加坡企业和个人捐款数

---

① 《黄永宏：各国 CEO 评本地大学生弱点》，《我报》2006年9月1日。

额突破 10 亿新元（约合 50 亿元人民币），同比增加 12%，创下 10 年来最高纪录，而且这一数据有逐年上升的趋势①。

新加坡人参与志愿服务的热情高。根据 2010 年新加坡全国志愿服务与慈善中心（NVPC）调查显示，从 2008 年至 2010 年，新加坡人参与志愿服务的比例从 16.9% 增至 23.3%。2010 年，新加坡人参与志愿服务的时间达 8900 万小时②。2012 年，新加坡全国志愿服务与慈善中心调查显示，有 32.3% 的新加坡人参与志愿服务，创下历年新高，当年全国志愿服务总时间达 9100 万个小时，相当于人均 72 小时③。在新加坡 15 岁到 24 岁的青年人中，43% 都有从事义工的经验，是各年龄人群中所占比例最高的④。除此之外，新加坡 60 岁以上的老人们，只要身体条件允许，他们也会乐于做义工，为其他老人们提供力所能及的帮助。

（二）中国核心价值观教育为个人健康发展指明了方向

经过几年的社会主义核心价值观教育，社会主义核心价值观逐渐被人们所了解和接受。虽然距离真正的"内化于心、外化于行"的目标还有一定差距，但不可否认的是，社会主义核心价值观犹如一颗种子，在一些人心中已慢慢生根发芽，有的已开出了文明之花。这种影响是长期的、潜移默化的，它为个人价值观廓清了迷雾，增强了人们对价值观的判断能力和道德责任感，培育了昂扬向上的公民品格，为个人健康发展指明了方向。

1. 增强了人们的价值判断力

改革开放以来，我国经济建设取得了举世瞩目的成就，文化建设和精神文明建设也取得了长足的发展。文化市场的繁荣和文化领域的空前活跃是社会进步和文明的标志，但同时，随着西方文化的不断入侵和市

---

① ［新加坡］陶杰：《新加坡人去年捐款破十亿新元》，《联合早报》2013 年 7 月 25 日，http://intl.ce.cn/specials/zxgjzh/201307/25/t20130725_24605601.shtml。
② 岳金柱、宋珊、何桦：《新加坡志愿服务主要经验做法及其启示》，《社团管理研究》2012 年第 6 期，第 54—55 页。
③ 李业明：《新加坡：志愿服务精神从学生抓起》，新华网，2015 年 6 月 1 日，http://news.xinhuanet.com/herald/2015-06/01/c_134287855.htm。
④ ［新加坡］董伊婷：《到云南香格里拉 远播"国际关怀"》，《联合早报》2015 年 10 月 26 日，http://www.zaobao.com/social/crossroads/general/story20151026-541636。

场经济培育的"利己主义"思潮的不断侵蚀,一些领域和一些人当中出现了价值迷失和道德失范的现象。什么是真善美,什么是假恶丑,何为对,何为错,人们似乎没有基本的判断标准,甚至以恶为善、以丑为美、不以为耻,反以为荣。

"宁愿坐在宝马车里哭,也不愿坐在自行车后笑"的崇尚物质主义的价值观被一些年轻人所接受和信奉;"今朝有酒今朝醉,莫使金樽空对月"的享乐主义价值观在人群中蔓延并逐渐流行;"宁愿我负天下人,不叫天下人负我""人不为己、天诛地灭"的个人主义价值观被一些年轻人奉为圭臬,"读书多无用,赚钱多才管用"的反智主义价值观正迷惑着一些贫困大学生的心智,"口碑越差,越想围观"的审丑趣味在拉低社会大众的审美水平。

社会主义核心价值观的提出和社会主义核心价值观教育的推行,给人一种春风拂面的清新之感,它净化了社会空气,为人们价值观判断树立了一个醒目的坐标,符合社会主义核心价值观的就是对的,违背社会主义核心价值观的就是错的;它为人们提供了强有力的价值批判武器,使人们在纷繁芜杂的价值观领域能保持头脑清醒,并能与丑恶现象做斗争。这种价值观判断能力,体现了一个人的文明素养。而对于世界观、人生观和价值观正处于形成阶段的青少年来说,培养正确的价值观,增强价值观判断和辨别能力,则显得尤为重要。正如习近平总书记所说,要扣好人生的第一粒扣子,否则,一步错,步步错。

2. 增强了人们的道德责任感

2014年,习近平总书记在北京大学师生座谈会上指出:"核心价值观,其实就是一种德,既是个人的德,也是一种大德,就是国家的德、社会的德。"因此,"必须加强全社会的思想道德建设,激发人们形成善良的道德意愿、道德情感,培育正确的道德判断和道德责任,提高道德实践能力尤其是自觉践行能力,引导人们向往和追求讲道德、尊道德和守道德的生活,形成向上的力量、向善的力量"[1]。

---

[1] 《习近平:青年要自觉践行社会主义核心价值观——在北京大学师生座谈会上的讲话》,2014年5月5日,新华网,http://www.xinhuanet.com/politics/2014-05/05/c_1110528066_3.htm。

社会主义核心价值观教育的推行，"爱国、敬业、诚信、友善"个人层面价值观的倡导，使人们在社会公德、职业道德、家庭美德和个人品德等方面有了基本的规范遵循。它增强了人们的道德责任感，引导人们崇德向善，择善而行。

社会主义核心价值观教育实施以来，全国各地涌现了许多优秀的道德模范，从2012—2015年全国道德模范评选表彰中，就产生了200多名全国道德模范和1000多名提名奖获得者。如2015年评选出的62名全国道德模范中，有王福昌、毛秉华等全国助人为乐模范，周美玲、秦开美、王林华等全国见义勇为模范，江玉珍、江远斌等全国诚实守信模范，于敏、官东等全国敬业奉献模范以及李玉枝、宁宏昌等全国孝老爱亲模范。在这些道德模范身上，闪耀着人性的光辉，他们无不是践行社会主义核心价值观的优秀代表；全国各地各部门开展的劳动模范、文明标兵、优秀共产党员、青年五四奖章、三八红旗手等评选，让人们感受到践行社会主义核心价值观就在我们身边；各媒体挖掘宣传的最美现象、好人现象，向人们传递着弘扬社会主义核心价值观的正能量。

从"到此一游"触动的深刻反思到"老人倒地扶不扶"引发的热烈讨论，从"范跑跑事件"对范美忠老师的深刻批判到"小悦悦事件"对肇事者的强烈谴责，国人进入了对道德的集体反思阶段，"要不要做好人""要做一个什么样的人"成为无数中国人心中挥之不去的一大难题，同时也折射了国人对道德良知的珍视和对高尚品格的向往。尽管社会上还存在一些诚信缺失、坑蒙拐骗、假冒伪劣、腐败堕落现象，精神文明建设任重而道远，但从总体上看，社会在进步，人们的道德意识和道德责任感，随着社会主义核心价值观建设的不断推进而有了显著的提高。

3. 培育了昂扬向上的公民品格

社会主义核心价值观的提出和弘扬，为人们勾勒了一幅国富民强的奋斗宏图，"富强、民主、文明、和谐"的国家层面价值追求和"自由、平等、公正、法治"的社会层面价值目标使人们明确了国家和社会建设目标，对个人来讲，它传递了一种奋发向上的正能量，有利于培育昂扬向上的公民品格。

自1840年鸦片战争以来,腐败没落的清王朝在西方国家的船坚炮利面前节节败退,中国一步步地沦入殖民地和半殖民地。政府的昏聩无能和国家的封闭落后,使中国人产生了对几千年来传统文化的怀疑,民族自卑情绪在社会蔓延,同时也滋长了萎靡失落的国民心理。1949年新中国成立后,毛泽东在天安门主席台上一句"中国人民从此站起来了",道出了许多中国人压抑在心中多年的心声,中国人抬起头来,扬眉吐气、昂首挺胸地走在社会主义建设的康庄大道上;1978年改革开放以后,中国综合国力有了显著提升,取得了举世瞩目的经济建设成就,国家的富强也带来了国人民族自尊心、自信心和自豪感的提升;进入21世纪,中国已一跃而成为仅次于美国的世界第二大经济体,实现中华民族伟大复兴的"中国梦"和"两个百年"奋斗目标的提出,使中国人对国家的前途信心倍增,理论自信、道路自信、制度自信和文化自信的"四个自信"建设,使中国人的民族自信心得到很大提升。社会主义核心价值观的提出,使中国人对国家的奋斗目标有了更为清晰的认识,中国人再也不是"东亚病夫",中国任人宰割的时代已一去不复返,中国要建立一个"富强、民主、文明、和谐"的国家和一个"自由、平等、公正、法治"的社会,中国人要成为"爱国、敬业、诚信、友善"的国民,中国人在努力着,在奋斗着,在社会主义强国的道路上挥洒着中国人的智慧和才情。因此,国力的逐步增强和价值目标的逐渐清晰,培育了中国人昂扬向上的公民品格,它激励着中国人不断前行,为实现伟大的"中国梦"而奋斗不息,努力不止。

二 社会发展效益

社会发展效益是指核心价值观教育促进了社会和谐,推动了社会发展,为社会发展提供了强有力的精神动力。

(一)新加坡核心价值观教育打造了"和谐新加坡"

"种族和谐,宗教宽容"是新加坡核心价值观教育的重要内容,新加坡通过多年来的核心价值观教育,将新加坡打造成了和谐社会的典范。据新加坡种族和谐资源研究中心和新加坡政策研究院2013年联合调查的数据显示,新加坡有着非常良好的族际与宗教间关系,即使是少数族群也不会感到歧视存在。新加坡总理李显龙说："我国一向以种族及宗教和谐而自豪，各族群融合得很好，不同宗教信仰和种族背景的人成为好朋友、好邻居，在新加坡是很普遍的，各宗教组织不但互相尊重，还经常联手推动社区服务，这是我们四十年来努力的结果。"[①] 这种"和谐"主要体现在：

1. 异族通婚现象普遍

新加坡统计局自 20 世纪 60 年代起开始收集全国婚姻数据，数据显示，新加坡异族通婚比例在 1985—2015 年三十年间实现了持续稳定的增长。统计局 2005 年"婚姻与离婚统计"显示，新加坡异族通婚比例比 1995 年多出一倍，而 1995 年与 1985 年相比，增幅更大[②]。而据统计局 2015 年 7 月公布的"全国婚姻状况"最新数据显示，新加坡异族通婚在过去十年里大幅增加，异族通婚占婚姻总数的比例由 2004 年的 13.1% 增至 2014 年的 20.4%，每五起婚姻中就有一起是异族通婚。其中，在回教法下注册的异族夫妇占婚姻总数的 34.3%，在妇女宪章下结婚的异族夫妇则占总数的 17%[③]。

家庭是社会的细胞，婚姻关系是家庭的基础。婚姻状况及变化趋势是反映整个社会婚姻观、家庭观和其他观念变化的重要指标。婚姻的基本精神在于平等、包容和独立，而每一对来自不同种族的男女的结合，还意味着两个不同宗教、文化的家庭对这段婚姻的认可、理解和祝福。新加坡异族通婚现象越来越普遍，其比例三十年来持续稳定增长，从一个侧面反映了新加坡各种族间融合加深，凝聚力增强，和谐程度加深。新加坡国立大学社会学系副主任郑宝莲副教授认为，异族通婚是一个正面现象，"因为异族通婚代表种族和谐，对本地多元种族的社会带来更重

---

① 《总理华语演讲：让种族和宗教和谐继续成为社会基石》，《联合早报》2009 年 8 月 17 日。
② ［新加坡］王光源：《沟通交流促进种族和谐》，《联合早报》2015 年 8 月 19 日。
③ ［新加坡］刘丽仪：《离婚率下降　去年结婚人数创下历来新高》，《联合早报》2015 年 7 月 30 日。

要的意义"①。

2. 不同宗教和谐相处

"新加坡的宗教多元性名列世界之冠",这是 2014 年美国民调机构皮尤研究中心对世界 232 个国家宗教景观进行调查后得出的结论。这个"世界之冠"很好地说明了新加坡宗教的多元性和和谐性。放眼世界,没有几个国家的宗教团体能做到像新加坡这样和谐相处。在世界一些国家因为种族宗教问题而纷争不断,甚至引起内战、武装冲突和恐怖袭击事件,这个赤道上的小红点,却向世人展示着一个多元种族、多元宗教国家所难能可贵的和谐景象。

在新加坡,一些道教寺观举行酬神游行时,经常会到附近的印度庙宇去拜访,印度庙宇为了体现礼尚往来,在他们举行宗教游行的时候,也会经常绕道拜访道教的寺观。这是新加坡独有的宗教和文化现象,说明宗教和谐宽容理念已深入人心,成了人们日常的生活习惯和方式,融入了各自的宗教文化之中。

(二) 中国核心价值观教育凝聚了社会正能量

中国社会主义核心价值观教育用价值观的魅力和教育的力量凝聚了社会崇德向善的正能量,它使社会正气得到弘扬,善行得到褒奖,为社会树立了价值标杆,引领了社会文明新风尚,形成了促使人们奋发积极向上的社会氛围。

1. 树立了价值标杆

改革开放的持续深入和全球化浪潮的不断冲击,使当今中国进入高速发展和急剧变化的时代。经济的快速发展,增长了社会的物质财富,同时也出现了有着不同利益诉求的社会群体。中国社会在由熟人社会向陌生人社会转型的过程中,不同行业、不同利益群体之间应如何和谐相处,齐心协力为实现现代化社会主义强国而努力,是当前中国哲学社会科学研究的重要课题。

24 字社会主义核心价值观从国家、社会、个人三个层面阐明了中国

---

① [新加坡] 刘丽仪:《离婚率下降　去年结婚人数创下历来新高》,《联合早报》2015 年 7 月 30 日。

社会所要追求和达到的价值目标，为社会树立了一个价值标杆，找到了各行各业、各类人群价值认同上的最大公约数，在多样中求得了共识，在多元中树立了主导。

"富强、民主、文明、和谐"国家层面的价值目标为社会树立了共同理想，它使全社会拧成一股绳，劲往一处使，共同为建设"富强、民主、文明、和谐"的社会主义强国而奋斗不息；"自由、平等、公正、法治"社会层面的价值目标为社会确立了行为准则，成为社会不同群体都必须遵守的价值标准和行为底线；"爱国、敬业、诚信、友善"个人层面的价值目标为社会奠定了价值基石，个人的优良品德是社会良性运转的"润滑剂"。

2. 引领了文明风尚

当人们在"要不要做好人"问题上犹豫徘徊观望时，当社会上出现了一些诋毁好人，拒绝崇高的不当言论和社会思潮时，社会主义核心价值观的传播和培育，重新倡导了中国自古以来的善行文化和好人文化，并赋予善行文化和好人文化新的时代内涵，引导全社会崇德向善、见贤思齐，引领了社会文明新风尚，领奏出时代最强音，使社会主义精神文明建设迈上新台阶。

在培育和践行社会主义核心价值观的过程中，基层党组织、社区和学校等注重挖掘符合社会主义核心价值观的先进典型和人物事迹，这些先进典型和人物事迹再经过媒体的大力宣传，很快在社会上传播和汇聚了正能量，形成了"好人文化"，使争做好人成为时代风尚。榜样的力量是无穷的，它是一面旗帜，可以激励人民群众崇德向善，见贤思齐，为社会营造健康向上充满正能量的浓厚氛围。如"爱生如子"的高校思政课教师曲建武，他是爱岗敬业的"时代楷模"。曲建武老师放弃了教育厅的优越条件和工作，毅然回到母校，当一名工作在一线的学生辅导员。他不为名、不为利，想学生之所想，急学生之所急。受他资助的学生不计其数，他不求一分一毫回报。他把青春和热血都奉献给了国家的教育事业，年过六旬还坚持奋斗在教育工作第一线。曲建武老师的事迹对高校教师尤其是思政课、辅导员教师触动很大。很多老师听完曲老师的报告后都热泪盈眶，深深为其精神所打动。

另外，中国各省份积极开展了践行社会主义核心价值观活动，涌现了不少先进典型，他们起了很好的示范作用，净化了社会空气，引领了文明潮流。例如安徽省以"践行核心价值观　打造好人安徽"为主题，评好人、赞好人、学好人、帮好人，形成了自觉践行核心价值观、人人争做好人的浓厚氛围。安徽省连续六年在中央文明办举办的"中国好人榜"上名列第一，"安徽好人多"已成为安徽最引以为豪的文明标签。除此之外，善行河北、杭州最美现象的出现也是对践行社会主义核心价值观的肯定和褒扬①。从这些好人身上，人们感受到了时代的温度和文明的厚度。社会正能量在此聚集，汇聚成社会正气。社会主义核心价值观的培育和践行，使中国大地遍开文明之花，芬芳四溢，香满中国。

三　精神文化发展效益

精神文化发展效益是指核心价值观教育给文化发展带来的效益，主要表现在培育国家意识、整合多元文化价值观、引领文化建设新方向等方面。

（一）新加坡核心价值观教育奠定了新加坡的文化根基

新加坡核心价值观教育奠定了新加坡的文化根基，唤醒了新加坡人的国家认同，并培养了新加坡人的文化认同意识。

1. 唤醒了新加坡人的国家认同

国家认同，亦可以称为国民身份认同，是一个国家的国民对自己作为国家一分子的身份认同。国家认同高于族群身份认同，是超越种族、宗教、文化的差异，而表现出来的对国家稳定、和谐和繁荣的理想信念和价值追求。

建国初的新加坡，人们对于国家的概念还是很模糊的，他们有的只是对于"我是什么种族"的族群身份认同，如"我是华人"，"我是马来人"或者"我是印度人"。种族和种族之间缺乏沟通和交流，甚至还存在分歧和敌意。这对新加坡而言，无疑是极其不利的。为了消除种族之间

---

① 袁新文、张贺、陈原、郑海鸥：《争做好人　最鲜明的时代风尚——全国宣扬社会主义核心价值观弘扬好人文化巡礼》，《光明日报》2015年6月23日。

的隔阂，培育新加坡人共同的国家认同观，新加坡领导人适时提出了新加坡各族群都能接受的"共同价值观"。共同价值观的提出以及在全国的大力倡导，使人们意识到"国家利益大于族群利益""社会利益大于家庭利益"，为了国家和社会的利益，为了新生的新加坡能在世界立足，必须摒弃前嫌，团结一致，为新加坡的美好未来而努力奋斗。

今天，新加坡已跻身于世界发达国家行列，人民安居乐业，种族和谐融洽。回首过去，他们感谢李光耀时代所传承下来的"新加坡精神"，感谢先辈在艰难时刻殚精竭虑倡导的"共同价值观"，这对新加坡人来说是比目前经济成就更能为世人所津津乐道的精神财富。

在当代，随着新加坡国际化程度越来越高，不少新加坡人到国外工作与定居，同时又有不少世界各地新移民不断涌入新加坡，国家认同遭遇到了一定的危机与挑战。新移民缺乏对国家的认同感和归属感，贫富差距的扩大导致一部分弱势群体对国家失去信任，新生一代价值观逐渐"西化"，新加坡面临新的国家认同建设的任务。共同价值观作为新加坡各族群共同的价值追求和精神纽带，在促进种族团结、本土国人与新移民的磨合、年长一代与新生代的矛盾等方面仍发挥着重要作用。正如《联合早报》一篇社论中指出，对于新加坡而言，"国家认同是个长期的建设工程，没有终点"，"在政治新常态和社会更多元化的趋势下，新加坡有必要强化共同价值观，以协调族群或利益群体可能出现的矛盾"[1]。

2. 培养了新加坡人的文化认同

2014 年 11 月 20 日，新加坡李显龙总理在出席第 12 届世界南安同乡联谊恳亲大会暨南安会馆成立 88 周年联欢晚宴时，指出新加坡在建国 50 周年之际，由当初的移民社会发展到如今繁荣昌盛的独立国家，新加坡已建立起自身的国家意识和文化认同。这是对新加坡多年来注重文化和价值观建设的高度肯定，是对外界认为"新加坡没有文化"的有力反驳。

早在共同价值观提出之初，塞缪尔·亨廷顿就认为这是新加坡政府为了"界定各民族和宗教社会群体共同的、区别于西方的文化认同"所做出的"一个雄心勃勃和有见识的努力"。如今，这一努力获得了回报，

---

[1] 《多元化与统一的动态平衡》，《联合早报》2014 年 1 月 30 日。

新加坡建立了凸显新加坡特色的文化体系，这一文化体系既有别于东方传统文化，又不同于西方文化，而是融合了东西方文化的优势，并结合了新加坡具体国情，进行了创造性发挥和诠释的文化体系。

有着多元种族和宗教的新加坡具有丰富的本土文化资源，华人文化、马来文化、印度文化等在这片土地上竞相争秀。共同价值观教育的实施，旨在打造新加坡各族群都能接受的一种文化和价值观，它不是要抹杀哪一种文化，而是以促进不同文化间融合与交流为主要旨趣。这是新加坡所独有的文化气息，体现了一个开放性强和国际化程度很高的国家所独有的气魄和胸怀。多元文化的新加坡为世界提供了一个多种文化和谐共存的绝佳范本，而这得益于新加坡经济、法治的发展，同时也与新加坡多年来重视共同价值观建设有着密不可分的联系。

曾经有一位新加坡人讲述了这样一个故事，他在日本参加了一个近三周的训练课程，认识了许多来自不同国家的朋友。在最后一个晚上，为庆祝训练课程的结束及数周内建立起的友谊，在宿舍举办了聚会。聚会中，有朋友提议，每人必须唱一首家乡的歌。这些朋友中有希腊人、意大利人、西班牙人，还有中国人、立陶宛人和挪威人等。其他国家的朋友在唱自己家乡的歌曲时，都不自觉地呈现出浓浓的民族情谊。但轮到包括他在内的三位新加坡人唱歌的时候，他们三位却犯难了，唱什么歌呢？什么歌能代表新加坡呢？三位新加坡人分别想到了不同歌曲，一首马来歌曲、一首英文歌曲和一首中文歌曲。这件事情使这位新加坡人颇受震撼，同时对自己的身份进行了思考。在笔者看来，这恰恰说明了新加坡多元文化的特征，马来歌曲、英文歌曲和中文歌曲都可以代表新加坡，新加坡文化的优势就是能海纳百川，"集众家之所长"。

（二）中国核心价值观教育在文化发展中的作用初显

中华民族在过去的五千年里曾经创造了光辉璀璨的中华文明，对中国和世界产生了重要影响。到了近代，由于清王朝的腐败和国力衰落，闭关锁国的政策使之与欧洲欣欣向荣的工业革命失之交臂，西方的船坚炮利使中国日益沦为西方列强的殖民地和半殖民地，造成了近代中国的落后与饱受屈辱。新中国的成立，使中国人民重新站了起来，中华文化亦如凤凰涅槃，获得重生。社会主义核心价值观的提出，是中国共产党人在文化领域做出的又一次伟大尝试和实践，它传承弘扬了中华优秀传统文化，丰富发展了中国共产党人创造的红色文化，展现了社会主义先进文化。它使中国人在国际舞台上发出了自己的声音，国家文化软实力得到进一步增强。这一切都激发了中国人的文化自觉，增强了中国人的文化自信。

1. 传承弘扬了优秀传统文化

社会主义核心价值观植根于优秀传统文化的深厚土壤中，汲取了优秀传统文化的丰富营养，它弘扬并丰富发展了中华优秀传统文化，使其在当代更加魅力四射，光彩照人。在中国的很多城市和地方，社会主义核心价值观教育以传统文化为载体，借助传统文化进行核心价值观的普及和推广。社会主义核心价值观得到宣传，传统文化也得以获得新生，呈现出新的表现形式。

在笔者走访的城市中，例如湖北省孝感市，这个以"孝德"文化而闻名的城市，在核心价值观的宣传过程中，注重将传统"孝德"文化融入社会主义核心价值观教育，取得了很好的教育效果。在孝感市街头，随处可见贴有孝德故事的宣传画，成为孝感市一景，也是这个以"孝"得名城市的最好的名片。孝感市将传统"孝德"文化赋予现代意义，将"孝"引申为对家庭的责任，对社会的责任以及对国家的责任，从而将"孝德"文化与社会主义核心价值观相承接，实现了传统文化的现代转换。在四川成都、贵州贵阳、遵义等城市，"道德讲堂"活动正如火如荼地开展。它们以传统文化为载体，将传统文化与社会主义核心价值观相对接，让人们在国学的学习中感受传统文化的魅力，并将道德规范落实到平时的日常学习生活中。

2. 丰富发展了红色文化

红色文化是中国共产党在新民主主义革命时期创造出的先进文化。中国大地丰富的红色文化资源如红色遗址遗迹、红色经典故事、红色革命歌曲、红色革命人物等为社会主义核心价值观教育提供了"天然"的素材，成为开展社会主义核心价值观教育的重要载体。而在红色文化融入社会主义核心价值观教育的同时，红色文化亦得到了弘扬，展现出了独特文化魅力，体现出了重要的现实意义和当代价值。

在中国的很多地方，尤其是在一些革命老区，如江西省、陕西省、贵州省等，在社会主义核心价值观教育过程中，十分注重利用当地丰富的红色文化资源，并将"天然"的红色文化资源与社会主义核心价值观相"嫁接"，使红色文化得以穿越时空，实现了现代转化，并与社会主义核心价值观教育一起发挥合力，产生出"1+1＞2"的功效。二者相得益彰，共同为实现中华民族伟大复兴提供更强有力的文化和精神价值支撑。由于有了社会主义核心价值观这一新的时代文化元素的加入，蕴藏在红色文化中的红色基因得以激活，红色文化如虎添翼，更加魅力四射；社会主义核心价值观也因为有了红色基因的注入，而体现出更为厚重的历史底蕴和更加深刻的文化意蕴，对中华民族精神和中华文化的影响将会更加深远。

例如近年来，中国红色文化的摇篮——江西省十分注重发挥江西特有的红色资源优势，深入挖掘丰厚的红色文化资源，精心打造红色文化品牌，大力发展红色文化产业，以此促进社会主义先进文化建设和社会主义核心价值观培育。在社会主义核心价值观教育的过程中，红色文化也得到了丰富和发展。目前，江西共有国家级爱国主义教育示范基地11个，这些教育基地在近年来或改建，或扩建，或重建，既再现了当年的历史原貌，又融入了现代科技因素，从而更生动地展现了革命先烈在艰苦环境下浴血奋斗的场景和大无畏的牺牲精神，起到了很好的教育作用。江西省倾力打造红色旅游品牌，开发红色旅游精品线路，让游客在江西的青山绿水间流连忘返，在感悟红色文化中，心灵得到净化和熏陶。由此也带动了江西红色文化产业蓬勃发展，使之成为江西支柱产业之一。

第二节　教育效益的差异性

由于两国教育环境、教育时间跨度、教育投入以及教育资源等因素的影响，两国核心价值观教育产生的教育效益具有一定的差异性。分析这些差异性，有助于帮助我们更好把握核心价值观教育实施要素，提高核心价值观教育效益。

一 教育效益持久性比较

由于建立了相对稳定有效的核心价值观教育保障机制和优质的教育教学资源，新加坡核心价值观教育能够源源不断地产生教育效益，在教育的持久性方面更胜一筹。

由于前文对新加坡核心价值观教育保障机制有所介绍，在此不再赘述。这里有必要介绍一下新加坡德育师资队伍建设情况。正是由于新加坡有一支高素质的德育教师队伍，才为核心价值观教育提供了强有力的师资力量保障。从严格意义上来讲，新加坡的师范教育远没有我国师范教育正规，我国有专门的师范教育学院和大学，还有各级各类师资培训机构。但是新加坡在师资队伍建设方面还是有一些值得我们学习和借鉴的地方。

其一，在教师遴选方面。在新加坡，教师拥有很高的社会地位和声望，他们被称为"教育官"（education officer），是国家公务员的一部分。新加坡教育部网站对教师的作用是这样描述的："作为教师，你建立起教育的基础。为学生提供必要的技能和健全的价值观，为他们的生活做准备。……作为鼓舞人心的榜样，您的激情和奉献精神将有助于建立强大的新加坡精神，塑造我们国家的未来。"[①] 也正基于此，新加坡对教师的遴选尤为严格。新加坡的中小学教师必须具有大学文凭或学位，再经过两年专业的师资培训，获得教育部颁发的学历证明书后方能担任教师岗位。而我国虽然有中小学教师需达到什么样文凭的规定，但缺乏相应的资格认定制度。德育教师由其他课程教师兼任的情况还普遍存在。

其二，教师培训方面。新加坡非常注重教师职业能力的培养，并将这种培养看成一个长期的坚持不懈的过程。新加坡教育部开展了多种形式的职业技能培训，帮助教师提高专业能力，并计划在四个地区建立专业发展卓越中心，帮助教师更轻松地分享他们的专业知识。教育部还与南洋理工大学国立教育学院合作，为教师提供获得更高专业认证的机会。除此之外，教育部还注重教师实践能力培养，在学校以及商业和社区机

---

① 参见新加坡教育部官方网站，https://www.moe.gov.sg/careers/teach/career-information。

构中，为教师提供更多实践工作机会，使教师能够更深入地了解社会，并把这种新鲜视角带回课堂，分享给学生。我国虽然也注重德育教师培训，但是存在走过场、覆盖面不广、培训力度不大等问题，从而使培训质量大打折扣。

其三，教师评估方面。新加坡实行严格的教师评估制度，对教师进行精密化和制度化的考核评估，并将此作为教师晋升的重要依据。1991年，在核心价值观教育开始实施的当年，新加坡教育部颁布了新设计的常年评估表，用此评估 2.15 万名来自政府学校和政府辅助学校的教师。2003 年，新加坡教育部实行新的"增强的绩效评价制度"（Enhance Performance Management System，简称 EPMS），评价的内容分为两方面：一是平时工作表现评价，二是个人发展潜能评价，对教师实行精密化和制度化的管理。评价的指标也很全面，不唯学生分数是从，包括"核心能力—分享价值观""培养知识—科目掌握""心理及人心—了解环境""与他人合作—与家长合作"等多个方面。评价的等级按一般分为 A、B、C、D、E 五个等级，其中 A、D、E 级各占教师总人数 5%。如果考核为 D 级，学校会给该教师指出问题所在，提出改进要求。如果连续两年都为 D 级，将会劝其辞职。对于连续两年评为 E 级的教师，通常会给半年的考察期，如仍无改进，学校会写出详细的报告上呈教育部，这样的教师一般会被清除出教师队伍，被教育部解雇。我国虽然也有一整套教师评价体系和制度，但是教师的评价成绩一般是以学生的考试成绩及升学率来衡量，对于德育教师的评价更是缺乏成熟完善的评价标准和制度。

二 教育效益深远性比较

与我国相比，新加坡的核心价值观教育历时弥久，深深影响了新加坡人的国民心理和文化性格，并且有一定的国际影响力，因此，在教育效益深远性方面更胜一筹。

首先，新加坡核心价值观教育对新加坡人国民性格影响深远。

第一，它塑造了统一的"新加坡人"。新加坡建国初期，各种族之间分群而居，泾渭分明，华人、马来人和印度人在语言、宗教、习俗、社会组织方式和经营方式等方面都互不相同，彼此隔离。即使在同一族群内部，也存在诸多差异和矛盾。如"华人群体内部又细分出彼此不相融的方言群体"①。华人大多来自中国东南部的福建和广东两省，分为四个主要的方言群体：闽南人、潮州人、广东人和客家人。闽南人和潮州人是两大主要方言群体，他们处于社会中上层，在新加坡开埠之初，就掌控着这里的商贸活动。而广东人和客家人大多是农业劳工、锡矿工或工匠，包括了新加坡大多数的木匠、裁缝、金匠和泥瓦匠，经济收入和社会地位低于闽南人和潮州人。再如印度社群，其内部也是隔阂甚多，甚至比华人社群更加变化不定。南印度人和北印度人之间有罅隙，穆斯林、锡克教徒、印度教徒等都有各自的宗教圣地和宗教仪式，彼此并不团结。新加坡领导人对新加坡族群社群不团结、各自为政的现状表现出了极大的担忧，认为长此以往，新加坡只会陷入分裂，"前途将非常黯淡和不堪设想"。因此，李光耀指出要"推行共同的语言，培养共同的感情"，借以"培养一个统一的民族"、塑造"统一的新加坡人"②。新加坡共同价值观在这种背景下呼之欲出。新加坡通过学校、社会和家庭的齐心协力，使共同价值观深入人心，统一的思想意识使新加坡人成为"统一的民族"，成为具有明显身份标记的"新加坡人"。

第二，它培育了新加坡人包容开放的国民性格。强调多元化和谐，在多样性中寻求共识，是新加坡共同价值观的主要特色。共同价值观教育的实施，培育了新加坡人包容开放的国民性格，他们对多元文化的尊重和包容、对新生事物和新移民的开放和接纳，使新加坡成为全球移民最向往的国家之一。《联合早报》刊登过一篇文章，题为《一个新移民对新加坡文化的理解》，这位来自中国的移民，来新加坡四年有余，他通过亲身体验和日常接触，表达了对新加坡文化的理解。他说："什么是文化，我把一切非物质的或者与精神有关的东西叫作文化。当我在免费的、优雅的蓄水池的木栈道上怡情，我体会到放松与

---

① ［英］康斯坦丝·玛丽·藤布尔：《新加坡史》，欧阳敏译，东方出版中心2013年版，第80页。
② 《联合早报》编：《李光耀40年政论选》，新加坡报业控股华文报集团1993年版，第367页。

美；当我在免费的、舒适的图书馆中阅读，我体会到政府提高国民素质的苦心；当我在超市提着一大堆自己的私人物品买菜时，我体会到人与人的信任；当我在楼下小巴刹吃两三块钱的午餐，我感激于政府的种种便利措施……"① 作者认为新加坡的文化带给人的是心情愉悦，它能够让人身心放松、宁静。而这份安宁源自新加坡人平等和谐的思想观念和包容开放的国民性格。

其次，新加坡核心价值观教育使新加坡赢得了国际社会的尊重，影响深远。

美国著名国际政治研究学者塞缪尔·亨廷顿在其名著《文明的冲突与世界秩序的重建》一书中提到，冷战后，决定世界格局的是七大或八大文明，"文明的冲突"不可避免，"是对世界和平的最大威胁，而建立在多文明基础上的国际秩序是防止世界大战的最可靠保障"②。他以国家为例，指出一些国家在处理国内文化多样性的问题上，不是寻求共识，而是"企图摒弃本国的文化遗产，使自己国家的认同从一种文明转向另一种文明"。这样做的结果是他们"非但没有成功，反而使自己的国家成为精神分裂的无所适从的国家"③。因此，他认为"在多文明的世界里，建设性的道路是弃绝普世主义，接受多样性和寻求共同性"。他以新加坡为例，认为新加坡的核心价值观的提出以及核心价值观教育是成功的，应作为文明国家的典范。他说："20世纪90年代初，新加坡这个小国为确认共性作出了努力。"而且新加坡的核心价值观是区别于西方的文化价值观，走出了一条适应新加坡国情的价值观建设之路。这一点应为西方所借鉴，值得西方国家效仿和学习。

尽管学者们对亨廷顿的"文明冲突理论"褒贬不一，但是在多样性文明中寻求共性和共识，相互理解、和平相处的观点却得到了国际社会的广泛认同。新加坡共同价值观的提出以及共同价值观教育的有效实施

---

① [新加坡] 李世光：《一个新移民对新加坡文化的理解》，《联合早报》2010年3月2日。
② [美] 塞缪尔·亨廷顿：《文明的冲突与世界秩序的重建》，周琪等译，新华出版社2010年版，第297页。
③ [美] 塞缪尔·亨廷顿：《文明的冲突与世界秩序的重建》，周琪等译，新华出版社2010年版，第281页。

为国际社会树立了一个成功的典范，它用事实证明了不同文化、不同族群可以和谐共处，共创美好生活。也正鉴于此，亨廷顿高度赞扬了新加坡努力建设共同价值观的行为，并乐于将新加坡经验介绍给全世界，认为"在多文明的世界里，建设性的道路是弃绝普世主义，接受多样性和寻求共同性"①。

我国社会主义核心价值观教育实施时间不长，国际影响力虽不及新加坡如此深远，但也逐渐彰显了中华文化的魅力，提升了我国的国际话语权，扩大了我国的国际影响力。据新华社报道，党的十八大以来，在出版业，一批传播社会主义核心价值观的图书在海外受到欢迎，它们向世界传播了中国声音，在海外引起了较好反响。《习近平谈治国理政》一书已在 100 多个国家和地区发行了 12 种文字，海外发行达到 50 多万册，创造了近年来我国政治类图书短时间内海外发行量最高纪录，图书版权已输出到韩国、泰国、越南、意大利、阿尔巴尼亚、巴基斯坦、匈牙利、蒙古等国家，受到国际社会的广泛关注。另外，一批介绍中国文化和中国价值观的图书也在海外热销②。这充分说明了世界越来越想了解中国，尤其是想了解现在迅猛发展的中国。中国精神、中国智慧、中国价值成为热词，成为国际社会广泛关注的焦点。

第三节　结论和启示

通过中国与新加坡核心价值观教育效益的比较，我们可以得出如下结论和启示。

一　重视教育效益的实现

从教育经济学的角度来讲，只要有教育投入，就要计算教育收益。核心价值观教育也不外乎于此。我们既要重视核心价值观教育的投入，

---

① ［美］塞缪尔·亨廷顿：《文明的冲突与世界秩序的重建》，周琪等译，新华出版社 2010 年版，第 294 页。
② 《向世界传播中国声音——当代中国价值观念图书走向世界》，中国文明网，2016 年 11 月 28 日，http://www.wenming.cn/xwcb_pd/cbxydt/201611/t20161128_3908207.shtml。

同时也要关注教育效益的实现。既要耕耘，也要注重收获。这是因为：

其一，是否取得预期的教育效益是衡量核心价值观教育成败的重要指标。核心价值观教育有其鲜明的价值目的指向，它以引导个人树立正确价值观、整合社会多元文化价值观、促进社会和谐稳定等为价值依归。虽然这些指标看似模糊，但仍可通过一些社会文化现象和一些具体数据指标反映出来。例如新加坡核心价值观教育，促进了种族和谐，可以通过异族通婚比例这一指标反映出来。新加坡异族通婚比例逐年攀升，说明异族间的隔阂逐步缩小，包容度和容忍度逐步增强。

其二，通过教育效益的比较和总结，可以适时调整核心价值观教育的策略和方案。核心价值观教育的实施是一个长期的过程，需要及时总结经验和教训，适时调整工作方案和策略。通过对教育效益的追踪和监测，可以有效判断一段时期内核心价值观教育的效果，根据教育效益的好坏来评估核心价值观教育的实施情况。

二　把握统一整体效益

在核心价值观教育带来的多元化效益中，个人发展效益、社会发展效益和精神文化发展效益不是相互割裂，而是相互促进，相辅相成，从而构成核心价值观教育的整体效益。其中，个人发展效益是基础，社会发展效益是保障，精神文化发展效益是核心。

其一，个人发展效益是基础。个人发展是社会发展的基础。核心价值观教育的根本目的是培养人，引导人树立正确的价值观。以人为本，追求人的全面健康发展，是核心价值观教育的应有之义。通过核心价值观教育，提高人的思想文化素质，使人达到身心和谐统一，实现个人发展效益，才能为社会发展效益奠定良好基础。

其二，社会发展效益是保障。核心价值观教育促进了社会和谐、团结，它产生的社会发展效益反过来可以更好地保障个人发展效益的实现，为个人发展提供和创造更好的条件。如新加坡的核心价值观教育，它带来了社会的和谐和稳定，由此孕育了新加坡人宽容尔雅、乐善好施的国民性格，没有社会的和谐和宗教的宽容，就没有个人的温文尔雅和包容开放，二者是密不可分的。

其三，精神文化发展效益是核心。核心价值观建设是一个国家文化建设的重中之重，能否促进社会精神文化发展，是衡量核心价值观教育成败的重要指标。从这个角度讲，精神文化发展效益是核心。核心价值观教育应围绕促进社会精神文化发展这一核心来开展。我国是在增强文化软实力，建设社会主义文化强国的背景下提出建设社会主义核心价值观的，因此，社会主义核心价值观教育要不忘初心，牢记自己的使命和任务。要通过核心价值观教育，提升我国国际话语权，塑造中国新形象，弘扬具有时代特色的中国精神，切实促进社会和国家的精神文化发展。

三　认识多元化效益实现的长期过程

无论是中国社会主义核心价值观教育，还是新加坡共同价值观教育，二者都产生了个人发展效益、社会发展效益和精神文化发展效益。随着时间的推移和核心价值观教育的不断深入，其产生的效益可能涵盖更广，如经济发展效益、生态发展效益等，效益也会更持久。

必须指出的是，核心价值观教育是一个长期的过程，核心价值观的培育要经过一代人甚至几代人的努力才能完成，因此需要思想政治教育者坚持不懈的努力。我国由于社会主义核心价值观教育实施时间不长，一些方式方法还在摸索过程之中，产生的效益可能还不是很明显，效果也不是很显著，但是作为思想政治教育者，应树立信心，价值观教育是挑战性很强的工作，要让社会主义核心价值观真正为群众所认同，做到内化于心，外化于行，可能还有很长的路要走。但这并不意味着这项工作就不可能完成。新加坡共同价值观教育历时二十余年，新加坡政府和新加坡教育界二十年如一日始终强调共同价值观的建设，认为共同价值观是新加坡各族群团结的基石，没有共同价值观，新加坡就会陷入混乱和分裂。正是有了这样统一的思想认识，所以新加坡各界都倍感珍视他们的共同价值观，不遗余力地推广共同价值观，才有了新加坡今日的稳定和和谐。

今日的中国，已跃居成为仅次于美国的世界第二大经济体，经济上取得的巨大成就迫切需要文化上予以回应。社会主义核心价值观建设是一项对内稳固民心、对外扩大影响的伟大工程，是使我国成为与经济强国相匹配的社会主义文化强国的重要发展举措。"路漫漫其修远兮，吾将上下而求索"，要让社会主义核心价值观的影响"像空气一样无所不在"，需要广大思想政治教育工作者付出艰辛的努力和辛勤的汗水，需要长期坚持不懈的努力和探索。相信在不久的将来，社会主义核心价值观一定会在人们的心中生根发芽，枝繁叶茂，在广袤的中国大地上，开出灿烂无比的文明之花！

参考文献

一 国内著作

《马克思恩格斯选集》，第1—4卷，人民出版社2012年版。

《邓小平文选》，第1—3卷，人民出版社1994年版。

《江泽民文选》，第1—3卷，人民出版社2006年版。

《习近平谈治国理政》第二卷，外文出版社2017年第1版。

《习近平谈治国理政》第一卷，外文出版社2018年版。

《习近平总书记系列重要讲话读本》，学习出版社、人民出版社2016年版。

陈新民：《反腐镜鉴的新加坡法治主义》，法律出版社2009年版。

龚群：《新加坡公民与道德教育研究》，首都师范大学出版社2007年版。

韩震：《社会主义核心价值观与中国文化国际传播》，中国人民大学出版社2017年版。

李路曲、肖榕：《新加坡熔铸共同价值观："移民国家"的立国之本》，湖南人民出版社2016年版。

李志东：《新加坡国家认同研究（1965—2000）》，中国人民大学出版社2014年版。

鲁虎：《列国志·新加坡》，社会科学文献出版社2004年版。

陆建义：《向新加坡学习：小国家的大智慧》，新华出版社2009年版。

吕元礼等：《鱼尾狮智慧：新加坡政治与治理》，经济管理出版社

2010 年版。

吕元礼：《新加坡为什么能》（上下卷），江西人民出版社 2007 年版。

沈壮海主编：《兴国之魂：社会主义核心价值体系释讲》，湖北教育出版社 2015 年版。

孙正聿：《哲学通论》（修订版），复旦大学出版社 2011 年版。

田海舰：《培育和践行社会主义核心价值观多维研究》，人民出版社 2015 年版。

王学风：《多元文化社会的学校德育研究——以新加坡为个案》，广东人民出版社 2005 年版。

王学风：《新加坡基础教育》，广东教育出版社 2003 年版。

魏炜：《李光耀时代的新加坡外交研究（1965—1990）》，中国社会科学出版社 2007 年版。

吴云霞：《新加坡小学教育考察》，南京师范大学出版社 2001 年版。

袁贵仁：《价值观的理论与实践：价值观若干问题的思考》，北京师范大学出版社 2006 年版。

张耀灿、郑永廷等：《现代思想政治教育学》，人民出版社 2006 年版。

中共中央文献研究室编：《十六大以来重要文献选编》，中央文献出版社 2005 年版。

二　国外著作

［美］爱德华·W. 萨义德：《文化与帝国主义》，李琨译，生活·读书·新知三联书店 2003 年版。

James Q. Wilson, *The Moral Sense*, New York: Free Press, 1993.

［美］理查德·尼克松：《1999：不战而胜》，王观声译，世界知识出版社 1989 年版。

［美］塞缪尔·亨廷顿、劳伦斯·哈里森主编：《文化的重要作用——价值观如何影响人类进步》，程克雄译，新华出版社 2010 年版。

［美］塞缪尔·亨廷顿：《文明的冲突与世界秩序的重建》，周琪等译，新华出版社 2010 年版。

〔新加坡〕李光耀：《李光耀回忆录：我一生的挑战——新加坡双语之路》，译林出版社2013年版。

〔新加坡〕《联合早报》编：《李光耀40年政论选》，新加坡报业控股华文报集团1993年版。

〔新加坡〕玛丽恩·布拉沃·贝辛：《文化震撼之旅：新加坡》，赵菁译，旅游教育出版社2008年版。

〔新加坡〕潘星华：《新加坡教育人文荟萃》，新加坡诺文文化事业私人有限公司2008年版。

〔新加坡〕宋明顺：《新加坡青年的意识结构》，教育科学出版社1980年版。

〔新加坡〕王永炳：《公民与道德教育——世纪之交的伦理话题》，莱佛士书社2000年版。

〔新加坡〕王永炳：《挑战与应对——全球化与新加坡社会伦理》，友联书局2005年版。

〔新加坡〕新加坡国家档案馆编：《李光耀执政方略》，人民出版社2015年版。

〔英〕阿里克斯·乔西：《李光耀》，上海人民出版社1976年版。

〔英〕康斯坦斯·玛丽·藤布尔：《新加坡史》，欧阳敏译，东方出版中心2013年版。

三 期刊文章

陈正良等：《论中国核心价值观凝练构建与提升国家国际话语权》，《宁波大学学报》（人文科学版）2013年第3期。

方爱东：《社会主义价值观论纲》，《马克思主义研究》2010年第12期。

韩震：《必须区分核心价值观与道德生活价值观——如何凝练社会主义核心价值观之管见》，《中国特色社会主义研究》2012年第3期。

侯惠勤：《"普世价值"与核心价值观的反渗透》，《马克思主义研究》2010年第11期。

李德顺：《关于社会主义核心价值观的几个问题》，《上海党史与党建》2007 年第 7 期。

李佃来：《马克思与"正义"：一个再思考》，《学术研究》2011 年第 12 期。

荣开明：《社会主义核心价值观的基本内涵和结构》，《学习月刊》2014 年第 3 期。

沈壮海：《社会主义核心价值观培育和践行的着力点》，《思想政治工作研究》2012 年第 12 期。

汪信砚：《普世价值·价值认同·价值共识——当前我国价值论研究中三个重要概念辨析》，《学术研究》2009 年第 11 期。

王逢贤：《学校管理与教育理念的选择——兼议"尊重的教育"理念》，《东北师范大学学报》2001 年第 5 期。

王世军、于吉军：《新加坡的社区组织与社区管理》，《社会》2002 年第 3 期。

王学风：《新加坡高校德育简介》，《高校理论战线》2005 年第 6 期。

左亚文、石海燕：《再论社会主义核心价值观的凝练和深化（上）——核心价值体系与核心价值观》，《理论探讨》2013 年第 3 期。

四 报纸文章

陈能端：《麦肯锡探讨全球 20 个教育体制报告 我国教育体制从"优良"迈入"卓越"》，《联合早报》2010 年 12 月 1 日。

陈能端、王珏琪：《访教育部长黄永宏 打造以"学生为本"多元走道 培养软技能 为学生增值》，《联合早报》2010 年 4 月 21 日。

陈曙光：《社会主义核心价值观：中国特色社会主义的 DNA》，《中国社会科学报》2014 年 5 月 20 日。

胡锦涛：《在美国耶鲁大学的演讲》，《人民日报》2006 年 4 月 22 日。

李光耀：《伦理道德水准若低落，我国就会日渐走下坡》，《联合早报》1994 年 8 月 14 日。

潘星华、陈能端、林诗慧：《我国教育将以价值为导向》，《联合早报》2011 年 9 月 23 日。

余长年：《一个关于价值观的辩论》，《联合早报》1990 年 7 月 26 日。

后　　记

　　2013年6月，得知自己申报的课题《中国与新加坡核心价值观教育比较研究》获国家社科基金青年项目立项，在激动欣喜之余也倍感压力。作为项目主持人，如何把这个项目做好，交一份满意的答卷？这个问题一直在我脑海里萦绕，也使完成此项目成为我近年来的主要中心工作。

　　自立项始，课题组多次找专家咨询论证，几次修改写作提纲，并赴江西、湖北、四川、山东等地调研。在调研和写作的过程中，课题组深深感受到我们国家2013年来在社会主义核心价值观教育和宣传方面取得的成绩，以及党中央、教育部门和社会其他职能部门在社会主义核心价值观宣传方面的不遗余力。2013年，社会主义核心价值观对于很多中国人来说，还比较陌生，但是到了2018年，仅仅5年的时间，社会主义核心价值观已响彻中华大地，并在许多人心中生根、发芽，开出文明之花。党的十九大报告指出："社会主义核心价值观是当代中国精神的集中体现，凝结着全体人民共同的价值追求。"中华民族在追寻中国梦的伟大征程中，也在以实际行动向世界展现着中华文化魅力，贡献着中国智慧。

　　本人自2005年在武汉大学攻读博士学位时，开始关注新加坡核心价值观教育。2011年，有幸在新加坡南洋理工大学国立教育学院访学，亲身体验感受了新加坡的核心价值观教育。新加坡核心价值观教育实施已将近30年，取得了丰硕的教育成果。新加坡核心价值观影响了几代新加坡人，塑造了新加坡人的国民和文化心理。新加坡核心价值观教育与我国核心价值观教育有无相通之处？可否借鉴新加坡核心价值观教育的有益经验，进而增进我国社会主义核心价值观教育？通过两国核心价值观教育的比较，能否探寻人类核心价值观教育的普遍原理和一般规律？带着这些问题，我们开始了艰辛的理论研究工作。在研究过程中，我们因收集到新的资料而惊喜过，因写作找不到思路而苦闷过，我们享受着研究的乐趣，在思想的沟通和碰撞中，我们逐步走向成熟。功夫不负有心人。2019年4月，课题成果顺利通过了验收，鉴定结果为良好。

感谢国家社科基金评审委员会给予我们这次宝贵的机会，感谢各位评审专家对我们的支持！同时也感谢武汉大学马克思主义学院余仰涛教授和南昌航空大学马克思主义学院李康平教授对本课题的悉心指导！感谢中国社会科学出版社编辑们的辛苦工作！

由于课题组成员均为高校思政课教师，在科研之余还要承担本科生和硕士研究生的教学任务，因此，对本课题的研究难免会有一些不足之处，一些问题的研究也应更加细致和深入。在今后的研究中，我们会尽力完善，弥补不足，争取使研究再上一个台阶！

卢艳兰

2020年10月于南昌